国家出版基金资助项目

现代数学中的著名定理纵横谈丛书

丛书主编　王梓坤

BROUWER FIXED-POINT THEOREM

Brouwer不动点定理

刘培杰数学工作室　编译

哈爾濱工業大學出版社
HARBIN INSTITUTE OF TECHNOLOGY PRESS

内容简介

本书主要介绍了布劳维(Brouwer)不动点定理及其推广角谷静夫(Kakutani)不动点定理的证明及应用. 全书共分为8章:第1章,布劳维——拓扑学家,直觉主义者,哲学家:数学是怎样扎根于生活的;第2章,布劳维不动点定理;第3章,从拓扑的角度看;第4章,某些非线性微分方程的周期解的存在性,不动点方法与数值方法;第5章,角谷静夫不动点定理;第6章,Walras式平衡模型与不动点定理;第7章,球面上的映射与不动点定理;第8章,拓扑学中的不动点理论前沿介绍.

本书可供从事这一数学分支相关学科的数学工作者、大学生以及数学爱好者研读.

图书在版编目(CIP)数据

Brouwer不动点定理/刘培杰数学工作室编译.—哈尔滨:哈尔滨工业大学出版社,2016.5
(现代数学中的著名定理纵横谈丛书)
ISBN 978-7-5603-5877-2

Ⅰ.①B… Ⅱ.①刘… Ⅲ.①不动点定理-研究 Ⅳ.①O189.2

中国版本图书馆CIP数据核字(2016)第032354号

策划编辑 刘培杰 张永芹
责任编辑 张永芹 刘立娟
封面设计 孙茵艾
出版发行 哈尔滨工业大学出版社
社　　址 哈尔滨市南岗区复华四道街10号 邮编150006
传　　真 0451-86414749
网　　址 http://hitpress.hit.edu.cn
印　　刷 牡丹江邮电印务有限公司
开　　本 787mm×960mm 1/16 印张21.25 字数218千字
版　　次 2016年5月第1版 2016年5月第1次印刷
书　　号 ISBN 978-7-5603-5877-2
定　　价 98.00元

⊙代序

读书的乐趣

你最喜爱什么——书籍.

你经常去哪里——书店.

你最大的乐趣是什么——读书.

这是友人提出的问题和我的回答.真的,我这一辈子算是和书籍,特别是好书结下了不解之缘.有人说,读书要费那么大的劲,又发不了财,读它做什么?我却至今不悔,不仅不悔,反而情趣越来越浓.想当年,我也曾爱打球,也曾爱下棋,对操琴也有兴趣,还登台伴奏过.但后来却都一一断交,“终身不复鼓琴”.那原因便是怕花费时间,玩物丧志,误了我的大事——求学.这当然过激了一些.剩下来唯有读书一事,自幼至今,无日少废,谓之书痴也可,谓之书橱也可,管它呢,人各有志,不可相强.我的一生大志,便是教书,而当教师,不多读书是不行的.

读好书是一种乐趣,一种情操;一种向全世界古往今来的伟人和名人求教的方法,一种和他们展开讨论的方式;一封出席各种社会、体验各种生活、结识各种人物的邀请信;一张迈进科学宫殿和未知世界的入场券;一股改造自己、丰富自己的强大力量.书籍是全人类有史以来共同创造的财富,是永不枯竭的智慧的源泉.失意时读书,可以使人重整旗鼓;得意时读书,可以使人头脑清醒;疑难时读书,可以得到解答或启示;年轻人读书,可明奋进之道;年老人读书,能知健神之理.浩浩乎!洋洋乎!如临大海,或波涛汹涌,或清风微拂,取之不尽,用之不竭.吾于读书,无疑义矣,三日不读,则头脑麻木,心摇摇无主.

潜能需要激发

我和书籍结缘,开始于一次非常偶然的机会.大概是八九岁吧,家里穷得揭不开锅,我每天从早到晚都要去田园里帮工.一天,偶然从旧木柜阴湿的角落里,找到一本蜡光纸的小书,自然很破了.屋内光线暗淡,又是黄昏时分,只好拿到大门外去看.封面已经脱落,扉页上写的是《薛仁贵征东》.管它呢,且往下看.第一回的标题已忘记,只是那首开卷诗不知为什么至今仍记忆犹新:

日出遥遥一点红,飘飘四海影无踪.

三岁孩童千两价,保主跨海去征东.

第一句指山东,二、三两句分别点出薛仁贵(雪、人贵).那时识字很少,半看半猜,居然引起了我极大的兴趣,同时也教我认识了许多生字.这是我有生以来独立看的第一本书.尝到甜头以后,我便千方百计去找书,向小朋友借,到亲友家找,居然断断续续看了《薛丁山征西》《彭公案》《二度梅》等,樊梨花便成了我心中的女英雄.我真入迷了.从此,放牛也罢,车水也罢,我总要带一本书,还练出了边走田间小路边读书的本领,读得津津有味,不知人间别有他事.

当我们安静下来回想往事时,往往会发现一些偶然的小事却影响了自己的一生.如果不是找到那本《薛仁贵征东》,我的好学心也许激发不起来.我这一生,也许会走另一条路.人的潜能,好比一座汽油库,星星之火,可以使它雷声隆隆、光照天地;但若少了这粒火星,它便会成为一潭死水,永归沉寂.

抄,总抄得起

好不容易上了中学,做完功课还有点时间,便常光顾图书馆.好书借了实在舍不得还,但买不到也买不起,便下决心动手抄书.抄,总抄得起.我抄过林语堂写的《高级英文法》,抄过英文的《英文典大全》,还抄过《孙子兵法》,这本书实在爱得狠了,竟一口气抄了两份.人们虽知抄书之苦,未知抄书之益,抄完毫末俱见,一览无余,胜读十遍.

始于精于一,返于精于博

关于康有为的教学法,他的弟子梁启超说:"康先生之教,专标专精、涉猎二条,无专精则不能成,无涉猎则不能通也."可见康有为强烈要求学生把专精和广博(即"涉猎")相结合.

在先后次序上,我认为要从精于一开始.首先应集中精力学好专业,并在专业的科研中做出成绩,然后逐步扩大领域,力求多方面的精.年轻时,我曾精读杜布(J. L. Doob)的《随机过程论》,哈尔莫斯(P. R. Halmos)的《测度论》等世界数学名著,使我终身受益.简言之,即"始于精于一,返于精于博".正如中国革命一样,必须先有一块根据地,站稳后再开创几块,最后连成一片.

丰富我文采,澡雪我精神

辛苦了一周,人相当疲劳了,每到星期六,我便到旧书店走走,这已成为生活中的一部分,多年如此.一次,偶然看到一套《纲鉴易知录》,编者之一便是选编《古文观止》的吴楚材.这部书提纲挈领地讲中国历史,上自盘古氏,直到明末,记事简明,文字古雅,又富于故事性,便把这部书从头到尾读了一遍.从此启发了我读史书的兴趣.

我爱读中国的古典小说,例如《三国演义》和《东周列国志》.我常对人说,这两部书简直是世界上政治阴谋诡计大全.即以近年来极时髦的人质问题(伊朗人质、劫机人质等),这些书中早就有了,秦始皇的父亲便是受害者,堪称"人质之父".

《庄子》超尘绝俗,不屑于名利.其中"秋水""解牛"诸篇,诚绝唱也.《论语》束身严谨,勇于面世,"己所不欲,勿施于人",有长者之风.司马迁的《报任少卿书》,读之我心两伤,既伤少卿,又伤司马;我不知道少卿是否收到这封信,希望有人做点研究.我也爱读鲁迅的杂文,果戈理、梅里美的小说.我非常敬重文天祥、秋瑾的人品,常记他们的诗句:"人生自古谁无死,留取丹心照汗青""谁言女子非英物,夜夜龙泉壁上鸣".唐诗、宋词、《西厢记》《牡丹亭》,丰富我文采,澡雪我精神,其中精粹,实是人间神品.

读了邓拓的《燕山夜话》,既叹服其广博,也使我动了写《科学发现纵横谈》的心.不料这本小册子竟给我招来了上千封鼓励信.以后人们便写出了许许多多的“纵横谈”.

从学生时代起，我就喜读方法论方面的论著. 我想，做什么事情都要讲究方法，追求效率、效果和效益，方法好能事半而功倍. 我很留心一些著名科学家、文学家写的心得体会和经验. 我曾惊讶为什么巴尔扎克在51年短短的一生中能写出上百本书，并从他的传记中去寻找答案. 文史哲和科学的海洋无边无际，先哲们的明智之光沐浴着人们的心灵，我衷心感谢他们的恩惠.

读书的另一面

以上我谈了读书的好处，现在要回过头来说说事情的另一面.

读书要选择. 世上有各种各样的书：有的不值一看，有的只值看20分钟，有的可看5年，有的可保存一辈子，有的将永远不朽. 即使是不朽的超级名著，由于我们的精力与时间有限，也必须加以选择. 决不要看坏书，对一般书，要学会速读.

读书要多思考. 应该想想，作者说得对吗？完全吗？适合今天的情况吗？从书本中迅速获得效果的好办法是有的放矢地读书，带着问题去读，或偏重某一方面去读. 这时我们的思维处于主动寻找的地位，就像猎人追找猎物一样主动，很快就能找到答案，或者发现书中的问题.

有的书浏览即止，有的要读出声来，有的要心头记住，有的要笔头记录. 对重要的专业书或名著，要勤做笔记，“不动笔墨不读书”. 动脑加动手，手脑并用，既可加深理解，又可避忘备查，特别是自己的灵感，更要及时抓住. 清代章学诚在《文史通义》中说：“札记之功必不可少，如不札记，则无穷妙绪如雨珠落大海矣.”

许多大事业、大作品,都是长期积累和短期突击相结合的产物.涓涓不息,将成江河;无此涓涓,何来江河?

爱好读书是许多伟人的共同特性,不仅学者专家如此,一些大政治家、大军事家也如此.曹操、康熙、拿破仑、毛泽东都是手不释卷,嗜书如命的人.他们的巨大成就与毕生刻苦自学密切相关.

王梓坤

目录

引　言

问题1　在一张大地图上放着一张表示同一地区但比例关系不同的小地图,试证明可以用一根针同时刺穿这两张地图,使针孔在两张地图上表示这个地区的同一地点.

证明　考察从大地图 k_0 到小地图 k_1 的映射 f,它把大地图 k_0($k_0 \supseteq k_1$,表示某一地点的点)映射到小地图 k_1 上表示同一地点的点,以 k_2 表示小地图 k_1 在同一映射的象,一般地,我们令 $f(k_{n-1}) = k_n, n=1,2,\cdots$,矩形 $k_0,k_1,k_2,\cdots,k_n,\cdots$ 恰有一个公共点 x,因为这些矩形的大小趋于0.

点 x 即是我们要刺的点,实际上,由 $x \in k_{n-1}$ 可得 $x \in k_n$(对于任意的 x). 故点 $f(x)$ 本身应属于所有的矩形,而这样的点只有一个,故 $x=f(x)$.

注意　我们有如下一般的定理:

任何将矩形映入其自身的映射必有不动点,所以,甚至一张扭曲变形了的地图放在另一张地图上时，结论仍然成立.

问题 2　把区间[0,1]分成不相交的两个集合 A 和 B. 在[0,1]上定义一个连续函数 $f(x)$，使对属于集合 A 的 x，函数值 $f(x)$ 属于集合 B，而对属于集合 B 的 x，函数值 $f(x)$ 属于集合 A，问能作出这样的函数吗？

（选自波兰数学家斯坦因豪斯的《一百个数学问题》）

证明　不能作出这样的函数，为此我们只需证明：假设这样的 $f(x)$ 存在，则 $f(x)$ 必在[0,1]中存在一个不动点即可.

因为若存在 $x_0 \in [0,1]$，使得 $f(x_0)=x_0$，则有如下与已知矛盾的结论

$$x_0 \in A \Rightarrow f(x_0) \in A$$

$$x_0 \in B \Rightarrow f(x_0) \in B$$

下面我们证明 $f(x)$ 存在不动点. 由已知

$$0 \leqslant f(x) \leqslant 1 \Rightarrow 0 \leqslant f(0) \leqslant 1, 0 \leqslant f(1) \leqslant 1$$

但 $f(0) \neq 0, f(1) \neq 1$，故

$$0 < f(0) \leqslant 1, 0 \leqslant f(1) < 1$$

引进 $\varphi(x)=f(x)-x$，则有

$$\varphi(0)=f(0)>0$$

$$\varphi(1)=f(1)-1<0$$

因为 $x, f(x)$ 在区间[0,1]上连续，所以 $\varphi(x)$ 在区间[0,1]上连续. 由于 $\varphi(x)$ 在区间[0,1]的端点有相反符号的值，所以由中值定理知，存在 $x_0 \in [0,1]$，使得 $f(x_0)=x_0$.

背景　这实质是布劳维不动点定理当 $n=1$ 时的特例.

福建省南安市第一中学的梁淮森老师给出了两个

初等的详细证明过程.

几何证明　我们任取大地图上的一点 A,它在小地图上对应的位置为点 A'. 把小地图放在大地图上,设大地图上的点 B 与 A'重合,B 在小地图上的位置为 B'. 假设大地图与小地图的比例为 $\lambda(\lambda \gg 1)$.

我们知道,到 A,B 两点距离之比为 λ 的点的轨迹是一个圆,记为圆 K;到 A',B'两点距离之比为 λ 的点的轨迹记为圆 K'. 设圆 K 与直线 AB 交于 P,Q(P 在线段 AB 内),圆 K' 与直线 $A'B'$ 交于 P',Q'(P'在线段 $A'B'$内). 如图 1 所示,显然,K,P,Q 在小地图上的位置分别为 K',P',Q'.

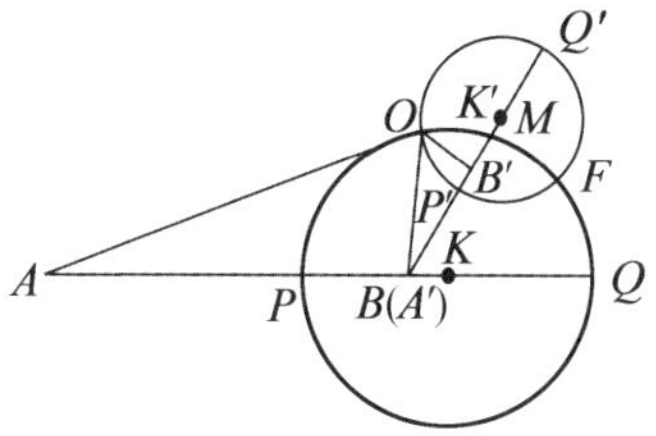

图 1

则有

$$A'P' = \frac{1}{\lambda}AP = BP = A'P$$

同理

$$A'Q' = \frac{1}{\lambda}AQ = BQ = A'Q$$

设 M 为直线 $A'B'$与圆 K 的交点,有

$$A'M \geqslant KM - KA' = KP - KA' = A'P = A'P'$$

$$A'M \leqslant KM + KA' = KQ + KA' = A'Q = A'Q'$$

故 P'在圆 K 内,Q'在圆 K 外. 所以,圆 K 与圆 K'有两个

公共点,设为点 O 与点 F,并且$\triangle OAB$与$\triangle OA'B'$的方向相同(即 O,A,B 与 O,A',B'同为逆时针或同为顺时针顺序.显然,两个公共点位于直线 $P'Q'$,即直线 $A'B'$的两侧,必存在一点满足要求,记为 O).由于 O 为圆 K 和圆 K'的交点,故

$$\frac{OA}{OA'}=\frac{OB}{OB'}=\lambda=\frac{AB}{A'B'}$$

所以

$$\triangle OA'B' \backsim \triangle OAB$$

因此

$$\angle OA'B'=\angle OAB, \angle OB'A'=\angle OBA$$

而 O,A,B 在小地图上的位置 O,A',B',显然满足

$$\triangle OA'B' \backsim \triangle OAB$$

$$\angle O'A'B'=\angle OAB, \angle O'B'A'=\angle OBA$$

从而

$$\angle O'A'B'=\angle OA'B', \angle O'B'A'=\angle OB'A'$$

这就导出了 O'与 O 重合.因此 O 为此特殊点.

点评 几何证明方法构思巧妙,借助特殊重合点的双重身份,即该点到大地图点 A 的距离和到小地图点 A'的距离之比$\frac{OA}{O'A'}=\lambda$.应用解析几何中常用结论,构造圆 K 与圆 K',通过相似三角形证明点 O'与点 O 重合.该法加上辅助图形直观形象,契合背景,但思维难度较大,不易获取思路.

代数证明 首先建立一个复平面,设$f(z)$为大地图上的点 z 在小地图上的位置,设大地图上的两点 A,B 对应复数 0,1,A,B 在小地图上的位置分别为 A',B',且 A',B'对应的复数为 z_1,z_2,则$|z_1-z_2|<1$.

设大地图上的任意一点 P(对应复数 z)在小地图

上的位置为点 Q(对应复数 $f(z)$),由 $\triangle QA'B' \backsim \triangle PAB$,$\frac{QA'}{A'B'}=\frac{PA}{AB}$,得

$$\frac{f(z)-z_1}{z_2-z_1}=\frac{z-0}{1-0}$$

即

$$f(z)=(z_2-z_1)z+z_1$$

$$f^{(2)}(z)=f[f(z)]=(z_2-z_1)f(z)+z_1$$
$$=(z_2-z_1)^2z+(z_2-z_1)z_1+z_1$$

$$f^{(3)}(z)=f[f^{(2)}(z)]$$
$$=(z_2-z_1)^2f(z)+(z_2-z_1)z_1+z_1$$
$$=(z_2-z_1)^3z+(z_2-z_1)^2z_1+(z_2-z_1)z_1+z_1$$

$$\vdots$$

$$f^{(n)}(z)=f[f^{(n-1)}(z)]$$
$$=(z_2-z_1)^nz+(z_2-z_1)^{n-1}z_1+$$
$$(z_2-z_1)^{n-2}z_1+\cdots+(z_2-z_1)z_1+z_1$$
$$=(z_2-z_1)^nz+\frac{(z_2-z_1)^n-1}{(z_2-z_1)-1}\cdot z_1$$

所以

$$0\leqslant\left|f^{(n)}(z)-\frac{z_1}{1+z_1-z_2}\right|$$
$$=\left|(z_2-z_1)^nz-\frac{(z_2-z_1)^n}{1+z_1-z_2}\cdot z_1\right|$$
$$\leqslant|z_2-z_1|^n\cdot|z|+\frac{|z_2-z_1|^n}{|1+z_1-z_2|}\cdot|z_1|$$
$$=G(n)$$

因为 $|z_1-z_2|<1$,所以

$$\lim_{n\to\infty}G(n)=0$$

由夹逼准则知

$$\lim_{n\to\infty}\left|f^{(n)}(z)-\frac{z_1}{1+z_1-z_2}\right|=0$$

即

$$\lim_{n\to\infty}f^{(n)}(z)=\frac{z_1}{1+z_1-z_2}$$

于是有

$$\begin{aligned}f\left(\frac{z_1}{1+z_1-z_2}\right)&=f(\lim_{n\to\infty}f^{(n)}(z))\\&=\lim_{n\to\infty}f\left[f^{(n)}(z)\right]\\&=\lim_{n\to\infty}f^{(n+1)}(z)\\&=\frac{z_1}{1+z_1-z_2}\end{aligned}$$

从而$\frac{z_1}{1+z_1-z_2}$为命题中所说的特殊点.

点评 代数证明方法充分挖掘了命题所描述的几何结构的映射本质,即大地图上的每一个点都唯一对应了小地图上的每一个点($z\to f(z)$). 通过建立复平面并构造函数$f(z)$,可得特殊重合点,即满足$f(z)=z$的不动点z. 该方法思路简单明了,通过代数运算找到符合$f(z)=z$的复数z,其对应复平面上的点,即所求特殊重合点. 与几何证明相比则更为简便易懂,但运算较为复杂.

反思感悟 此问题证明的关键在于建立适合的数学模型. 其直接的模型应该是一个平面几何问题,但平面几何证法思维难度较大. 利用数与形之间的数学内在联系,此问题也可构建代数模型解决问题.

许多代数结构都有着相应的几何意义,据此可以将数与形进行巧妙地转化. 例如,将 $a(a>0)$ 与距离互化;将有序实数对(或复数)和点沟通;将二元一次方程与直线、二元二次方程与相应的圆锥曲线对应等. 借助于直角坐标系、复平面,可以将几何问题代数化,这一方法在解析几何中体现得相当充分.

数学中两大研究对象"数"与"形"的矛盾统一是数学发展的内在因素. 数形结合贯穿于数学发展中的一条主线,使数学在实践中的应用更加广泛和深远. 一方面,借助于图形的性质将许多抽象的数学概念和数量关系形象化、简单化,给人以直观感;另一方面,将图形问题转化为代数问题,可以获得准确的结论. "数"与"形"的信息转换,相互渗透,不仅使解题简洁明快,还开拓解题思路,为研究和探求数学问题开辟了一条重要的途径.

问题 3 在 20×20 方格表的某些方格里各放有 1 个箭头,箭头可能朝向 4 个不同方向. 现知沿着周界的方格中的箭头刚好顺时针地形成一圈,并且任何两个相邻(包括依对角线相邻)方格中的箭头的方向都不刚好相反. 证明可以找到一个方格,其中没放箭头.

证法 1 假设每个方格里都放有箭头. 将箭头为水平方向的方格染为黑色,箭头为竖直方向的方格染为白色.

由一个方格的中心可以走到任一邻格(包括依对角线相邻的方格)的中心,所经过的方格的全体称为由方格所形成的路. 下面将证明这样的引理:在我们的方格表里,或者存在着一条由黑色方格所形成的路,它连接着方格表的最上面一行和最下面的一行;或者存在着一条由白色方格所形成的路,它连接着方格表的最左面一列和最右面一列. 不失一般性,可认为表中存在着一条由黑色方格所形成的路,它连接着方格表的最上面一行和最下面一行. 根据题中条件知,周界上的方格中的箭头刚好顺时针地形成一圈,这就说明,这条路上的最上面方格中的箭头与最下面方格中的箭头方向相反. 这就意味着,该条路上有两个相邻方格里的箭头方向相反,此与题中条件相矛盾.

现在给出引理的粗略证明:由最上方开始,观察沿着黑格所能到达的所有位置. 如果这些黑格所形成的图形与最下面一行有交,那么就存在着一条由黑色方格所形成的路,它连接着方格表的最上面一行和最下面一行. 否则,沿着该图形的下方边界,我们就能经由白格从最左面一列到达最右面一列(图 2).

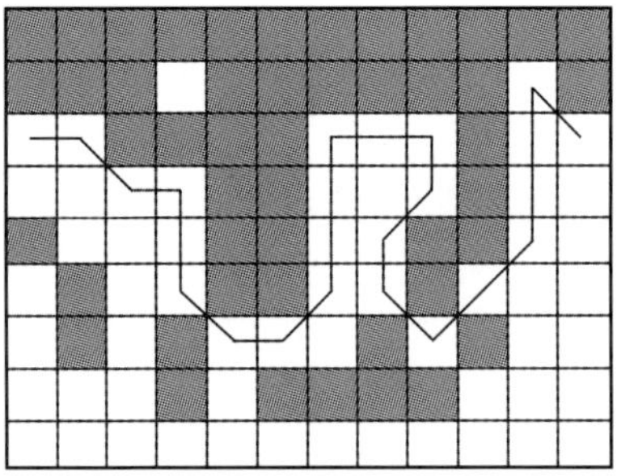

图 2

证法 2 假设每个方格里都放有箭头. 对于由方格所形成的每一条闭路,我们都定义一个指数:一开始为 0,如果下一个方格中的箭头的方向是现在箭头方向顺时针旋转 90°,那么就加上 $\frac{1}{4}$;如果是现在箭头方向逆时针旋转 90°,那么就减去$\frac{1}{4}$;如果与现在同向,那么就既不加也不减①,当我们走遍闭路上的所有方格之后,所得的代数和就是该闭路的指数.

根据题中条件可知,由沿着周界的所有方格形成的闭路的指数是 1. 我们来逐步收缩这条闭路:如图 3 和图4所示,先缩进它的左上部分. 在这样的操作之下,闭路的指数不发生变化(因为方格 A,B,C,D 中的箭头的指向没有相反的). 我们这样一步一步地缩下去,最终得到一条仅由一个方格构成的闭路,它的指数是 0. 此与收缩不改变闭路的指数这一事实相矛盾.

1. 上述证法 2 事实上证明了一个更广泛的结论:如果在某个图形的一些方格里放有箭头,使得关于图形边界的指数不是 0,那么图形内部一定存在空格(即没放箭头的方格). 更进一步,如果关于图形边界的指数是 k,则内部会有 $|k|$ 个空格.

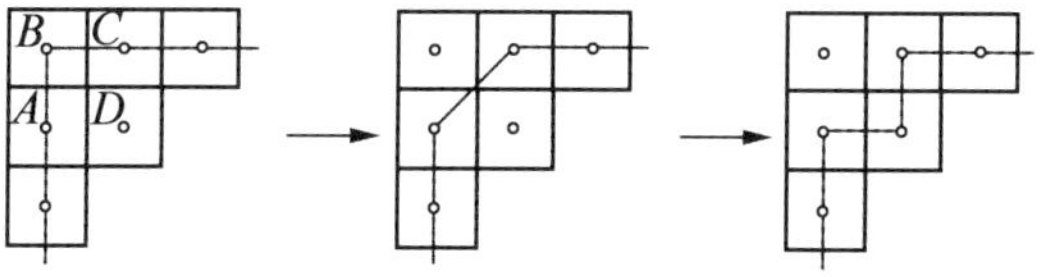

(a) (b) (c)

图 3

① 根据题意,任何两个相邻(包括依对角线相邻)方格中的箭头的方向都不刚好相反.——编译者注

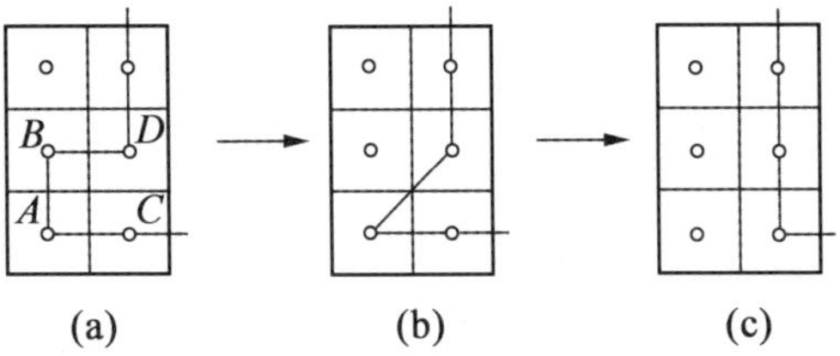

图 4

2. 本题的结论是如下的拓扑学中的著名事实的离散版本：设在圆上给定了一个向量场，即在圆的每一点上都给定了一个向量，而且向量关于点是连续的. 如果在圆周上的向量都指向切线方向（图 5（a）），则圆内必有一点处的向量为 **0**.

这个结论的证明思路完全与证法 2 相同. 为向量场中的每一条曲线定义一个指数，并验证对于圆周而言，该指数是 1，而对于环绕着向量是 **0** 的点的很小的回路而言（图 5（b）），该指数是 0. 然后证明，如果向量场中没有零向量的话，那么在缩小回路的过程中，指数是不变的.

这样一来，我们就得到一个定理：如果在某个区域边界上向量场具有非 0 指数，那么在区域内部，场至少具有一个奇异点，向量在该点处为 **0**.

1992 年苏联解体，始于 1961 年的苏联中学生数学奥林匹克竞赛也戛然而止. 此项竞赛试题大多由苏联著名数学家所提供，背景深刻、回味久远，为世界各国数学爱好者所瞩目. 1976 年在杜尚别举行的第十届苏联中学生数学奥林匹克竞赛中有如下试题：

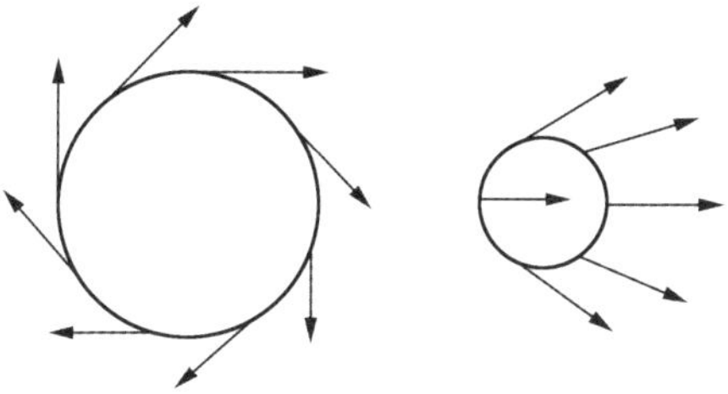

(a) (b)

图 5

在尺寸为 99×99 的国际象棋盘上画着一个图形 Φ(在(1)(2)(3)各题中的图形 Φ 各不相同). 在图形 Φ 的每一个方格中都有一只甲虫. 在某一时刻,甲虫都飞了起来,并又都重新落回到图形 Φ 上的方格中;于是同一方格中有可能落入好几只甲虫. 但是,任何两只原来处于相邻方格中的甲虫,在起飞后仍然落在相邻的方格中或者落入了同一个方格中(具有公共边或公共顶点的方格叫作相邻的).

(1)假定图形 Φ 为"中心十字",即由棋盘的中间一行(即第 50 行)方格与中间一列(即第 50 列)方格所形成的"十字"(图 6). 证明此时必有某一只甲虫落回到原来的位置或者落入了原来的邻格中.

(2)如果图形 Φ 为田字,即由"中心十字"加上棋盘的所有边界上的方格所形成的图形(图 7),那么上述断言是否仍然成立?

(3)* 如果图形 Φ 为整个棋盘,那么断言是否仍然成立?

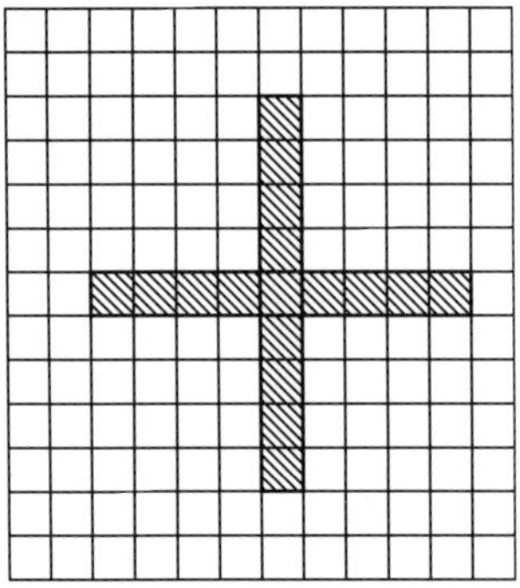

图 6

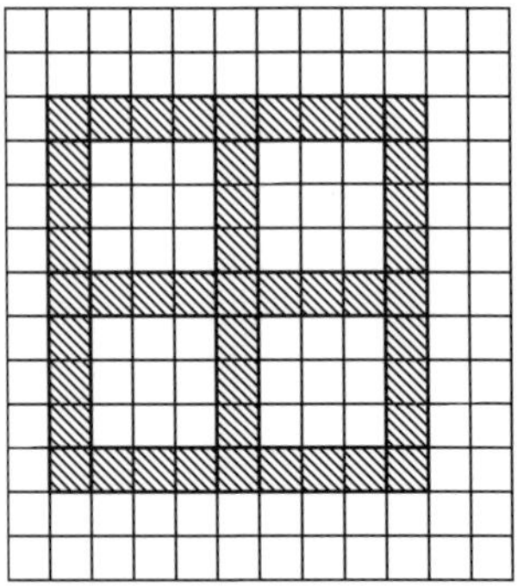

图 7

解答如下:(1)可以认为,甲虫从中心方格往右移动了 $k(k\geqslant 2)$ 个方格.在右方的 49 个方格中都各写上一个数,标明该方格中的甲虫在水平方向所移动的方格数目,往右移为正,往左移为负.显然,最右端方格中的甲虫所移动的格数是负的,而我们写在相邻方格中的数的差不大于 2.这样一来,当我们从中心方格(里面写着 $k\geqslant 2>0$)开始一路往右边看去(最右端方格中写着一个负数),中途必然要“穿越 0 点”,这就说明,中途必有一个方格中写着 0,1 或 -1,即该方格中甲虫的水平位移不多于 1 个方格.

(2)答案:断言不成立.

图 8 中所给出的例子表明,所有甲虫可以都远离原来的位置(图 8(a)是甲虫原来的位置,请关注带有编号的甲虫,图 8(b)是它们后来的位置).

(3)答案:断言成立.

我们直接对 $m\times n$ 矩形证明题中断言.对 1×1 和 2×2 正方形和 1×2 矩形,结论显然成立(对于 $1\times n$ 和 $2\times n$ 矩形的证明,就像(1)小题那样,也很容易).设 $m\times n$ 矩形的尺寸为 $2<m\leqslant n$.我们来证明,可以从

它上面(沿着边缘)切出一个较小的矩形 Π,其中,Π 中的所有甲虫仍然落回 Π 中. 于是就只要证明 Π 中存在"几乎不动"的甲虫即可.

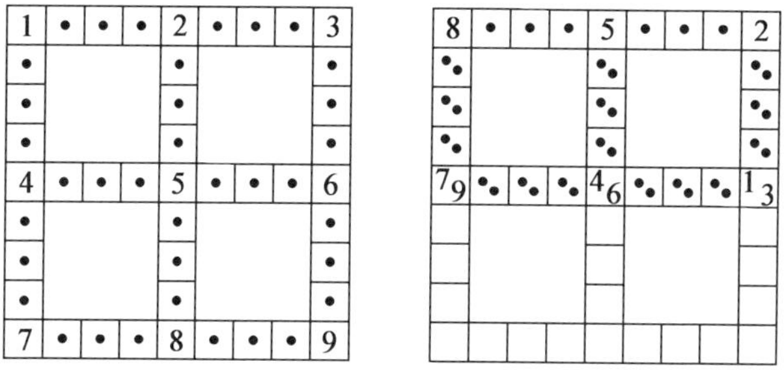

(a) (b)

图 8

我们将国际象棋中的王由方格 A 走到方格 B 所要走的步数称为方格 A 与 B 之间的距离,并将其记为 $\rho(A,B)$. 于是,对任何 $r=1,2,\cdots$,方格表中与方格 C 的距离不超过 r 的方格集合 M 是以 C 为中心的$(2r+1)\times(2r+1)$矩形. 将原在方格 K 中的甲虫后来所在的方格记为 $f(K)$. 根据题意,如果方格 A,B 的距离为 1,则有

$$\rho(f(A),f(B))\leqslant 1$$

即对任何两个方格 A 与 B,都有

$$\rho(f(A),f(B))\leqslant\rho(A,B) \qquad (1)$$

在 $m\times n(m\leqslant n)$矩形中,将这样的方格称为"边缘方格",如果由它到矩形中的某个方格的距离等于 $n-1$. 如果 $m<n$,则这样的"边缘方格"就是两侧边缘上的两列方格(矩形的短边);在 $n\times n$ 正方形中,这样的"边缘方格"就是边框中的所有方格. 相对边缘列中的任何两个方格之间的距离 ρ 等于 $n-1$,而其余任何两

个方格间的距离 ρ 则要小一些.

如边缘列中的任何方格中都没有落入甲虫,那么我们就得到了所需要的 $m\times(n-1)$ 矩形 Π:甲虫由 Π 中的任一方格 K 落入 Π 中的方格 $f(K)$.

如若不然,我们就切去所有边缘方格,得到矩形 Π. 事实上,我们可以标出若干个(2 个、3 个或 4 个)方格 K_i,使得在每个边缘列中含有一个 $f(K_i)$. 由于对于 Π 中的任一方格 M 和每个方格 K_i,都有 $\rho(M,K_i)\leqslant n-2$,所以根据式(1),就有

$$\rho(f(M),f(K_i))\leqslant n-2$$

由此及关于对边的注解,知 $f(M)$ 含在 Π 中.

显然现在可以用归纳法(对 $n=\max\{m,n\}$ 归纳,或对 $m+n$ 归纳)来证明题中的断言了. 不但如此,还可由证明得知,一定存在 2×2 正方形把自己映为自己.

本题是著名的布劳维定理的离散情形,该定理是说:把凸集变为自身的连续映射一定有不动点.

关于布劳维定理现在出现最多的领域是在经济理论中. 本书将介绍布劳维定理及其推广角谷静夫定理的证明及应用.

布劳维——拓扑学家,直觉主义者,哲学家:数学是怎样扎根于生活的[①]

第1章

布劳维为数学家所熟知,主要因为他是拓扑学家,是20世纪初期的两位拓扑大师之一——他们极大地影响了其后拓扑学的发展;另一位大师是庞加莱(Henri Poincaré).所有的数学家都知道布劳维不动点定理,大多数数学家很可能还知道有关他的若干其他成果:他第一个证明了维数的拓扑不变性和区域的拓扑不变性;他进一步发展了作为一种拓扑工具的映射度概念;他给出了若尔当

① 摘自:Dirk van Dalen, L. E. J. Brouwer—Topologist, Intuitionist, Philosopher: How Mathematics Is Rooted in Life, Springer, 2013, xii + 875 pages, US $44.95(eBook, US $29.95), ISBN-13:978-1-4471-4615-5. Notices of the AMS, 2014, 61(6):607-610, L. E. J. Brouwer—Topologist, Intuitionist, Philosopher: How Mathematics Is Rooted in Life, Reviewed by Dale M. Johnson, figure number 1. Copyright © 2014 the American Mathematical Society. Reprinted with permission. All rights reserved. 美国数学会与作者授予译文出版许可.

Dale M. Johnson 是 MITRE 公司首席高级网络安全分析师.他的邮箱地址是 dalejohnson3@ verizon. net.

(Jordan)曲线定理的一个漂亮的证明,还陈述并证明了它的推广,即若尔当-布劳维分离定理.

布劳维为数理逻辑学家所熟知,则是因为他是一种特殊类型的构造论者的思维方式——在数学中被称为直觉主义——的奠基人. 哲学家可能知道他的跟直觉主义相联系的对数学基础的哲学思考. 因此,我们说布劳维是"拓扑学家,直觉主义者,哲学家"非常恰当. 不过,根据这部长篇传记揭示的布劳维学术生活的发展阶段看,三者的次序也许应该颠倒一下:哲学家(一定程度上是神秘主义者),直觉主义者,拓扑学家.

Dirk van Dalen 撰写的这本书是有 875 页的大部头著作,尽管它是牛津大学出版社出版的两卷本著作[1][2]的修订和多少缩写了的版本. 很幸运,新版本尽管篇幅宏大,但书价却很适度. Dirk van Dalen 还出版了《L. E. J. Brouwer 的书信集》(The Selected Correspondence of L. E. J. Brouwer)[3],如果你买了这本书,它还另外提供大量的在线档案资料(3 000 多页). 布劳维的《文集》(Collected Works)以两卷本出版:一卷主要是有关直觉主义的(1975)①,另一卷是有关数学和拓扑的(1976)②. 从这些内容丰富的出版物中,我们已经能对一位伟大的数学家和影响深远的现代思想家有一个非常全面的了解.

Dirk van Dalen 的这本极佳的传记,非常详细地考察了布劳维的生活,他跟其他许多人的联系,包括他那

---

① Collected Works, Volume 1:Philosophy and Foundations of Mathematics.

② Collected Works, Volume 2: Geometry, Analysis, Topology and Mechanics.

个时代最著名的数学家,以及他从幼年到生命最后的那些日子里的智力发展和学术活动.布劳维本人是"储蓄家"——他知道他创造了一些重要的工作并寻求保全和流传它们.他几乎保存了他接触过的每一篇文章和信件——不仅仅是数学文章和专业笔记.他运气好,有一位不寻常的伙伴 Cor Jongejan 和他的妻子 Lize 照料他的信件和学术资料.他的档案室几次失火可能毁掉了某些资料,但大部分都保存下来了.我相信,Dirk van Dalen 几乎研究了每一件跟布劳维有关的材料和现存的所有信件,从而综合整理成他的这部极详尽的传记.他承担了为一位伟大的智者撰写编年生平的重任.

布劳维生于 1881 年 2 月 27 日,出生地是荷兰的奥弗希(Overschie).布劳维早在 16 岁就入读阿姆斯特丹大学(也称 Municipal 大学).他此后的一生都跟这个学术机构联系在一起,他在那里教书,在那里做研究,尽管在不同的时期他有过几次打算去其他地方当教授.

如该书第 1 章所示,布劳维早期的兴趣在哲学和某种耽于幻想的神秘主义.他的第一本书发表于 1905 年,标题是《生命,艺术和神秘主义》(Leven,Kunst en Mystiek).他的哲学倾向于唯我论,他性格的许多方面则倾向于内省和过隐秘的生活.然而,在其他许多方面他又表现为很外向.布劳维跟许多重要的数学家和其他学者建立起了友谊.年轻时,布劳维跟 Adama van Scheltiema(1877—1924)过从甚密,后者是位诗人,非常关心生活的艺术层面.纵观他的一生,布劳维保持了对哲学的兴趣,对某些哲学活动亦然,如他是符号学小组(signific circle)的创办成员,该团体由一群荷兰思想家组成,对语言哲学和社会课题感兴趣.

布劳维的博士论文代表了他学术发展中的重要阶段. 该论文题为"论数学基础"(Over de grondslagen der wiskunde),于 1907 年完成并进行了答辩,内容涉及若干主题,诸如集合论的基础问题、逻辑、直觉主义和数学的领域问题,此外还涉及哲学. 布劳维的论文导师是科尔泰沃赫(D. J. Korteweg). 科尔泰沃赫指导这位有独立思想的布劳维,对这篇学位论文有着重要的影响. 他去掉了论文中一些更具有哲学味的部分(Van Stigt [4]). 科尔泰沃赫深刻地影响了布劳维的职业生涯. 他为布劳维力争到了阿姆斯特丹大学的职位,后来又提出一个办法使布劳维成为阿姆斯特丹大学的正教授. 实际上,科尔泰沃赫是把他的编内教授席位跟布劳维的编外教授席位做了调换. 科尔泰沃赫对布劳维的数学才能有十分清楚的判断. 那时(如同现在一样)要得到好的学术职位是很难的. 许多年轻的数学家成为大学讲师和教授之前都在高中教书. 布劳维没有走这条常规路线.

布劳维认为,数学的基本活动是数学对象在内心的建构. 数学的语言表达完全是第 2 位的事;逻辑(你可以说)是离得更远的第 3 者. 在 1907 年的学位论文中,作为对希尔伯特(Hilbert)有关数学基础的早年工作的批判,布劳维把数学论述区分为 8 个层次,其中的前 3 个是:

1. 直觉数学系统的纯粹建构,当被应用时,我们通过数学观察世界加以外在表达;

2. 平行于数学的语言:数学的说和写;

3. 对该语言的数学思考：逻辑的语言建构……

可以说，在 8 个层次中位于顶端的元层次之上还有元层次.

在他最早期的数学工作中，布劳维对一些问题产生了兴趣，诸如发展独立于分析机制的李群理论（希尔伯特在 1900 年提出的著名的挑战性问题表中的第五问题），以及康托（Cantor）理论型的点集拓扑. 他仔细研究了舍恩弗利斯（Arthur Schoenflies）的点集拓扑并发现了其中的缺憾. 因此，他写了极重要的批判性文章“位置分析”（Zur analysis situs）（发表于 1910 年），对舍恩弗利斯的结果给出了大量反例. 开始，他和舍恩弗利斯对那些结果进行了争论，但其后他们成了终身的朋友. 在数学领域，舍恩弗利斯比不上布劳维，后者透彻的拓扑思维得出了舍恩弗利斯许多结果的反证.

在得到他最伟大的拓扑发现和结果前夕，布劳维于 1909 年 10 月 12 日做了就任该大学编外讲师的就职演讲“几何的本质”（Het wezen der meetkunde）. 他在这篇简短的报告中，列举了拓扑学的一些困难问题，其中许多他都继续通过证明新的定理加以解决. 我认为有一点很重要，布劳维是解决数学问题的能手而不是数学正式开发者. 他追逐困难的问题并在许多情况下解决了它们. 他对其后整理出简明的理论并不很感兴趣. 他严格，但不博学.

Dirk van Dalen 在第 4 章和第 5 章非常出色地讲述了布劳维的拓扑学研究经历. 布劳维在 1909 ~ 1913 年间，发表了大量名副其实的基础性拓扑学成果. 1914 ~ 1918 年第一次世界大战是他数学生涯中的中断点.

布劳维开始学术生涯后，就在各种会议上、通信间及其他邂逅场合，跟最伟大的数学家相互影响. 希尔伯特很早就注意到他的工作，于是他们开始通信. 他在学术生涯早期相熟的其他数学家包括阿达玛(Jacques Hadamard)、勒贝格(Henri Lebesgue)、庞加莱、克贝(Paul Koebe)、布卢门塔尔(Otto Blumenthal)、外尔(Hermann Weyl)和其他许多人. 他跟这些数学家中的有些人在数学，以及文化和政治等领域进行过充满激情的辩论. 通过对许多相关信件和其他文件的分析，Dirk van Dalen 谨慎地展示了这些辩论的细节. 有些辩论跟第一次世界大战后数学界的情况有关，当时德国数学家在很大程度上被排除在国际数学界之外，原因是人们广泛地持有如下看法：德国人是这场战争的主要起因和犯罪者.

布劳维的直觉主义很著名，或许可说成是臭名远扬. 他拒绝人们普遍认可的排中律，令许多数学家大吃一惊，因为它在许多重要的数学证明中起基本作用. 他的构造主义一般不承认存在性证明. 但是，甚至布劳维本人对一些拓扑问题的证明也不能在这些约束下仍然有效. 他认识到这一事实，并在 20 世纪 20 年代修改了他早期的某些证明，以使它们从直觉主义的角度可以被接受.

在第一次世界大战结束后的一些年里，布劳维发现了一位直觉主义的支持者外尔，后者发展了一套自己的处理基础问题的办法，当时强烈地支持了布劳维的基本立场："……布劳维——那是一场革命". 在发展他自己的有关基础和直觉主义思维方面，外尔撰写了专著《连续统》(Das Kontinuum)(1918)，以及其他文章[5].

布劳维独特的直觉主义数学延续了若干年，并有一些明确的表述. Dirk van Dalen 极出色地讲述了数学发展中的这个故事，其中包括和其他数学家个人之间的相互影响（有时还可能引起争论. 关于构造主义方面的情形见[6]和[7]）. 布劳维在他的构造主义中引入选择序列是重要的举措.

在 20 世纪 20 年代，最著名的争论是布劳维和希尔伯特之间关于数学基础的争论：布劳维的直觉主义纲领对阵希尔伯特的形式主义和元数学纲领. 这一时期的一些文章，尤其是希尔伯特的文章更易挑起争论. 这场争论的奇怪结果是布劳维被排除出当时最著名的杂志《数学年刊》（Mathematische Annalen）的编委会. 布劳维当编委时十分努力，带给杂志一些达到最高水平的文章，而且他对这些文章并未强制推行他的直觉主义. 可是希尔伯特认为让他离开编委会很恰当. 其中的原因并不完全清楚. 这个故事相当复杂，你需要仔细阅读 Dirk van Dalen 提供的分析. 考虑到所有的文献资料现在都能得到，所以他的分析似乎比 Constance Reid [8]更深入.

另一次重大的争论是关于维数论的优先权，当然不仅是谁先证明了维数的拓扑不变性的问题. 布劳维在他关于维数定义的重要文章中的“笔误”（Schreibfehler）使争论变得更为复杂. 布劳维跟乌雷松（Paul (Pavel) Urysohn）沟通了这件事，他们约定了共同的立场. 然而，布劳维跟当时一位非常年轻的新生代数学家门格（Karl Menger）在优先权问题上一直有相当大的意见分歧. Dirk van Dalen 在我们评论的书中描述了详情（P. 595-601）；在较早的他的传记中，他用更多的笔墨讲述了这一令人不快的争论([1],P. 643-671).

在阿姆斯特丹,布劳维常会深入地参与关乎学术的事情和纯政治的事务. 人们在 Dirk van Dalen 的书里可看到对一些这类琐事的精心描述. 无疑,这类事情在学术界仍在发生.

布劳维常常喜欢独处. 他大都在阿姆斯特丹城外 Blaricum 小镇的简陋的小屋里过他的日子和从事研究. 许多数学家到这儿来讨论数学,这类讨论极富成果. 他有时似乎会居高临下地看待世界. 你能想象,他对许多论题处理起来显然有困难,相比被原谅的事情,他更喜欢正确的.

抛开他的个性,你不可能否定他在拓扑学、在直觉主义和在基础思维方面的伟大成就. 他真的是 20 世纪的数学巨人. Dirk van Dalen 的巨大贡献在于让人们记住了这位智者. 读者会被 Dirk van Dalen 描述的所有细节所征服,当然你可以按照自己的兴趣,自由地选择阅读该书的相关部分.

考察人们近期对数学文化的一般兴趣,你会看到有若干本关于 19 世纪晚期和 20 世纪早期的重要数学家的长篇传记已经写就. Dirk van Dalen 写的传记肯定是最详尽的一本. 这位作者必定度过了不计其数的时日,收集和分析了许多关于这位著名的荷兰人的现存文献资料. 在他的书里,我们看到了对一位伟大数学家的细致入微和有价值的描绘.

布劳维不动点定理

第2章

几何是大自然的语言,一切学科的成熟标志就是用数学来精确表达其概念、思想和规律. 古典物理定律的终极表现形式为偏微分方程,近现代物理定律具有几何化解释,例如重力等价于时空弯曲,夸克的分类联系着群论表示,宇宙基本常数取决于卡拉比-丘流形的拓扑,等等. 可以毫不夸张地说,几何是人类认识自然不可或缺的基本工具. 人类并不仅限于认识自然,其终极目的更在于改造自然. 改造自然的基本工具既包括人手的延长物——蒸汽机,又包括人脑的延长物——计算机. 时代的发展促使人类不可避免地将深邃优美的几何理论和无坚不摧的计算机技术相结合. 由此可见,几何计算化是人类历史发展的必然.

顾险峰(纽约州立大学石溪分校计算机系终身教授,清华大学丘成桐数学科学中心访问教授)写过一篇题为"几何计算化面临的挑战"的博文. 他指出几何计算化对于现代几何理论和计算机科学都提出了强有力的挑战. 单纯从理论方面

而言,就已经困难重重;考虑到计算机实现,我们不可避免地要渡过许多难以逾越的天堑:

首先,经典几何理论中的大量存在性证明都是基于抽象的拓扑方法,而非直接的构造法. 从证明本身,我们只知道解的存在,但是无法具体找到解. 这需要我们进一步发明新的构造性算法,往往构造性证明比存在性证明更加需要对几何现象的深刻理解和洞察. 例如,我们考察布劳维不动点问题:假设我们有一杯咖啡,处于静止状态. 我们轻轻搅拌咖啡,同时避免产生气泡和泡沫,然后抽离咖啡匙. 咖啡继续旋转,随后缓慢终止. 由不动点定理,我们知道存在一个分子,其初始的位置和终止的位置相重合.(当然,在搅拌过程中有可能离开初始位置,但是最后又回到初始位置.)这个定理的代数拓扑证明用到了同调群的概念, 抽象深刻,令人惊叹,但是关于如何找到不动点没有任何实质性的帮助. 相反,这个定理的组合证明施佩纳(Sperner)引理,初等烦琐,平易近人,却给出了如何求解的具体步骤.

再比如黎曼面的单值化定理,给定一个封闭的带黎曼度量的可定向曲面,存在一个和初始度量共形等价的度量,其诱导出常值高斯曲率. 19 世纪末,单值化定理被复变函数方法证明出来. 但是这种方法只给出了存在性,却无法直接构造出常曲率度量. 直至近百年后,哈密尔顿(Hamilton)的 Ricci 曲率流方法才给出构造性方法. 对于大量的几何存在性定理,经典的理论只有抽象的证明,却没有构造性方法,寻求构造性的证明方法本身需要旷日持久的艰苦努力.

布劳维不动点定理从本质上说是拓扑学中的一个

经典定理,而在经济学中应用最多. 所以最好是由拓扑学专家出身的经济学家讲最好. 中山大学的王则柯先生就是最恰当的人选. 以下是他对布劳维定理的介绍.

2.1　布劳维定理

1912 年,荷兰数学家布劳维提出他的不动点定理,并且运用度数理论(degree theory)证明了它. 更早,在 1904 年,博尔(P. Bohl)曾用格林(Green)公式证明了关于可微函数的类似的定理. 现在,既然我们更加关心不动点的计算而不是它的存在,所以我们不走布劳维或博尔的路,而是沿着一条基于施佩纳的纯粹组合的引理的路. 这种讨论方法更接近我们所关心的算法本身,并且这种作法在以后是有价值的.

我们首先准确地叙述布劳维定理,并且阐明只要对标准单纯形证明定理就够了. 2.2 节给出若干例子,它们蕴涵用不同方式证明布劳维定理的思想. 2.3节把布劳维定理归结为施佩纳引理. 最后,在2.4 节完成了施佩纳引理的证明.

作为入门,本章的全部讨论限于在欧几里得(Euclid)空间中进行. 由于不动点算法的论述多采用拓扑学的术语,为与文献协调,我们也说拓扑空间,但读者都可以理解为线性欧氏空间. 有了这个约定以后,我们还常常简单地只说"空间".

现在,n 维欧氏空间 $\mathbf{R}^n$ 到 1 维欧氏空间 $\mathbf{R}^1$(实数)的一个单值对应 $f: \mathbf{R}^n \to \mathbf{R}^1$,就是我们在数学分析中熟悉的 n 元函数 $y = f(\boldsymbol{x})$,或者写成 $y = f(x_1, \cdots,$

x_n). 而 $\mathbf{R}^n$ 到 $\mathbf{R}^m$ 的一个单值对应 $f:\mathbf{R}^n\to\mathbf{R}^m$，就是一个映射. 设这个映射由 $\boldsymbol{y}=f(\boldsymbol{x})$ 表示，而 $\boldsymbol{y}=(y_1,\cdots,y_m)$ 就可以写为 $\boldsymbol{y}=(f_1(\boldsymbol{x}),\cdots,f_m(\boldsymbol{x}))$，或者，$y_i=f_i(\boldsymbol{x}),i=1,\cdots,m$，这里，每个 $f_i(\boldsymbol{x})=f_i(x_1,\cdots,x_n)$ 都是一个 n 元函数，称作映射 f 的坐标分量函数.

在不动点的算法的文献中，映射(map 或 mapping)与函数(function)的说法常常混用. 但我们仍建议函数只用于称呼单值数值(实或复)函数.

单纯形(simplex)的概念，读者是熟悉的. 简单回忆一下：$\mathbf{R}^m$ 中 $j+1$ 个仿射无关的点 $\boldsymbol{y}^0,\cdots,\boldsymbol{y}^j$ 的凸包，是一个 j 维(闭)单纯形. 记作 $\overline{\sigma}^j$，而 $\boldsymbol{y}^0,\cdots,\boldsymbol{y}^j$ 是 $\overline{\sigma}^j$ 的 $j+1$个顶点. 所谓若干个点的凸包，是包含这些点的最小凸集，或者说是所有包含这些点的凸集的交集，这些说法都是等价的. 对凸包概念不熟悉的读者，可用下述表达式

$$\overline{\sigma}^j=\left\{\boldsymbol{x}=\sum_{k=0}^{j}\lambda_k\boldsymbol{y}^k \mid \sum_{k=0}^{j}\lambda_k=1;\lambda_k\geqslant 0,k=0,\cdots,j\right\}$$

在这个表达式中，诸 λ_k 称作单纯形 $\overline{\sigma}^j$ 中点 $\boldsymbol{x}$ 的重心坐标.

现在叙述：

定义 1 空间 X 到 Y 的一个映射 $h:X\to Y$ 称作是一个同胚，如果它是一对一的并且在上的，此外 h 与 h^{-1}二者均是连续的. 这时，称空间 X 与 Y 是同胚的，Y 与 X 互为同胚象.

一对一的亦称单的；在上的亦称满的；既单又满的映射，称作双射.

关于定义 1，我们还可以把 X 与 Y 理解为相应空间中的特定子集. 这时，X 与 Y 同胚意味着什么呢？同

胚映射在 X 与 Y 之间建立了一一对应的关系，并且这种对应是双方连续的. 形象地说，X 可以通过连续变形变成 Y，反之亦然. 一些作者把拓扑学喻作橡皮膜上的几何学，指的是拓扑学研究空间在同胚映射之下不变的性质. 当然，讲到橡皮膜，只是就 2 维情况建立比喻，拓扑学当然不限于讨论 2 维的情况，但橡皮的比喻是中肯的. 例如，一个圆盘和一个方块是同胚的，两者可以通过不粘连不撕裂的变形互变. 粘连，就不是一对一的了；撕裂，就不是连续的了. 不妨思考一下，$\mathbf{R}^3$ 中一个球（实心或空心），可以同胚地变成什么？

定义 2　所谓 n 维闭包腔，是指欧氏空间 n 维实心球 $B^n = \{\boldsymbol{x} \in \mathbf{R}^n \mid \|\boldsymbol{x}\| \leqslant 1\}$ 的同胚象，即 C 是 n 维闭包腔，如果存在一个同胚 $h: B^n \to C$.

定理（布劳维）　设 C 是一个 n 维闭包腔，映射 $f: C \to C$ 是连续的. 那么，f 有一个不动点，即存在 $\boldsymbol{x}^* \in C$ 使得 $f(\boldsymbol{x}^*) = \boldsymbol{x}^*$.

首先，举几个例子分别说明定理条件——C 闭、实心、f 连续——的必要性.

例 1　实心的必要性.

令 $C = \{\boldsymbol{x} \in \mathbf{R}^2 \mid 1 \leqslant \|\boldsymbol{x}\| \leqslant 2\}$ 为平面上的圆环. 易知 C 是闭的，C 的内部非空（$\mathrm{int}\ C \neq \varnothing$），但 C 不是实心. 令 $f: C \to C$ 由 $f(\boldsymbol{x}) = -\boldsymbol{x}$ 确定，则 f 显然是连续的，但它没有不动点. 事实上，圆环绕中心的任何一个不等于 2π 整数倍的旋转，都没有不动点（图 1）.

注意，有些文献把包腔实心的性质说成是“凸性”，这是不够准确的. 事实上，一个 n 维闭包腔，不必在欧氏空间通常意义上为凸的. 图 2 中的平面闭域 C 是一个 2 维包腔，符合布劳维定理关于 C 的条件，但不是通常意义上的凸集.

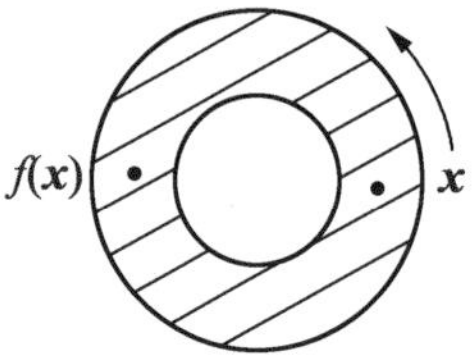

图 1

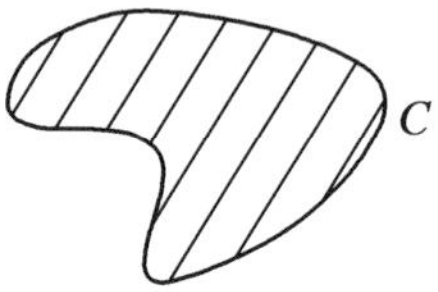

图 2

例 2　闭性的必要性.

令 $C=\{\boldsymbol{x}\in\mathbf{R}^2 \mid \|\boldsymbol{x}\|<1\}$,则 C 是凸的,且 $\operatorname{int} C\neq\varnothing$,但 C 不是闭的. 记 $\boldsymbol{u}^1=(1,0)\in\mathbf{R}^2$,按 $f(\boldsymbol{x})=\frac{1}{2}(\boldsymbol{x}+\boldsymbol{u}^1)$确定映射 $f:C\to C$,即 f 将每个 $\boldsymbol{x}\in C$ 向 $\boldsymbol{u}^1$ 移动一半距离,显然,f 是连续的,但没有不动点(图 3).

容易看到,若将上述 $f:C\to C$ 按自然的方式扩张到 C 的闭包 $\overline{C}$ 上,则 $\bar{f}:\overline{C}\to\overline{C}$ 有不动点 $\boldsymbol{u}^1$. 事实上,$\overline{C}$ 和 $\bar{f}$ 是满足布劳维定理的条件的,问题是 $\boldsymbol{u}^1\notin C$.

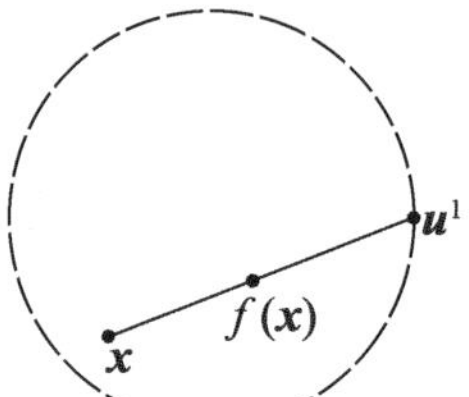

图 3

例 3　连续性的必要性.

连续性的必要性是明显的,反例极易构造. 例如,令 $C=\{\boldsymbol{x}\in\mathbf{R}^2 \mid \|\boldsymbol{x}\|\leqslant 1\}$,则 C 是 2 维闭包腔. 取 $\boldsymbol{u}^1$ 如例 2,而令 $f:C\to C$ 如下

$$f(\boldsymbol{x})=\begin{cases}\boldsymbol{u}^1,若\ \boldsymbol{x}\neq\boldsymbol{u}^1\\ \boldsymbol{0},若\ \boldsymbol{x}=\boldsymbol{u}^1\end{cases}$$

即f将C中除$\boldsymbol{u}^1$外各点都映到$\boldsymbol{u}^1$,但将$\boldsymbol{u}^1$映到原点.显然f没有不动点.事实上,f在$\boldsymbol{x}=\boldsymbol{u}^1$处不连续.

再看一个例子:

例4　令$C=\mathbf{R}^2$,则C闭凸,并且内部非空.令f:$C\to C$由$f(\boldsymbol{x})=\boldsymbol{x}+\boldsymbol{u}^1$确定,$\boldsymbol{u}^1$仍如例2.显然$f$是连续的,同样,显然$f$没有不动点.这是一个将全平面向右移动一个单位长度的平移.

现在,回到布劳维定理本身.我们首先通过下述三个引理,说明只要对一种最简单、最标准的n维闭包腔证明该定理就可以了.为此,先介绍一些简单的概念.

定义3　所谓标准单纯形S^n,是$\mathbf{R}^{n+1}$中$n+1$个单位向量(点)$\boldsymbol{v}^0,\boldsymbol{v}^1,\cdots,\boldsymbol{v}^n$的凸包.记$N_0=\{0,1,\cdots,n\}$.以$S_i^n$记$S^n$的与$\boldsymbol{v}^i$相对的闭界面.这时,$S^n$的边界是$\partial S^n=\bigcup\limits_{i\in N_0}S_i^n$.

图4就是一个2维标准单纯形.

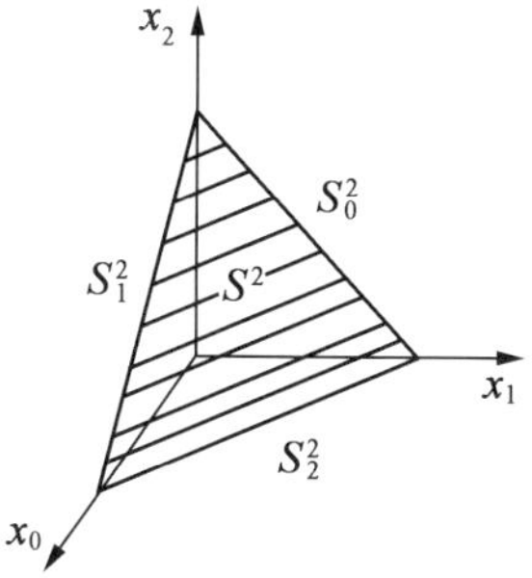

图4

若记$\mathbf{R}^{n+1}$的正卦限为$\mathbf{R}_+^{n+1}$(由各坐标分量均非负的点组成),空间的点用列向量表示,而$\boldsymbol{v}$是所有分量均为1的向量，那么，S^n 可以写成 $S^n = \{\boldsymbol{x} \in \mathbf{R}_+^{n+1} \mid \boldsymbol{v}'\boldsymbol{x} = 1\}$. 这里，$\boldsymbol{v}'\boldsymbol{x} = 1$，即 $\sum\limits_{i \in N_0} x_i = 1$.

下面的引理说明 n 维闭包腔的意义.

引理1 若 $C \subseteq \mathbf{R}^n$ 是 $\mathbf{R}^n$ 中的紧致凸集，其内部非空，那么，C 是一个 n 维闭包腔.

证明 我们构造一个映射 $h: B^n \to C$，然后证明 h 是同胚即可(图5).

几何上，h 是这样构造的：C 的内部非空，在 C 的内部任取一点 $\boldsymbol{c}$，然后将从 $\boldsymbol{c}$ 出发的每条射线与 C 的交的长度单位化，就得到一个球 B^n. 这个单位化的过程，就是一个同胚变换. 具体写下来就是：

取 $\boldsymbol{c} \in \operatorname{int} C$，对 $\boldsymbol{0} \neq \boldsymbol{d} \in \mathbf{R}^n$，令 $\theta(\boldsymbol{d}) = \max\{\theta \in \mathbf{R} \mid \boldsymbol{c} + \theta\boldsymbol{d} \in C\}$. 这里能取到最大值，因为 C 紧致. 因 $\boldsymbol{c} \in \operatorname{int} C$，所以 $\theta(\boldsymbol{d}) > 0$，并且对于 $\lambda > 0$，$\theta(\lambda\boldsymbol{d}) = \lambda^{-1}\theta(\boldsymbol{d})$ 成立(注意，$\boldsymbol{c}, \boldsymbol{d}$ 是向量).

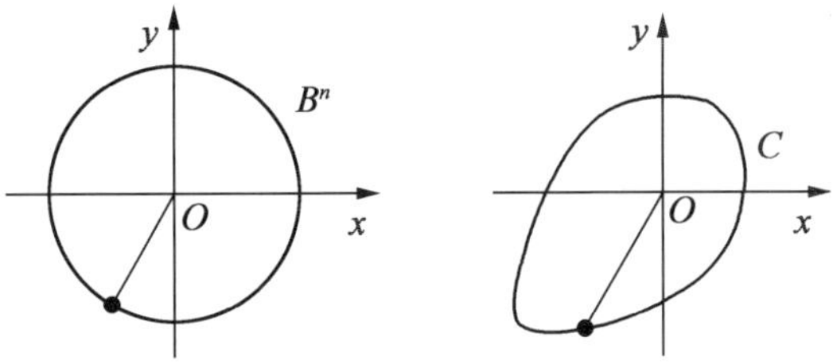

图5

记 $\|\boldsymbol{d}\|_2$ 为 $\boldsymbol{d}$ 的长度，定义 $h: B^n \to C$ 如下

$$h(\boldsymbol{d}) = \begin{cases} \boldsymbol{c} + \|\boldsymbol{d}\|_2 \theta(\boldsymbol{d})\boldsymbol{d}, & \text{若 } \boldsymbol{d} \neq \boldsymbol{0} \\ \boldsymbol{c}, & \text{若 } \boldsymbol{d} = \boldsymbol{0} \end{cases}$$

这样，$h(\boldsymbol{d}) = \boldsymbol{c}$ 当且仅当 $\boldsymbol{d} = \boldsymbol{0}$，所以

$$h(\boldsymbol{d}) = h(\boldsymbol{d}') = \boldsymbol{c}$$

蕴涵 $\boldsymbol{d} = \boldsymbol{d}'$. 现若 $h(\boldsymbol{d}) = h(\boldsymbol{d}') \neq \boldsymbol{c}$，那么

$$\|\boldsymbol{d}\|_2\theta(\boldsymbol{d})\boldsymbol{d}=\|\boldsymbol{d}'\|_2\theta(\boldsymbol{d}')\boldsymbol{d}'$$

所以 $\boldsymbol{d}'=\lambda\boldsymbol{d},\lambda>0$. 但这样一来，有

$$\begin{aligned}\|\boldsymbol{d}\|_2\theta(\boldsymbol{d})\boldsymbol{d}&=\lambda\|\boldsymbol{d}\|_2\lambda^{-1}\cdot\theta(\boldsymbol{d})\lambda\boldsymbol{d}\\&=\lambda\|\boldsymbol{d}\|_2\theta(\boldsymbol{d})\boldsymbol{d}\end{aligned}$$

于是 $\lambda=1$，所以 h 是一对一的.

下证 h 是在上的. 因 $h(\mathbf{0})=\boldsymbol{c}$，所以只需证明对任一 $\boldsymbol{c}\neq\boldsymbol{x}\in C$，存在 $\boldsymbol{d}\in B^n$ 使得 $h(\boldsymbol{d})=\boldsymbol{x}$. 事实上，令

$$\boldsymbol{d}=(\boldsymbol{x}-\boldsymbol{c})/\|\boldsymbol{x}-\boldsymbol{c}\|_2\theta(\boldsymbol{x}-\boldsymbol{c})$$

即容易验证 $\boldsymbol{d}\in B^n$ 和 $h(\boldsymbol{d})=\boldsymbol{x}$.

h 和 h^{-1} 的连续性容易证得，留作练习(图 6).

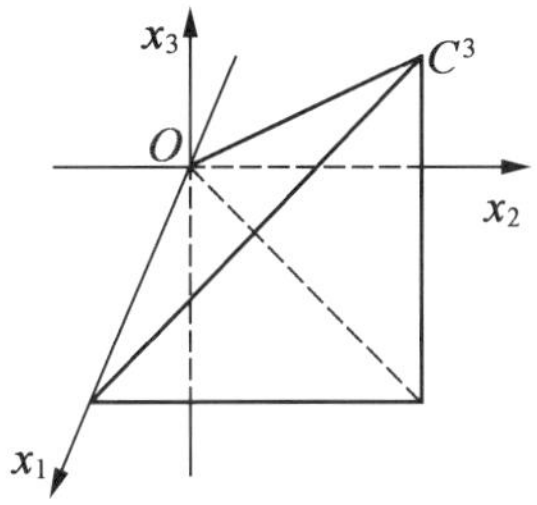

图 6

引理 2　S^n 是一个 n 维闭包腔.

证明　令 $C^n=\{\boldsymbol{x}\in\mathbf{R}^n\mid 1\geqslant x_1\geqslant\cdots\geqslant x_n\geqslant 0\}$. 显然 C^n 是内部非空的紧致凸集，据引理 1，C^n 是 n 维闭包腔. 以下只需证明 S^n 与 C^n 同胚.

定义 4　$h:C^n\to S^n$ 和 $h^{-1}:S^n\to C^n$ 为 $h(\boldsymbol{c})=\boldsymbol{v}^0+\boldsymbol{Q}\boldsymbol{c}$ 和 $h^{-1}(\boldsymbol{s})=\boldsymbol{Q}'\boldsymbol{s}$，这里 $\boldsymbol{c}\in C^n,\boldsymbol{s}\in S^n$，而 $\boldsymbol{v}^0=(1,0,\cdots,0)'\in\mathbf{R}^{n+1}$，$\boldsymbol{Q}$ 为 $(n+1)\times n$ 矩阵

$$\begin{pmatrix}-1&0&\cdots&0\\1&\ddots&\ddots&\vdots\\0&\ddots&\ddots&0\\\vdots&\ddots&\ddots&-1\\0&\cdots&0&1\end{pmatrix}$$

$\boldsymbol{Q}'$为 $n\times(n+1)$矩阵

$$\begin{pmatrix} 0 & 1 & \cdots & 1 \\ \vdots & \ddots & \ddots & \vdots \\ 0 & \cdots & 0 & 1 \end{pmatrix}$$

容易验证 h 是一对一和在上的,并且 h 和 h^{-1}都是连续的. 所以,S^n 与 C^n 同胚,因此 S^n 与 B^n 同胚.

下一个引理说明只要对 S^n 证明布劳维定理就够了.(这会简化证明,但对计算不动点却没有大的帮助,因为要将有关的同胚映射表述出来是困难的.)

引理 3　若布劳维定理对 S^n 成立,则它对任一 n 维闭包腔 C 亦成立.

证明　如图 7,设 $f:C\to C$ 连续,欲证 f 有不动点. 由引理 1 和引理 2,我们有同胚 $h:B^n\to C$ 和 $h_0:B^n\to S^n$. 这时,合成映射

$$f_0=h_0h^{-1}fhh_0^{-1}:S^n\to S^n$$

是连续的,按题设有不动点 $\boldsymbol{x}^*\in S^n$. 这时,$hh_0^{-1}(\boldsymbol{x}^*)\in C$,而

$$f(hh_0^{-1}(\boldsymbol{x}^*))=hh_0^{-1}(\boldsymbol{x}^*)$$

这里 $hh_0^{-1}(\boldsymbol{x}^*)$就是 f 的不动点.

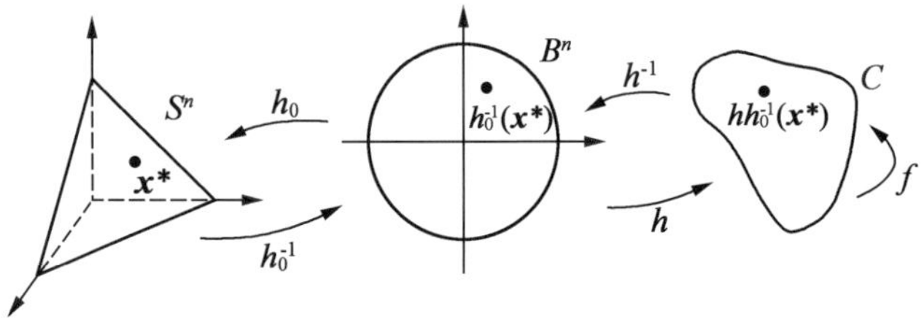

图 7

2.2　若干证明途径

1. 当 $n=1$ 时的一种证明

因 S^1 与 $[0,1]$ 同胚，所以只需考虑连续函数 $f:[0,1]\to[0,1]$. 若 $f(0)=0$ 或 $f(1)=1$，定理已经成立. 否则，令 $g(x)=f(x)-x$，则 g 是连续的，并且 $g(0)>0>g(1)$. 根据介值定理，g 在 $[0,1]$ 上有零点 x^*，点 x^* 即为 f 的不动点(图8).

直观上，f 的图像必须穿过方块的对角线，而在穿过的当时，就给出了一个不动点.

这里对 $g(x)=f(x)-x$ 的处理，说明函数不动点问题和函数零点问题是完全等价的. 有时我们就不再区别两者.

问题是：1维时的证明思想能够推广到高维情况吗？

2. 当 $n=2$ 时的情况

用反证法：设有连续映射 $f:B^2\to B^2$，但它没有不动点，再想办法得出矛盾.

这时，我们定义映射 $h:B^2\to\partial B^2=\{\boldsymbol{x}\in\mathbf{R}^2\mid\|\boldsymbol{x}\|=1\}$ 如下：$h(\boldsymbol{x})$ 为从 $f(\boldsymbol{x})$ 到 $\boldsymbol{x}$ 的射线与 ∂B^2 的交点(图9).

既然 f 没有不动点，易证 h 是连续的. 很清楚，h 保持 ∂B^2 上的点不动. 看起来这是非常直观的：没有一个映射能将 B^2 变成 ∂B^2，保持 ∂B^2 不动，而又不撕破 B^2 的内部(“撕破”，就不连续了). 这一想法在高维的情况同样容易叙述清楚，但其证明通常要用到同调论(homology)的专门内容，目前多数拓扑学著作中都采用赫希(M. W. Hirsch)的证明,这就不是我们在这里能介绍的了. 实际上,赫希的作法是对 $\boldsymbol{b}\in\partial B^2$ 沿着逆象 $h^{-1}(\boldsymbol{b})$ 走,证明这个逆象只能在 B^2 内部"消失",只能在 f 的不动点附近"消失". 以赫希的这种想法为基础,凯洛格(Kellogg),Li & Yorke 曾构造了一种算法,但要求 f 是二次连续可导的. 我们以下不采取这种作法.

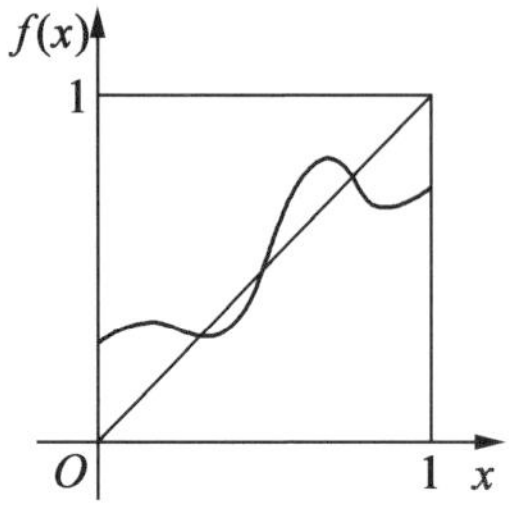

图 8

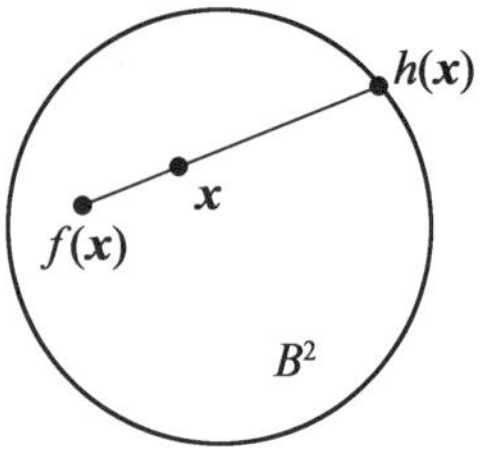

图 9

3. 不动点算法的酝酿

设 $f: S^n \to S^n$ 连续. 对任何 $\boldsymbol{x}\in S^n$,从 $\boldsymbol{x}$ 变到 $f(\boldsymbol{x})$ 时,$\boldsymbol{x}$ 的有些坐标可能增大,有些可能减小,但 $n+1$ 个坐标的总和保持为 1. 如果能找到一点 $\boldsymbol{x}^*$,它的每个坐标经过映射 f 之后都不增大,那么,它的每个坐标也不能减小,所以 $\boldsymbol{x}^*$ 就是不动点. 为做到这一点,对 $i\in N_0$,令 C_i 为 S^n 中第 i 个坐标在映射 f 之下不增大的那些点的集合. 如果有一个点属于所有的 C_i,即若 $\bigcap_{i\in N_0} C_i \neq \varnothing$,我们的目的就达到了.

这短短一段文字,反映了不动点算法的原始思想. 我们证明布劳维定理的第一步,就是归结为著名的克纳斯特 - 库拉托夫斯基 - 马祖尔凯维奇(Knaster-Kuratowski-Mazurkiewicz)引理,一般简写作 K-K-M 引理,该引理在一定条件下判断一族集合必须有非空交集.

该引理的证明不见得比定理本身容易，所以又将该引理归结为纯粹组合的施佩纳引理. 好处在于这样做时，最能体现不动点算法的原始思想.

考虑 $n=1$ 的情况. 显然 S^1 中任一点必在 C_0 或 C_1，即 C_0 和 C_1 盖满 S^1：$C_0 \cup C_1 = S^1$，并且，$\boldsymbol{v}^0 \in C_0$，$\boldsymbol{v}^1 \in C_1$，即各 C_i 都非空. 此外，各 C_i 都是闭集(图 10).

怎样做到 C_0 和 C_1 相交呢？利用诸 C_i 的闭性，若能找到任意接近的点对，一点在 C_0，一点在 C_1，那么因为 C_0，C_1 是闭的，而 S_1 紧致，就存在一点既在 C_0 也在 C_1，目的就达到了. 要提供足够丰富的任意接近的上述点对，可以将 S^1 分割成小线段，小线段端点标号依它在 C_0 或 C_1 而定为 0 或 1(若它既在 C_0 又在 C_1，则目的已达到). 因为 S^1 的一端标号为 0，另一端标号为 1，显然必有一个小线段，其两端标号分别为 0 和 1. 这就是要找的点对(图 11).

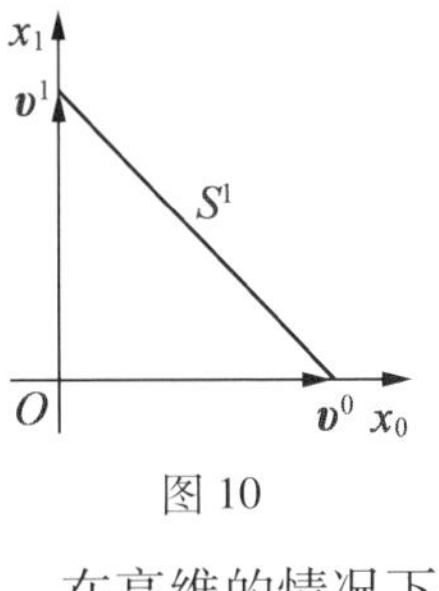

图 10

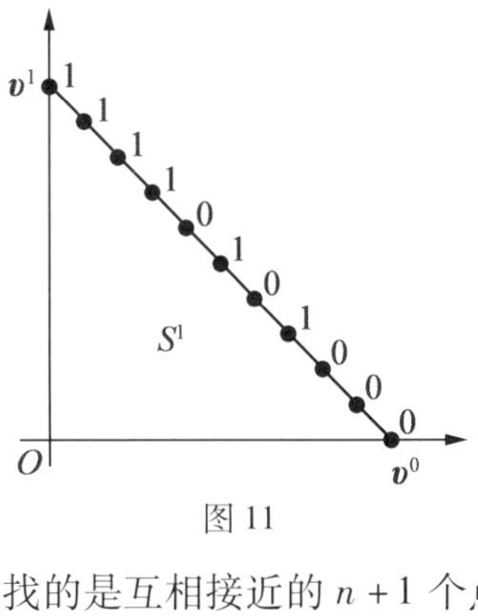

图 11

在高维的情况下，要找的是互相接近的 $n+1$ 个点的点组，在各个 C_i 中都有一点. 为此，将 S^n 分割为称之为单纯形的小片，即将 S^2 分割为三角形，将 S^3 分割为四面体，等等. 这样，我们就走向了施佩纳引理.

从这一节开始,希望读者随时联系库恩(Kuhn)多项式求根算法中的作法(部分、标号、算法). 细节不尽相同,但相通之处是本质的.

例如,在 2 维的情况下,基于同样思想,库恩建立了下述所谓组合的斯托克斯(Stokes)定理:

定理 设 Q 是平面有界区域(连通或不连通),剖分成具有正的定向(逆时针方向)的三角形,各顶点的标号为 0 或 1 或 2. 称 ∂Q 上的(0,1)棱和 Q 内的(0,2,1)三角形为起点(源),∂Q 上的(1,0)棱和 Q 内的(0,1,2)三角形为终点(渊),那么,起点和终点的数目相等. 对 Q 中每个三角形△和 ∂Q 上每条棱 e,以 $l(\triangle)$ 和 $l(e)$ 表示其顶点的顺序标号,定义

$$\sigma(e)=\begin{cases}+1,\text{若 } l(e)=(0,1)\\ -1,\text{若 } l(e)=(1,0)\\ 0,\text{其他情况}\end{cases}$$

$$\sigma(\triangle)=\begin{cases}+1,\text{若 } l(\triangle)=(0,1,2)\\ -1,\text{若 } l(\triangle)=(0,2,1)\\ 0,\text{其他情况}\end{cases}$$

那么,定理的另一种表述是

$$\sum_{\triangle\subseteq Q}\sigma(\triangle)=\sum_{e\subseteq\partial Q}\sigma(e)$$

下面是定理的一个图示,"►—"表示起点(源),"→"表示终点(渊). 在符合定理条件的情况下,渊源总是相等. 读者不妨自己试试.

注意 图 12 既可作为三个独立的例子,又可作为一个例子.

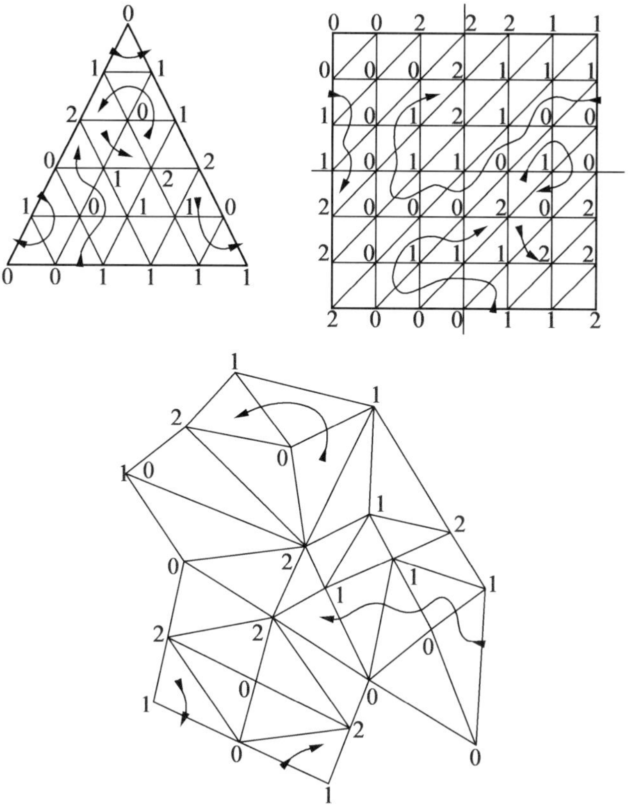

图 12

事实上，库恩最初就是对图 12 中 $Q = Q_m$ 的情况运用组合的斯托克斯定理给出代数基本定理的一个构造性的证明(1974). 代数基本定理说明每个 n 次复系数多项式在复数域中有一个根，$n \geqslant 1$，或者，采取其更强的形式：每个 n 次复系数多项式在复数域中恰有 n 个根. 库恩证明了 ∂Q_m 上正好有 n 个起点，没有终点，

从而在 Q_m 内可找到 n 个终点作为 n 个近似根. 当部分加细时,取极限,就得到 n 个根了. 这是初期不动点算法的一个例子. 后来,增加了一个辅助维,将平面问题放到半空间里处理,形成变维数的算法,精度能自动提高,就是前面看到的库恩多项式求根算法了.

这是"题外的话",让我们回到布劳维定理.

2.3 归结为施佩纳引理

为方便,如同记 $N_0=\{0,1,\cdots,n\}$,$N=\{1,\cdots,n\}$.

首先叙述前文提到的 K-K-M 引理:

引理 1 设 $C_i, i\in N_0$ 是 S^n 的一组闭子集,满足下列条件:

(1) $S^n=\bigcup_{i\in N_0} C_i$,即诸 C_i 盖满 S^n;

(2) 如果 $\varnothing \neq I\subseteq N_0$,而 $J=N_0\sim I$(J 是 N_0 对 I 的差集),就有 $\bigcap_{i\in I} S_i^n \subseteq \bigcup_{j\in J} C_j$. 那么,诸 C_i 之交非空,即 $\bigcap_{i\in N_0} C_i\neq\varnothing$.

条件(2)要稍稍说明一下. 当 $n=1$ 时,只不过是 $\boldsymbol{v}^0\in C_0$ 和 $\boldsymbol{v}^1\in C_1$. 当 $n=2$ 时,见图 13. 若 I 是单点集 $\{i\}$,那么 S_i^n 被与 i 相对的两个 C_j 的并集盖住;若 I 是两点集,缺少 i,那么两个 S_j^n 之交只是一个顶点,被 C_i 盖住;而当 $I=N_0$ 时,$\bigcap_{i\in I} S_i^n$ 已是空集. 然后,K-K-M 引理保证诸 C_i 之交非空,如图 13 中涂黑的部分.

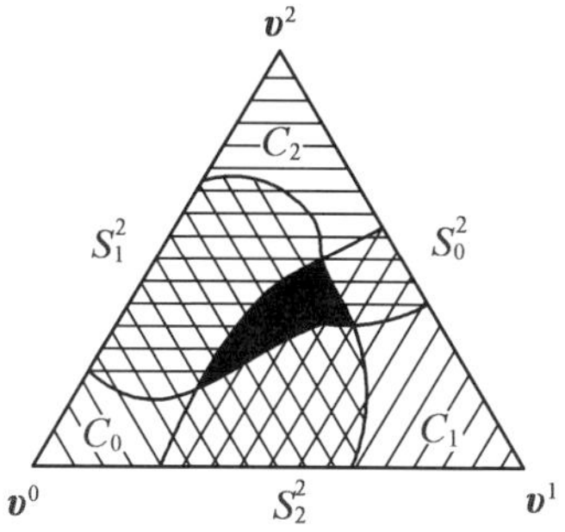

图 13

下面,我们要证明:

命题 1　K-K-M 引理蕴涵对 S^n 的布劳维定理.

证明　设 $f:S^n \to S^n$ 连续,对 $i \in N_0$,令

$$C_i' = \{\boldsymbol{x} \in S^n \mid f_i(\boldsymbol{x}) \leqslant x_i > 0\}$$

而 $C_i = \overline{C_i'}$(C_i'的闭包). 我们来验证 $C_i, i \in N_0$满足 K-K-M 引理的条件.

若 $\boldsymbol{x} \in S^n$ 不属于任何一个 $C_i', i \in N_0$,那么对于 $i \in I = \{i \in N_0 \mid x_i > 0\}$ 有 $f_i(\boldsymbol{x}) > x_i$. 这时

$$1 = \boldsymbol{v}'\boldsymbol{x} = \sum_{i \in N_0} x_i = \sum_{i \in I} x_i < \sum_{i \in I} f_i(\boldsymbol{x}) \leqslant \sum_{i \in N_0} f_i(\boldsymbol{x})$$
$$= \boldsymbol{v}' f(\boldsymbol{x}) = 1$$

得出矛盾. 所以

$$S^n \subseteq \bigcup_{i \in N_0} C_i' \subseteq \bigcup_{i \in N_0} C_i$$

再注意对 $i \in N_0, C_i \subseteq S^n$,即知条件(1)满足.

再按定义,若 $\boldsymbol{x} \in \bigcap_{i \in I} S_i^n, \boldsymbol{x} \notin C_i', i \in I$,那么对于

$$J = N_0 \sim I, \boldsymbol{x} \in \bigcup_{j \in J} C_j' \subseteq \bigcup_{j \in J} C_j$$

所以条件(2)亦满足.

今若 K-K-M 引理成立,就存在 $\boldsymbol{x}^* \in \bigcap_{i \in N_0} C_i$. 因 f 连

续，且 $\boldsymbol{x}^* \in C_i = \overline{C_i'}$，$i \in N_0$，知 $f_i(\boldsymbol{x}^*) \leqslant x_i^*$，$i \in N_0$. 这时 $1 = \boldsymbol{v}'\boldsymbol{x}^* = \boldsymbol{v}'f(\boldsymbol{x}^*)$ 给出 $f_i(\boldsymbol{x}^*) = x_i^*$，$i \in N_0$. 这就是说，$\boldsymbol{x}^*$ 是 f 的一个不动点.

为以后的需要，谈谈部分的有关概念.

我们知道，一个 j 维闭单纯形是 $\mathbf{R}^k$ 中 $j+1$ 个仿射无关的点的凸包，这些点称作是单纯形的顶点. 闭单纯形的相对内部，称为开单纯形. 这样，前述的 S^n 是一个 n 维闭单纯形(图 14).

一个单纯形，若它的全部顶点都是单纯形 σ 的顶点，就称作是 σ 的一个面. 所以，对每个 $i \in N_0$，S_i^n 是 S^n 的一个闭面.

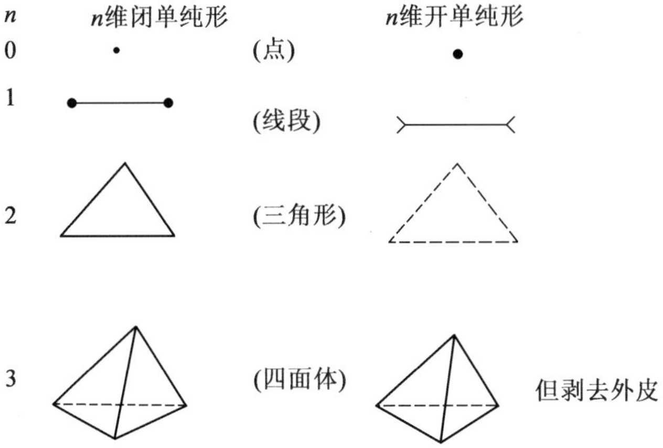

图 14

两个单纯形称为是关联的，若一个是另一个的面. 两个 j 维单纯形称作是连接的，如果它们共以一个 $j-1$ 维单纯形为面.

所谓 S^n 的一个剖分 G，是指一组有限个 n 维开单纯形，这些开单纯形与它们的所有开面一起构成 S^n 的一个分割，即 S^n 是这些开单纯形与它们的所有开面的不相交并集.

用开单纯形叙述有其方便之处，虽然初看起来不那么直观. 若用闭单纯形叙述，上述定义等价于下列两个条件：

(1)诸 n 维闭单纯形盖满 S^n；

(2)若两个 n 维闭单纯形相交，则交集是它们的公共面.

所以，图 15 的构造是不允许的.

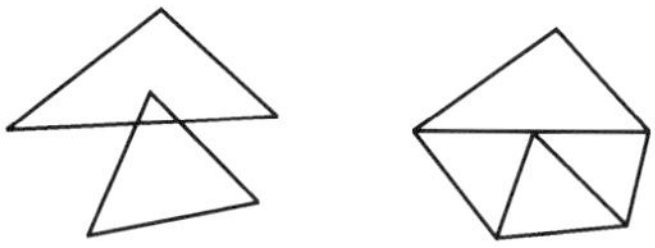

图 15

剖分中每个单纯形的顶点，也可以直接称为该剖分的顶点. 下面讲的单纯形都指开单纯形，虽然在多数场合把它想象为闭单纯形也可以，但是要小心.

S^n 的剖分的性质：

(1)设 G 是 S^n 的一个剖分，τ是一个 $n-1$ 维单纯形，它是 G 的一个 n 维单纯形的面. 那么以下两者必有一者成立：

1) $\tau\subseteq\partial S^n$，$\tau$只是一个 $\sigma\in G$ 的面；

2) $\tau\nsubseteq\partial S^n$，$\tau$正好是 G 中两个单纯形的面.

(2)存在 S^n 的网径的任意小的剖分(G 的网径是 $\sup\limits_{\sigma\in G}\operatorname{diam}_2\sigma$，即 G 中单纯形的最大直径).

(3)设 G 是 S^n 的一个剖分，$i\in N_0$. 那么 G 中单纯形的位于 S_i^n 的 $n-1$ 维面，按显然的方式构成 S_i^n 的一个剖分.

现在叙述：

施佩纳引理 设 G 是 S^n 的一个剖分，G 的每一顶点标以 N_0 中一个整数，使得在 S_i^n 中顶点标号均不为 i（这样的标号法称作是可用的）. 那么，G 中存在全标单纯形，即带有全部标号的单纯形.

图 16 是当 $n=2$ 时 S^n 的一种剖分及符合引理条件的标号. 注意，在 $\boldsymbol{v}^i$ 的"对面"没有标号 i.

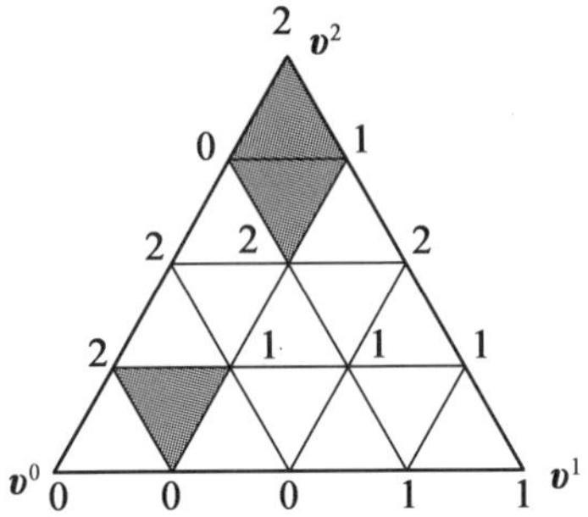

图 16

上面叙述的是引理的弱形式，我们只需要弱形式就够了，但引理的强形式更易证明. 引理的强形式，即存在奇数个全标单纯形. 还有超强形式，断定具有正的定向的全标单纯形比具有负的定向的全标单纯形刚好多一个. 引理的各种形式，在拓扑学中均有应用，特别是拓扑定理的构造性证明.

命题 2 施佩纳引理（弱）蕴涵 K-K-M 引理.

证明 设 $C_i, i \in N_0$ 是满足 K-K-M 引理条件的闭集，设 $G_k, k=1,2,3,\cdots$ 是 S^n 的一族剖分，其网径趋于 0：当 $k \to \infty$ 时，$\mathrm{mesh}_2 G_k \to 0$. 对每个 k，设 $\boldsymbol{y}$ 为 G_k 中一个顶点，则 $\boldsymbol{y}$ 的标号取作

$$i = \min\{j \in N_0 \mid \boldsymbol{y} \in C_j, \boldsymbol{y} \notin S_j^n\}$$

（i 的存在性由 K-K-M 引理的条件保证）这显然是一个

可用的标号法. 若施佩纳引理成立,得 G_k 内存在全标单纯形 σ_k. 设 σ_k 的顶点为 $\boldsymbol{y}^{ki}, i \in N_0$. $\boldsymbol{y}^{ki}$ 的标号就是 i,所以 $\boldsymbol{y}^{ki} \in C_i, i \in N_0$.

序列 $\boldsymbol{y}^{k0}, k=1,2,3,\cdots$ 位于紧致集 S^n,故必有一个收敛子序列. 不妨设子序列就是原序列本身,即 $\boldsymbol{y}^{k0} \to \boldsymbol{x}^* \in S^n, k \to \infty$. 注意 $\text{mesh}_2 G_k \to 0$,就得 $\lim\limits_{k\to\infty} \boldsymbol{y}^{ki} = \boldsymbol{x}^*, i \in N_0$. 因 C_i 是闭的,得对所有的 $i \in N_0$ 有 $\boldsymbol{x}^* \in C_i$. 这就得到了 K-K-M 引理.

命题已证完,但强调一下它在计算方面的意义是值得的. 事实上,每个全标单纯形给出一个近似不动点,当 $\text{mesh}_2 G \to 0$ 时,就得到精确不动点. 重要的是指明,我们所说的"近似不动点",即一个点和它的象很接近,而不是指很接近不动点的点.

我们已用 $\|\cdot\|_2$ 表示欧氏空间中的通常距离. 有时取最大坐标差为距离是方便的,记作 $\|\cdot\|_\infty$: $\|\boldsymbol{x}\|_\infty = \max_i |x_i|$(下标 2 和$\infty$意义自明),有时,用 $\|\cdot\|$ 表示 $\|\cdot\|_\infty$ 或 $\|\cdot\|_2$. 例如,关于网径,我们有 mesh_∞, mesh_2, mesh,其含义自明.

引理 2　设 G 是 S^n 的一个剖分,$\text{mesh}_\infty G \leqslant \delta$,设 $f: S^n \to S^n$ 使得 $\|\boldsymbol{x}-\boldsymbol{z}\|_\infty \leqslant \delta$ 蕴涵

$$\|f(\boldsymbol{x})-f(\boldsymbol{z})\|_\infty \leqslant \varepsilon$$

取 G 的顶点 $\boldsymbol{y}$ 的标号为

$$i = \min\{j \in N_0 \mid f_j(\boldsymbol{y}) \leqslant y_j > 0\}$$

那么,若 σ 是 G 的一个全标单纯形,而 $\boldsymbol{x}^* \in \sigma$,就有

$$\|f(\boldsymbol{x}^*)-\boldsymbol{x}^*\| \leqslant n(\varepsilon+\delta)$$

这个 $\boldsymbol{x}^*$ 就可作为近似不动点.

证明　设 σ 的顶点为 $\boldsymbol{y}^i, i \in N_0$, $\boldsymbol{y}^i$ 的标号为 i. 于

是，对每个 $i \in N_0$，有

$$f_i(\boldsymbol{x}^*) - x_i^* = (f_i(\boldsymbol{x}^*) - f_i(\boldsymbol{y}^i)) + (f_i(\boldsymbol{y}^i) - y_i^i) + (y_i^i - x_i^*)$$

引理的条件保证右端第一项不超过 ε，末项不超过 δ. 而 $\boldsymbol{y}^i$ 标号为 i，故中项非正. 所以

$$f_i(\boldsymbol{x}^*) - x_i^* \leqslant \varepsilon + \delta$$

但 $\boldsymbol{v}' f(\boldsymbol{x}^*) = \boldsymbol{v}' \boldsymbol{x}^* = 1$，对每个 $i \in N_0$，自然有

$$f_i(\boldsymbol{x}^*) - x_i^* = -\sum_{j \neq i} (f_j(\boldsymbol{x}^*) - x_j^*) \geqslant -n(\varepsilon + \delta)$$

所以，对每个 $i \in N_0$，均有

$$|f_i(\boldsymbol{x}^*) - x_i^*| \leqslant n(\varepsilon + \delta)$$

于是引理结论已得.

2.4 施佩纳引理的证明

虽然我们只用到施佩纳引理的弱形式，但本节将归纳地证明引理的强形式.

本来可从 $n = 0$ 的平凡情况开始归纳，但我们宁愿从 $n = 1$ 做起. 我们还舍弃当 $n = 1$ 时若干较容易的证明，而从一开始就采取与高维时一致的作法. 这样做对理解和掌握整个证明是有好处的.

(1)$n = 1$ 的情况(图 17).

图 17

考虑标号 0 的顶点(它是 $n - 1$ 维单纯形)与剖分中的一端标号为 0 的线段(它是 n 维单纯形)的关联. 按以下两种方法对关联进行计数，即对一者是另一者

的面的情况进行计数.

1）累加至少一端标号为0的线段对标号为0的顶点的关联数. 这种线段有两类：

A：标号一端为0，另一端为1的线段；

B：两端标号均为0的线段.

A中每条线段计数为1，B中每条线段计数为2，总计数为$|A|+2|B|$（$|A|$表示A中元素数目）.

2）累加标号为0的每个顶点对至少一端标号为0的线段的关联数. 这样的顶点亦有两类：

C：$\partial S'$中唯一标号为0的顶点$\boldsymbol{v}^0$；

D：标号为0的中间顶点（不在$\partial S'$的）.

根据之前的S^n的剖分的性质（1），C中顶点计数为1，D中顶点计数为2，这样，总计数为

$$|C|+2|D|=1+2|D|$$

从$|A|+2|B|=1+2|D|$，知$|A|$是奇数，这正是当$n=1$时施佩纳引理的目标.

（2）归纳作法（图18）.

设强形式的引理在维数为$n-1$时为真，设G是S^n的一个剖分，其顶点标号法是可用的. 设H是作为G中单纯形的面的那些$n-1$维单纯形的集合，它们的顶点都带有$0,1,\cdots,n-1$全部标号. 我们还是对G和H的关联进行计数.

1）累加其顶点具有标号$0,1,\cdots,n-1$的每个$\sigma\in G$，对具有标号$0,\cdots,n-1$的所有$\tau\in H$的关联数，这种单纯形分为两类：

A：G的全标单纯形组；

B：G的几乎全标单纯形组，所谓几乎全标单纯形，即带有标号$0,1,\cdots,n-1$，但没有n.

A 的每个单纯形正好有一个面在 H,而 B 的每个单纯形正好有一对顶点的标号相重,所以有两个面在 H,且这两个面分别与具有相同标号的顶点相对,所以,关联总计数为 $|A|+2|B|$.

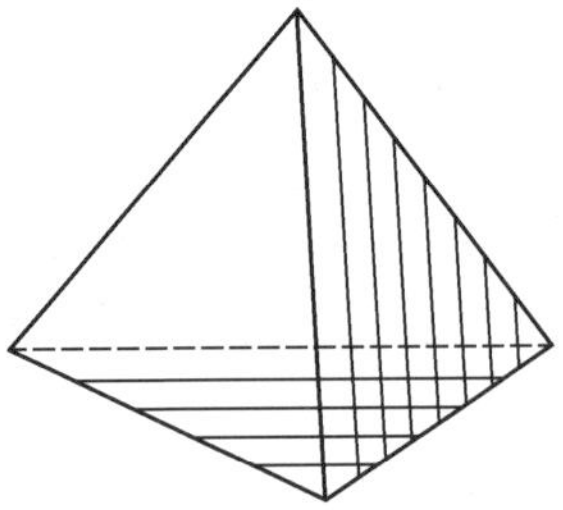

图 18

2)累加每个具有标号 $0,\cdots,n-1$,即几乎全标的 $\tau\in H$ 对所有几乎全标的 $\sigma\in G$ 的关联数. 亦分两类:

C:$\tau\in H$ 且 $\tau\subseteq\partial S^n$ 的集合;

D:$\tau\in H$ 且 $\tau\not\subseteq\partial S^n$ 的集合.

既然标号法是可用的,每个 $\tau\in C$ 必在 S_n^n 中.

按 S^n 的剖分的性质(1),每个 $\tau\in C$ 对于 G 和 H 的关联计数为 1,而每个 $\tau\in D$ 对于 G 和 H 的关联计数为 2,总计数为 $|C|+2|D|$. 由此得到 $|A|+2|B|=|C|+2|D|$.

为证 $|A|$ 是奇数,必须证明 $|C|$ 是奇数. 考虑作为 G 的单纯形的面并且位于 S_n^n 的 $n-1$ 维单纯形的集合 G'. 根据 S^n 的剖分的性质(3),G' 是 S_n^n 的一个剖分. 但 S_n^n 显然和 S^{n-1} 是同胚的,只差写不写最后一个 0 坐标. 作为 S^{n-1} 的一个剖分,G' 的顶点的标号是可用的,因此归纳假设断定 G' 中有奇数个全标单纯形. 注意 G'

中的全标,即 0,1,⋯,$n-1$,所以这些单纯形正好就是属于 C 的所有单纯形,所以 $|C|$ 为奇数. 归纳作法完成.

记得我们先是说明只要对 S^n 证明布劳维定理就够了,第二步证明 K-K-M 引理蕴涵 S^n 的布劳维定理,第三步证明施佩纳引理蕴涵 K-K-M 引理,最后归纳证明了施佩纳引理. 这样,我们就完成了布劳维定理的一个完全组合的证明. 这个证明是构造性的,正如 2.3 节末强调的,它也给出了计算不动点的算法.

为了帮助消化施佩纳引理的证明,再看一个例子. 图 19 是 S^2 的一个标号剖分,我们验证一下集合 A,B,C,D 及关联数.

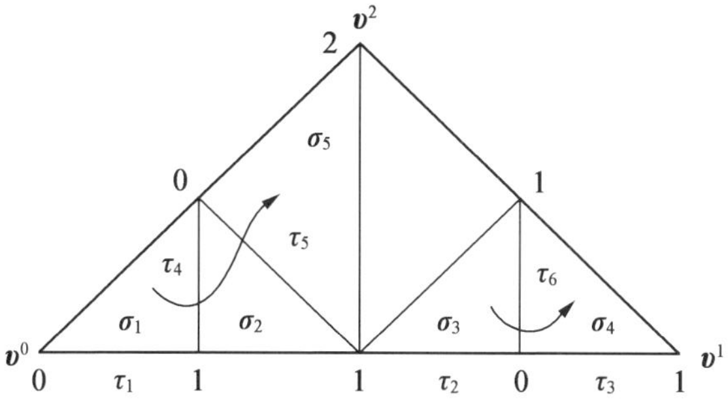

图 19

A 中 2 维单纯形　相应的 $C\cup D$ 中的 1 维单纯形

σ_5	τ_5

B 中 2 维单纯形

σ_1	τ_1,τ_4
σ_2	τ_4,τ_5
σ_3	τ_2,τ_6
σ_4	τ_3,τ_6

总关联 $=|A|+2|B|=9$

C 中 1 维单纯形	相应的 $A\cup B$ 中的 2 维单纯形
τ_1	σ_1
τ_2	σ_3
τ_3	σ_4
D 中 1 维单纯形	
τ_4	σ_1,σ_2
τ_5	σ_2,σ_5
τ_6	σ_3,σ_4
	总关联 $=\|C\|+2\|D\|=9$

注意,$A\cup B$ 中的单纯形形成路径 $\sigma_1-\sigma_2-\sigma_5$ 和 $\sigma_3-\sigma_4$,这些路径是寻求全标单纯形的不动点算法的基础.

在本章的结尾,我们谈谈不动点算法的名称. 诚如以上所述,不动点算法最初是在求解不动点的计算问题(特别是经济均衡点的计算)时形成的,而且它走的正是上述不动点定理的构造性证明的路,所以多数作者乐于采用不动点算法的名称. 当应用于方程或方程组求解时,要计算的当然是零点,而不是不动点. 但前面已经指出,不论在方程或方程组的场合,零点问题与不动点问题是等价的:令 $g(x)=f(x)-x$,g 的零点就是 f 的不动点. 在单个方程的场合,x 是实变量或复变量;在方程组的场合,$\boldsymbol{x}$ 是一个 n 维实的(或复的)向量.

单纯形剖分的作法在算法中起着基础的作用,所以这种算法也被称作单纯算法. 当采用这个名称时,要和例如优选法中的单纯形方法和线性规划问题中的单纯形方法区别.

互补轮回是算法进行的基本规则,所以算法也可称作互补轮回算法. 还有一些其他名称,如单纯同伦算法，分片线性同伦算法等，就留待讨论相应的内容时再做介绍了.

总的说起来，不动点算法的轮廓是求映射 $f:S\to S$ 的不动点（或零点）：

第一步：对 S 进行适当的单纯剖分；

第二步：对剖分的顶点进行适当的标号；

第三步：用一种有规则的搜索方法（机器容易执行的互补轮回方法）寻求全标单纯形作为近似解. 当剖分加细时，就得到问题的真解.

从拓扑的角度看

第3章

3.1 布劳维不动点定理

迄今为止我们所建立起来的一套设施的第一个应用是著名的关于连续映射不动点的布劳维定理:(任意维数的)球体到自身的连续映射必定至少使一点保持不动. 由于下面将要看到的原因,现在我们还不能对任意维数这么广泛的程度进行讨论. 我们将在球体维数不超过 2 的假设下证明布劳维不动点定理.

维数 1 的证明 除了差一个同胚,我们可以将任何 1 维球体用单位区间 $[0,1]$ 来代替. 需要证明的是,若 $f: I \to I$ 连续,则必有一点 $x \in I$,满足 $f(x) = x$. 否则

$$I = \{x \in I | f(x) < x\} \cup \{x \in I | f(x) > x\}$$

但 $f(1) < 1, f(0) > 0$,所以上式等号右端的两个集合都非空,并由 f 的连续性立即推知它们都是开集. 由于 I 是连通的,这就引出矛盾.

与这个论证略微不同,但便于与高维情形联系的一个变体如下所述. 仍然假定定理的结论不真,定义 $g:I\to\{0,1\}$,按照 $g(x)=0$,当 $f(x)>x$ 时;$g(x)=1$,当 $f(x)<x$ 时. 则 g 的连续性由 f 的连续性导出,并且由于 $g(0)=0, g(1)=1$,故 g 为满映射. 这再次与 I 的连通性矛盾.

维数 2 的证明　取平面上的单位圆盘作为标准的 2 维球体,并假定有一个连续映射 $f:D\to D$ 没有不动点. 模仿前一个证明,对于每一点 $\boldsymbol{x}$ 引从 $f(\boldsymbol{x})$ 到 $\boldsymbol{x}$(方向是重要的)的线段,延长到与单位圆周 C 相交(图 1). 令 $\boldsymbol{x}$ 对应于这个交点定义了一个映射 $g:D\to C$. f 的连续性保证了 g 为连续,并且按作法知,$g(\boldsymbol{x})=\boldsymbol{x}$ 对于一切 $\boldsymbol{x}\in C$ 成立.

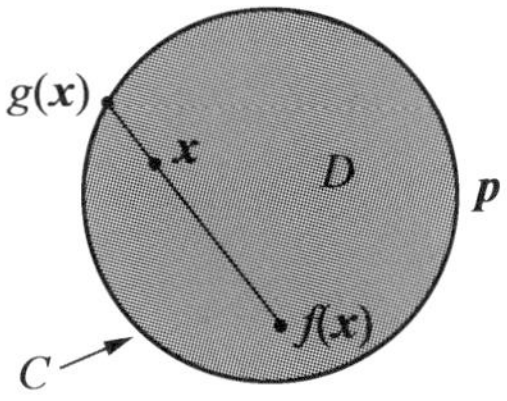

图 1

人们或许可以强烈地感觉到,一个映射 $g:D\to C$,若限制在 C 上为恒等映射,必然要把 D 撕破,因此,不可能连续. 在 1 维的情形通过比较 I 的连通性与 $\{0,1\}$ 的不连通性而引出矛盾. 现在 D 与 C 都连通,因此,完全相同的论证在此时行不通. 但是,D 是单连通的,而

C 具有基本群 Z，于是，可以通过论证诱导同态 $g_*:\pi_1(D)\to\pi_1(C)$ 必须是满同态而引出矛盾.

取点 $\boldsymbol{p}=(1,0)$ 同时作为 C 与 D 的基点，并记 C 到 D 的含入映射为 $i:C\to D$. 空间与连续映射

$$C \xrightarrow{i} D \xrightarrow{g} C$$

给出群与同态

$$\pi_1(C,\boldsymbol{p}) \xrightarrow{i_*} \pi_1(D,\boldsymbol{p}) \xrightarrow{g_*} \pi_1(C,\boldsymbol{p})$$

对于一切 $\boldsymbol{x}\in C$，有 $g\circ i(\boldsymbol{x})=\boldsymbol{x}$，因此，$g_*\circ i_*$ 为恒等同态，于是 g_* 必为满同态. 但 $\pi_1(D,\boldsymbol{p})$ 平凡，而 $\pi_1(C,\boldsymbol{p})\cong Z$，因此得到矛盾，所以布劳维不动点定理在 2 维的情形必然成立.

以上的论证最好地显示了代数与拓扑之间的相互作用. 原来的几何问题是困难的，但是一旦翻译成了代数问题，只用非常简单的思想就解决了问题. 对于维数大于 2 的球体也可同样进行论证，不过不能用基本群来达到目的，因为 n 维球体的边界 S^{n-1} 当 $n>2$ 时是单连通的. 这时要用同调群来代替.

若 A 是 X 的子空间，且 $g:X\to A$ 是连续映射，满足 $g|A=1_A$，则 g 叫作从 X 到 A 的一个收缩映射. 用这个术语，上面的证明要旨在于指出圆盘不能收缩映射到它的边界圆周上去，收缩映射的重要性质是它诱导了基本群的满同态.（证明如前，只不过将 D 与 C 分别换为 X 与 A，点 $\boldsymbol{p}$ 则取作 A 的一点.）

3.2　莱夫谢茨不动点定理

设 $f:X\to X$ 是从一个紧致可剖分空间到自身的连续映射. 选定一个单纯剖分 $h:|K|\to X$,并且令 n 表示 K 的维数. 如果用有理系数,则同调群 $H_q(K,\mathbf{Q})$ 为 $\mathbf{Q}$ 上的向量空间,同态

$$f_{q*}^{h}:H_q(K,\mathbf{Q})\to H_q(K,\mathbf{Q})$$

为线性映射. 这些线性映射迹的交错和,也就是

$$\sum_{q=0}^{n}(-1)^q \operatorname{trace} f_{q*}^{h}$$

叫作 f 的莱夫谢茨数,记作 Λ_f. 通常,单纯剖分的选择不产生影响:任何其他的单纯部分将给出同一个值 Λ_f. 我们把这一点留给读者来验证.

既然同伦的映射所诱导同调群的同态是相同的,所以,若 f 同伦于 g,则 $\Lambda_f=\Lambda_g$.

莱夫谢茨不动点定理　若 $\Lambda_f\neq 0$,则 f 有不动点.

为了理解这个定理的证明,我们看最简单的情形,即 X 是一个有限单纯复形 K 的多面体,$f:|K|\to|K|$ 为单纯映射. 假定 f 没有不动点,则对于 K 的任意一个单纯形 A,我们知道 $f(A)\neq A$. 将 K 的每个 q 单纯形定向,给出向量空间 $C_q(K,\mathbf{Q})$ 在 $\mathbf{Q}$ 上的一组基. 关于这一组基,表示线性映射

$$f_q:C_q(K,\mathbf{Q})\to C_q(K,\mathbf{Q})$$

的矩阵在对角线上将全是零,因此它的迹也是零. 一个关键性的发现(由下面的霍普夫(Hopf)迹定理给出)就是无论在链的水平,或在同调类的水平计算 f 的莱

夫谢茨数都无影响，换句话说

$$\sum_{q=0}^{n}(-1)^q \operatorname{trace} f_q = \sum_{q=0}^{n}(-1)^q \operatorname{trace} f_{q*}$$

给出 $\Lambda_f=0$. 通常，技术上的困难全在于怎样从这种特殊情况过渡到一般.

霍普夫迹定理 若 K 是 n 维有限复形，且 $\phi: C(K,\mathbf{Q})\to C(K,\mathbf{Q})$ 为链映射，则

$$\sum_{q=0}^{n}(-1)^q \operatorname{trace} \phi_q = \sum_{q=0}^{n}(-1)^q \operatorname{trace} \phi_{q*}$$

证明 选取 $C(K,\mathbf{Q})$ 的一组“标准”基. 因此，$C_q(K,\mathbf{Q})$ 的基由下列元素组成

$$\partial c_1^{q+1},\cdots,\partial c_{\gamma_{q+1}}^{q+1},z_1^q,\cdots,z_{\beta_q}^q,c_1^q,\cdots,c_{\gamma_q}^q$$

为了要求 ϕ_q 关于这组基用矩阵表示时的对角线元素，我们取基内的任意一个元素 w，把 $\phi_q(w)$ 用基的元素表示出来(即写成它们的线性组合)，然后读出 w 的系数. 把这个系数叫作 $\lambda(w)$. 这样约定以后，ϕ_q 的迹为

$$\sum_{j=1}^{\gamma_{q+1}}\gamma(\partial c_j^{q+1}) + \sum_{j=1}^{\beta_q}\lambda(z_j^q) + \sum_{j=1}^{\gamma_q}\lambda(c_j^q)$$

但 ϕ 是链映射，就是说 $\phi\partial=\partial\phi$，于是有

$$\lambda(\partial c_j^{q+1})=\lambda(c_j^{q+1})$$

从而

$$\sum_{q=0}^{n}(-1)^q \operatorname{trace} \phi_q = \sum_{q=0}^{n}(-1)^q \sum_{j=1}^{\beta_q}\lambda(z_j^q)$$

其余的项成对地抵消. 由于 $\{z_1^q\},\cdots,\{z_{\beta_q}^q\}$ 构成同调群 $H_q(K,\mathbf{Q})$ 的一组基，我们有

$$\sum_{j=1}^{\beta_q}\lambda(z_j^q) = \operatorname{trace} \phi_{q*}$$

这就完成了证明.

莱夫谢茨不动点定理的证明　我们假定 f 没有不动点，从而 f^h 也如此，设法来证明

$$\Lambda_f = 0$$

包含 $|K|$ 的欧氏空间使 $|K|$ 得到度量 d. 由于 f^h 没有不动点，在 $|K|$ 上由 $x \mapsto d(x, f^h(x))$ 给出的实值函数永不为零，并且由于 $|K|$ 紧致，这个连续函数达到它的下确界 $\delta > 0$，必要时换成一个重心重分，不妨假设 K 的网距小于 $\frac{\delta}{3}$.

取 $f^h: |K^m| \to |K|$ 的单纯逼近 $s: |K^m| \to |K|$，同前面一样，令 $\chi: C(K, \mathbf{Q}) \to C(K^m, \mathbf{Q})$ 表示重分链映射. 按定义 f^h_{q*} 为复合同态

$$H_q(K, \mathbf{Q}) \xrightarrow{\chi_{q*}} H_q(K^m, \mathbf{Q}) \xrightarrow{s_{q*}} H_q(K, \mathbf{Q})$$

因此，根据霍普夫迹定理只需证明每个线性映射

$$s_q \chi_q: C_q(K, \mathbf{Q}) \to C_q(K, \mathbf{Q})$$

的迹为零，就得出了 $\Lambda_f = 0$.

设 σ 为 K 的定向 q 单纯形，设 τ 为 K^m 的一个定向 q 单纯形，位于链 $\chi_q(\sigma)$ 上. 因此 τ 包含在 σ 内. 若 $x \in \tau$，由于 s 单纯逼近 f^h，我们有

$$d(s(x), f^h(x)) < \frac{\delta}{3}$$

于是必然有

$$d(x, s(x)) > \frac{2\delta}{3}$$

若 $y \in \sigma$，则 $d(x, y) < \frac{\delta}{3}$，从而 $d(y, s(x)) > \frac{\delta}{3}$. 这表示 $s(x)$ 与 y 不在 K 的同一个单纯形内，因此 $s(\tau) \neq \sigma$. 因而，单纯形 σ 在链 $s_q \chi_q(\sigma)$ 内的系为零，迹 $s_q \chi_q = 0$，

这正是所需要的.

我们说空间 X 具有不动点性质,假如 X 到自身的每个连续映射有不动点.

定理 1 与一点有相同有理同调群的紧致可剖分空间具有不动点性质.

证明 取一个单纯剖分 $h:|K|\to X$,并计算 K 的同调群,按假设,结果应是

$$H_0(K,\mathbf{Q})\cong\mathbf{Q},H_q(K,\mathbf{Q})=0\quad(q>0)$$

因此,对于任何连续映射 $f:X\to X$,诱导同态 f_{q*}^h 当 $q>0$ 时都是零. 又由于 $H_0(K,\mathbf{Q})\cong\mathbf{Q}$, $|K|$ 只有一个连通分支. 但 $H_0(K,\mathbf{Q})$ 由 K 的任意一个顶点的同调类所生成,因此,$f_{0*}^h:\mathbf{Q}\to\mathbf{Q}$ 为恒等线性变换. 这表明 $\Lambda_f=1$,故 f 有不动点.

这个定理的一个直接的系是布劳维不动点定理的第二个证明,而且可以更强一些,我们看到任何可缩的紧致可剖分空间具有不动点性质. 回想射影平面 P^2 的整系数同调群为

$$H_0(P^2)\cong\mathbf{Z},H_1(P^2)\cong\mathbf{Z}_2,H_q(P^2)=0\quad(q\geqslant 2)$$

因此,有理同调群与一点的同调群相同,从而导出射影平面到自身的任何连续映射有不动点.

若 X 为紧致可剖分空间,恒等映射 1_X 的莱夫谢茨数就是 X 的欧拉(Euler)示性数. 由于同伦的映射有相同的莱夫谢茨数, 立即可导出下面的结果.

定理 2 若 X 的恒等映射同伦于一个没有不动点的映射,则 $\chi(X)=0$.

因此,闭曲面中恒等映射能同伦于没有不动点映射的只有环面与克莱因(Klein)瓶. 这就证明了我们所断言的一个结论:可定向发曲面中只有环面能平滑地

梳好,因为把每一点顺着在它那里长出的头发略微移动就产生了一个同伦于恒等映射而没有不动点的连续映射.

最后,考虑连续映射 $f:S^n\to S^n$. S^n 唯一的非零有理同调群是在维数0与维数 n 同构于 $\mathbf{Q}$,并且在维数 n,f 所诱导的同态是乘以 f 的映射度. 关于 f 的莱夫谢茨数有下列公式.

定理 3　$\Lambda_f=1+(-1)^n\deg f$.

从这个公式我们看到,S^n 到自身的连续映射,若度数不等于 ±1,则必有不动点. 称同胚 $h:S^n\to S^n$ 为保持定向的,假如 h 的映射度为 $+1$;反转定向的,假如 h 的度数为 -1. 若 n 是偶数(奇数),则 S^n 的任何保持(反转)定向的同胚,按以上公式可知必有不动点.

利用不动点类的概念,可以确定出从紧致多面体到自身的映射的一个同伦类中各映射的不动点最少个数.

一个映射的本质不动点类的个数,即 Nielsen 数和这些本质不动点类的不动点代数个数,是这个映射的一组同伦不变量. 我们的目的是探求这组不变量与其他同伦不变量之间的关系,由此得到 Nielsen 数的一些估计. 我们用映射所诱导的1维同调同态来估计不动点类的个数. 讨论了闭伦移所诱导的不动点类的置换在不动点类计算中的作用. 作为应用,对于某些伦型的多面体,我们用莱夫谢茨数与1维同调同态算出映射的 Nielsen 数. 从这个结果可以推出[9][10]的全部计算结果,并且还能推出这些伦型的多面体的一些同调性质.

这个计算启示我们,多面体的伦型在不动点类理论中起着重要作用. 因此自然会问,同一伦型的映射的不动点类情况是不是相同? 对于具有有限基本群的多面体,回答是肯定的. 证明的工具是映射的不动点类的不动点代数个数与提升的莱夫谢茨数之间的一个关系. 这个关系本身也是有趣味的,它可以直接应用于 Nielsen 数的估计.

不动点类的现有的计算方法(对具体多面体的特殊算法[10],雷德米斯特(Reidemeister)迹[9],和我们的方法)都离不开复迭空间的考虑. 所以有必要从复迭空间的角度来阐述不动点类理论的基本概念和主要事实.

1. 关于提升的引理

在本节中,X,Y 总代表连通的紧致多面体,$\widetilde{X}$ 总代表 X 的万有复迭空间,复迭映射是 $px:\widetilde{X}\to X$,简写作 $p:\widetilde{X}\to X$. 对于每一多面体 X,我们都取定一个点 $x_0\in X$ 及一个点 $\tilde{x}_0\in p^{-1}(x_0)$ 分别作为 X 与 $\widetilde{X}$ 里的基点,并把 $\pi_1(X,x_0)$ 写成 $\pi(X)$. 既已取定 $\tilde{x}_0$,我们可以按通常的方式(参看[11],定理6.6.18)把 $\pi(X)$ 与 $\widetilde{X}$ 的升腾群等同起来. 于是 $\pi(X)$ 从左方作用在 $\widetilde{X}$ 上,它在每个纤维 $p^{-1}(x)$ 上的作用都是单迁的.

设 $f:X\to Y$ 是一个映射,如果映射 $\tilde{f}:\widetilde{X}\to\widetilde{Y}$ 满足条件 $p\tilde{f}=fp:\widetilde{X}\to Y$,则 $\tilde{f}$ 叫作 f 的一个提升. 根据复迭空间理论里的单值定理([11],定理6.6.12),对任一 $\tilde{y}_1\in p^{-1}(f(x_0))$,$f$ 有唯一的提升 $\tilde{f}$ 满足 $\tilde{f}(\tilde{x}_0)=\tilde{y}_1$. 由此可见,对于 f 的任意两个提升 $\tilde{f},\tilde{f}'$,存在唯一的 $\beta\in$

$\pi(Y)$使得$\tilde{f}'=\beta\tilde{f}$.

设$\tilde{f}$是f的一个提升,任取$\alpha\in\pi(X)$,则$\tilde{f}\alpha$也是f的一个提升,所以有唯一确定的元素$\tilde{f}_{\#}(\alpha)\in\pi(Y)$,使得$\tilde{f}\alpha=\tilde{f}_{\#}(\alpha)\tilde{f}$. 这样我们就得到一个变换$\tilde{f}_{\#}$:$\pi(X)\to\pi(Y)$. 从定义不难证明:

引理1　$\tilde{f}_{\#}:\pi(X)\to\pi(Y)$是一个同态,并且,若$\tilde{w}$是$\tilde{Y}$中的从$\tilde{y}_0$到$\tilde{f}(\tilde{x}_0)$的任一道路,$w=p\tilde{w}$是它在$Y$中的投影,则下面的图2是交换的.

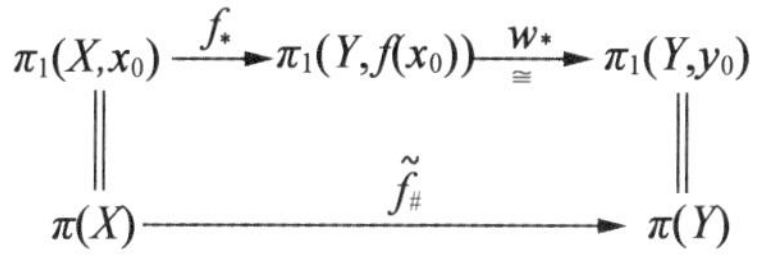

图2

设$f\simeq g:X\to Y$,而且

$$H=\{h_t:X\to Y,0\leqslant t\leqslant 1\}:f\simeq g$$

是从f到g的一个伦移,设$\tilde{g}$是g的一个提升. 则根据单值定理,存在H的唯一的提升$\tilde{H}=\{\tilde{h}_t:\tilde{X}\to\tilde{Y},0\leqslant t\leqslant 1\}$及$f$的唯一的提升$\tilde{f}$,使得$\tilde{H}:\tilde{f}\simeq\tilde{g}$,这时我们记$H$:$\tilde{f}\simeq\tilde{g}$. 由于$\tilde{f}$被$\tilde{g}$和$H$完全确定,$H$就诱导出一个从$g$的提升到$f$的提升的变换. 从定义可以直接验证:

引理2　H诱导出把g的提升变成f的提升的一一变换,并且,若$H:\tilde{f}\simeq\tilde{g}$,则对任意$\alpha\in\pi(X)$,$\beta\in\pi(Y)$,有$H:\beta\tilde{f}\alpha\simeq\beta\tilde{g}\alpha$,因而$\tilde{f}_{\#}=\tilde{g}_{\#}:\pi(X)\to\pi(Y)$.

我们来证明,同伦等价的提升还是同伦等价. $1(X)$表示X的恒同映射.

引理3 设多面体 X,Y 是同一伦型的，$h:X\simeq Y$ 与 $k:Y\simeq X$ 是一对同伦等价，又设 $\tilde{h}:\widetilde{X}\to\widetilde{Y}$ 是 h 的一个提升，而且 $H:kh\simeq 1(X)$ 是一个伦移. 则存在 k 的唯一的提升 $\tilde{k}:\widetilde{Y}\to\widetilde{X}$，使得 $H:\tilde{k}\tilde{h}\simeq 1(\widetilde{X})$，并且存在一个伦移 $H':hk\simeq 1(Y)$，使得 $H':\tilde{k}\tilde{h}\simeq 1(\widetilde{Y})$.

证明 当 $\tilde{k}$ 遍历 k 的所有提升时，$\tilde{k}\tilde{h}$ 遍历 kh 的所有提升. 但 $1(\widetilde{X})$ 通过 H 决定 kh 的一个确定的提升，故存在唯一的 $\tilde{k}$ 使 $H:\tilde{k}\tilde{h}\simeq 1(\widetilde{X})$.

由于 h,k 是一对同伦等价，存在一个伦移 $H'':hk\simeq 1(Y)$. 像上面一样，可以找到 h 的提升 $\tilde{h}'$，使得 $H'':\tilde{h}'\tilde{k}\simeq 1(\widetilde{Y})$. 容易看出，$H''^{-1}hk:\tilde{h}\tilde{k}\simeq\tilde{h}'\tilde{k}\tilde{h}\tilde{k}$，$hHk:\tilde{h}'\tilde{k}\tilde{h}\tilde{k}\simeq\tilde{h}'\tilde{k}$，$H'':\tilde{h}'\tilde{k}\simeq 1(\widetilde{Y})$，这里 H''^{-1}表示 H''的逆转. 把这三个伦移连成一个 $H':hk\simeq 1(Y)$，则 $H':\tilde{h}\tilde{k}\simeq 1(\widetilde{Y})$. 证毕.

现在我们把注意力集中于从多面体到自身的映射. 由于不动点类的定义的需要，我们在 $f:X\to X$ 的提升之间定义一个等价关系如下：$\tilde{f}\equiv\tilde{f}'$，如果存在 $\gamma\in\pi(X)$ 使得 $\tilde{f}'=\gamma\tilde{f}\gamma^{-1}$. f 的提升按此关系分成若干提升类，$\tilde{f}$所属的提升类记作$[\tilde{f}]$. 从引理2 立刻推出：

引理4 设 $f\simeq g:X\to X$，而且 $H:f\simeq g$ 是从 f 到 g 的一个伦移. 则 H 所诱导的从 g 的提升到 f 的提升的一一变换保持等价关系，因而诱导出从 g 的提升类到 f 的提升类的一一变换.

设 $\tilde{f}$ 是 $f:X\to X$ 的一个提升，则 $\tilde{f}_{\#}:\pi(X)\to$

$\pi(X)$是一个自同态. 我们说 $\alpha,\alpha'\in\pi(X)$是$\tilde{f}_\#$－共轭的,如果存在 $\gamma\in\pi(X)$使得 $\alpha'=\tilde{f}_\#(\gamma)\alpha\gamma^{-1}$. $\pi(X)$按此关系分成若干$\tilde{f}_\#$－共轭类. 显然,我们有如下引理:

引理 5　若$\tilde{f}$是 $f:X\to X$ 的提升,而且 $\alpha,\alpha'\in\pi(X)$,则 $\alpha\tilde{f}\equiv\alpha'\tilde{f}$当且仅当 α^{-1}与 α'^{-1}是$\tilde{f}_\#$－共轭的. 因此,在取定f的一个提升$\tilde{f}$后,f的提升类与$\tilde{f}_\#$－共轭类就一对一地对应着.

2. Nielsen **不动点类**

设 X 是连通的紧致多面体. 对于任一映射 $f:X\to X$,我们用 $\Phi(f)$表示f的不动点集,$\Lambda(f)$表示f的莱夫谢茨数.

设 $\tilde{x}$ 是f的提升$\tilde{f}$的不动点,则 $x=p(\tilde{x})$显然是f的不动点. 反之,设 x 是f的不动点,则从单值定理知,对于任一 $\tilde{x}\in p^{-1}(x)$,存在f的唯一的提升$\tilde{f}$,使得 $\tilde{x}$ 是$\tilde{f}$的不动点. 显然,如果以 $\tilde{x}$ 为不动点的提升是$\tilde{f}$,而且 $\gamma\in\pi(X)$,则以 $\gamma\tilde{x}$为不动点的提升是 $\gamma\tilde{f}\gamma^{-1}$. 所以,如果$f$的两个提升$\tilde{f}$,$\tilde{f}'$都有不动点在 $p^{-1}(x)$中,则可以找到 $\gamma\in\pi(x)$使得$\tilde{f}'=\gamma\tilde{f}\gamma^{-1}$,这时 $\Phi(\tilde{f}')=\gamma\Phi(\tilde{f})$. 利用提升的等价的概念,可以总结出

$$p\Phi(\tilde{f})\cap p\Phi(\tilde{f}')\text{非空}\Rightarrow\tilde{f}\equiv\tilde{f}'\Rightarrow p\Phi(\tilde{f})=p\Phi(\tilde{f}')$$

$$\Phi(f)=\cup_{\tilde{f}}p\Phi(\tilde{f})=\cup_{[\tilde{f}]}p\Phi(\tilde{f})$$

我们把 $p\Phi(\tilde{f})$叫作$[\tilde{f}]$所决定的f的不动点类. (这是[12]所采用的定义. [13]所采用的是一种等价定义:f的不动点 x_1,x_2 属于同一不动点类,当且仅当存在从 x_1 到 x_2 的道路 w,使得 w 与 fw 相对于端点同

伦.)按照这个定义,f 的不动点类与 f 的提升类一样多;它们彼此不相交,它们的并等于 f 的不动点集. 可以证明,每个不动点类都是闭集,因而只有有限多个不动点类非空([13],I, §2).

f 的每个不动点类有一个不动点代数个数,它具有下列性质(参看[13],I, §2 与 §3):

(1)空的不动点类的不动点代数个数等于0;

(2)如果 $H:f\simeq g:X\to X$ 是一个伦移,(于是 H 诱导出从 g 的提升类到 f 的提升类的一一变换,因而诱导出 g 的不动点类与 f 的不动点类之间的一一对应.)则通过 H 互相对应的(f 的与 g 的)不动点类有相同的不动点代数个数;

(3)如果 f 只有孤立的正则的不动点,则 f 的不动点类的不动点代数个数等于该不动点类中诸不动点的重数之和.(点 $x\in X$ 叫作正则的,如果 x 有一邻域与某一维数的欧氏空间 E^r 同胚;如果孤立的正则的不动点 x 有邻域同胚于 E^r,则 x 的重数等于 x 的指数的 $(-1)^r$ 倍.)

f 的被$[\tilde{f}]$所决定的不动点类的不动点代数个数记作 $\boldsymbol{v}([\tilde{f}])$. 不动点代数个数非零的不动点类叫作本质的不动点类,其个数是有限的. f 的本质的不动点类的个数我们将称之为 f 的 Nielsen 数, 记作 $N(f)$. 从性质(2)与(3)可以证明,f 的诸本质不动点类的不动点代数个数之和等于 $\Lambda(f)$.

从上面的性质(2)看出,f 的 Nielsen 数 $N(f)$ 以及诸本质不动点类的不动点代数个数 $\boldsymbol{v}_1,\boldsymbol{v}_2,\cdots,\boldsymbol{v}_N$ 乃是 f 的一组同伦不变量;所谓计算 f 的不动点类,就是指计算这组不变量.

从上面的性质(2)与(1)看出,任一与f同伦的映射至少有$N(f)$个不动点.[14](Ⅲ,§2)证明了,如果多面体X满足适当条件,特别地,如果X是维数大于或等于3的带边流形,则一定存在与f同伦的,恰有$N(f)$个不动点的映射.

3. 不动点类个数的估计

我们企图用f的同调不变量来估计f的不动点类个数.对于任意的群G,我们用Ord G表示G的阶(有限的或无穷的).

我们说$f:X\to X$是1-简单的,如果

$$f_*:\pi_1(X,x_0)\to\pi_1(X,f(x_0))$$

的象包含在$\pi_1(X,f(x_0))$的中心里.f的这个性质与x_0的取法无关,是f的同伦不变的性质.注意,如果恒同映射$1(X)$是1-简单的,即如果$\pi(X)$是交换群,则任一$f:X\to X$都是1-简单的.

定理4　设X是连通的紧致多面体,$f:X\to X$是映射,则f的不动点类的个数大于或等于Ord Coker$(1-f_{1*})$,这里$1-f_{1*}:H_1(X)\to H_1(X)$,$f_{1*}$表示$f$所诱导的同调同态,1表示恒同自同构.如果$f$是1-简单的,则等号成立.

证明　取定f的一个提升$\tilde{f}$,则根据引理5,f的不动点类的个数等于$\tilde{f}_\#$-共轭类的个数.

以$\theta:\pi(X)\to H_1(X)$表示自然同态,它是$\pi(X)$的交换化.从引理1及θ的熟知的性质推出,图3是交换的.因此

$$\theta(\tilde{f}_\#(\gamma)\alpha\gamma^{-1})=\theta(\alpha)-(1-f_{1*})\theta(\gamma)$$

以$\eta:H_1(X)\to\mathrm{Coker}(1-f_{1*})$记自然同态,则从上式推出,

在满同态 $\eta\theta:\pi(X)\to\mathrm{Coker}(1-f_{1*})$ 下，$\pi(X)$ 里的互相 $\tilde{f}_{\#}$－共轭的元素变成 $\mathrm{Coker}(1-f_{1*})$ 里的相同的元素. 由此可见，$\tilde{f}_{\#}$－共轭类的个数不少于 $\mathrm{Ord\ Coker}(1-f_{1*})$.

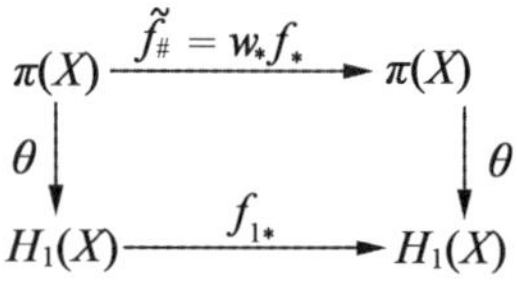
$\tilde{f}_{\#}=w_*f_*$
$\pi(X)$
$\pi(X)$
θ
θ
$H_1(X)$
f_{1*}
$H_1(X)$

图 3

现在设 f 是 1－简单的，则从引理 1 推出，$\tilde{f}_{\#}:\pi(X)\to\pi(X)$ 不依赖于提升 $\tilde{f}$ 的取法，而且它的象亦包含在 $\pi(X)$ 的中心里. 定义一个变换

$$\varphi:\pi(X)\to\pi(X),\varphi(\gamma)=\gamma\tilde{f}_{\#}(\gamma^{-1})$$

容易看出，φ 是一个同态，并且它保留每个换位子不变. 因而 $\mathrm{Im}\ \varphi$ 是 $\pi(X)$ 中包含换位子群 $\mathrm{Ker}\ \theta$ 的正规子群. 显然，现在 $\tilde{f}_{\#}$－共轭类就是 $\pi(X)\ \mathrm{mod\ Im}\ \varphi$ 的陪集，所以 f 的不动点类个数等于 $\mathrm{Ord\ Coker}\ \varphi$. 以 $\eta:\pi(X)\to\mathrm{Coker}\ \varphi$ 表示自然同态，则我们有交换图 4，其中 θ' 是 θ 所诱导的. 但是

$$\theta\ \mathrm{Im}\ \varphi=\mathrm{Im}(1-f_{1*}),\mathrm{Ker}\ \theta\subseteq\mathrm{Im}\ \varphi$$

所以根据群论中的第一同构定理，θ' 是一个同构. 于是

$$\mathrm{Ord\ Coker}\ \varphi=\mathrm{Ord\ Coker}(1-f_{1*})$$

证毕.

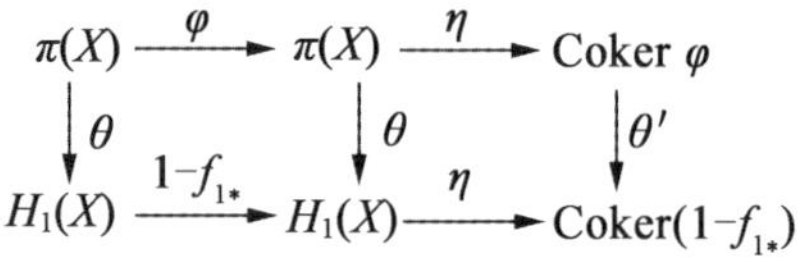
$\pi(X)$
φ
$\pi(X)$
η
$\mathrm{Coker}\ \varphi$
θ
θ
θ'
$H_1(X)$
$1-f_{1*}$
$H_1(X)$
η
$\mathrm{Coker}(1-f_{1*})$

图 4

4. 不动点类的置换

闭伦移所诱导的不动点类的置换在估计不动点类时颇有用处. 基本想法是:如果 $F:f\simeq f$ 是从 f 到 f 的闭伦移,则 F 诱导出 f 的不动点类之间的一个置换,在这个置换下互相对应的不动点类有相同的不动点代数个数.

设 Z 是一个道路连通的拓扑空间,$z_0\in Z$ 是基点,$g:Z\to Z$ 是一个映射. 我们定义 $\pi_1(Z,g(z_0))$ 的子集 $T(g)$ 如下:$\beta\in T(g)$ 当且仅当存在闭伦移

$$G=\{g_t:Z\to Z,0\leqslant t\leqslant 1\}:g\simeq g$$

使得闭道

$$G(z_0)=\{g_t(z_0),0\leqslant t\leqslant 1\}\in\beta$$

由于闭伦移的接续以及逆转仍是闭伦移,$T(g)$ 是 $\pi_1(Z,g(z_0))$ 的子群. 我们把 $T(1(Z))$ 简写作 $T(Z)$,它是 $\pi(Z)=\pi_1(Z,z_0)$ 的子群.

定理 5 设 X 是连通的紧致多面体,设映射 $f:X\to X$ 具有性质 $T(f)=\pi_1(X,f(x_0))$. 则 f 是 1 - 简单的. 若 $\Lambda(f)\neq 0$,则 $N(f)=\mathrm{Ord\ Coker}(1-f_{1*})$,$f$ 的所有不动点类的不动点代数个数都等于 $\Lambda(f)/N(f)$;若 $\Lambda(f)=0$,则 $N(f)=0$.

定理 6 设连通的紧致多面体 X 具有性质 $T(X)=\pi(X)$. 则 $\pi(X)$ 是交换群,而且对任一映射 $f:X\to X$,定理 5 的结论成立.

在证明这两个定理之前,我们先讨论 $T(g)$ 的一些性质. 在引理 6 ~ 8 中,X 是一个连通的紧致多面体,$f:X\to X$ 是一个映射.

引理6 设 $\tilde{f}$ 是 f 的一个提升,设 $\tilde{w}$ 是 $\tilde{X}$ 中的从 $\tilde{x}_0$ 到 $\tilde{f}(\tilde{x}_0)$ 的任一道路,$w=p\tilde{w}$ 诱导出 $w_*:\pi_1(X,f(x_0))\cong$

$\pi(X)$，设 $\gamma\in\pi(X)$. 则 $\gamma\in w_*T(f)$ 当且仅当存在闭伦移 $F:f\simeq f$ 使 $F:\tilde{f}\simeq\gamma\tilde{f}$.

证明 若存在闭伦移 $F:f\simeq f$ 使得 $F(x_0)\in\beta$, $F:\tilde{f}\simeq\gamma\tilde{f}$，这里 $\beta\in\pi_1(X,f(x_0))$，$\gamma\in\pi(X)$，则不难看出 $\gamma=w_*\beta$. 由此即得这个引理的结论.

引理 7 $T(f)$ 的每个元素与 $f_*\pi_1(X,x_0)$ 的每个元素可交换，因而 $T(X)$ 包含在 $\pi(X)$ 的中心里.

证明 设 $\tilde{f}$，w_* 像引理 6 中一样. 根据引理 1，$w_*f_*\pi(X)=\tilde{f}_\#\pi(X)$，所以我们只需证明 $w_*T(f)$ 的每个元素与 $\tilde{f}_\#\pi(X)$ 的每个元素可交换.

设 $\alpha\in\pi(X)$，$\gamma\in w_*T(f)$. 根据引理 6，存在 $F:f\simeq f$ 使得 $F:\tilde{f}\simeq\gamma\tilde{f}$. 于是根据引理 2，一方面 $F:\tilde{f}\alpha\simeq\gamma\tilde{f}\alpha=\gamma\tilde{f}_\#(\alpha)\tilde{f}$；另一方面 $F:\tilde{f}\alpha=\tilde{f}_\#(\alpha)\tilde{f}\simeq\tilde{f}_\#(\alpha)\gamma\tilde{f}$. 所以 $\gamma\tilde{f}_\#(\alpha)=\tilde{f}_\#(\alpha)\gamma$. 这就是所要证的.

引理 8 如果 $T(X)=\pi(X)$，则 $T(f)=\pi_1(X,f(x_0))$.

证明 只需证明，在引理 6 的假设下，$T(X)\subseteq w_*T(f)$. 设 $\gamma\in T(X)$，则根据引理 6，存在闭伦移 $H:1(X)\simeq1(X)$，使得 $H:1(\tilde{X})\simeq\gamma1(\tilde{X})$. 因此 $Hf:\tilde{f}\simeq\gamma\tilde{f}$，根据引理 6，这说明 $\gamma\in w_*T(f)$. 证毕.

引理 9 如果道路连通的拓扑空间 Z 具有性质 $T(Z)=\pi(Z)$，则与它同一伦型的任一拓扑空间 Z' 都有性质 $T(Z')=\pi(Z')$.

定理 5 的证明 根据引理 7，f 是 1－简单的. 根据定理 4，f 的不动点类的个数是 Ord Coker$(1-f_{1*})$. 取 $\tilde{f}$ 与 w 如引理 6，则 $w_*T(f)=w_*\pi_1(X,f(x_0))=$

$\pi(X)$. 所以根据引理 6,对 f 的任意两个提升 $\tilde{f},\tilde{f}'$,都存在闭伦移 $F:f\simeq f$ 使 $F:\tilde{f}\simeq\tilde{f}'$,因此

$$v([\tilde{f}])=v([\tilde{f}'])$$

这说明 f 的所有的不动点类有相同的不动点代数个数 v. 但不动点代数个数的总和应等于 $\Lambda(f)$,所以 $\Lambda(f)\neq 0$ 蕴涵 $v\neq 0$,因而

$$N(f)=\mathrm{Ord\ Coker}(1-f_{1*}),v=\Lambda(f)/N(f)$$

$\Lambda(f)=0$ 蕴涵 $v=0$,因而 $N(f)=0$. 证毕.

定理 6 很容易从定理 5 及引理 7、引理 8 推出.

定理 6 有一些有趣味的推论.

推论 1 设连通的紧致多面体 X 与下列几种拓扑空间之一有相同的伦型:(1) 透镜空间;(2) H - 空间;(3) 拓扑群对于连通的紧致的李子群的商空间. 则定理 6 的结论成立.

证明 根据定理 6 及引理 9,只需分别证明上述几种拓扑空间有性质 $T(Z)=\pi(Z)$.

(1) $2n+1$ 维透镜空间 $L(m;q_1,\cdots,q_n)$ 的定义见[15]. 很容易利用 S^{2n+1} 的适当的旋转来证明 $T(L)=\pi(L)$.

(2) 设 $(G,\vee)$ 是 H - 空间(定义见[16]),取单位元素 e 作为基点. 以 $(a\vee):G\to G$ 表示左乘 $a\in G$ 所决定的映射. 设 $F:1(G)\simeq(e\vee):G,e\to G,e$ 是一个伦移,设 $\alpha\in\pi_1(G,e)$. 取出 α 的一条代表闭道 $\{a_t,0\leqslant t\leqslant 1\}$,考虑伦移

$$H'=\{(a_t\vee):G\to G,0\leqslant t\leqslant 1\}:(e\vee)\simeq(e\vee)$$

以 H 表示由 F 继以 H' 再继以 F^{-1} 得出的伦移,则 $H:1(G)\simeq 1(G)$,而且 $H(e)\in\alpha$. 这说明 $T(G)=\pi(G)$.

(3)拓扑群 B 对于闭子群 G 的商空间(又叫齐性空间) B/G 的定义参看[17], §7. 根据格利森(Gleason)定理(见[17], §7.5),当 G 是紧致李群时,自然投射 $p:B\to B/G$ 是一个纤维映射. 以 e 记 B 的单位元素,取 $p(e)$ 作为 B/G 的基点. 以 $(b.):B/G\to B/G$ 表示左乘 $b\in B$ 所决定的映射. 根据纤维空间的同伦序列的正合性,当 G 道路连通时

$$p_*:\pi_1(B,e)\to\pi_1(B/G,p(e))$$

是满同态,所以对任意 $\alpha\in\pi_1(B/G,p(e))$,存在 B 中从 e 到 e 的闭道 $w=\{b_t,0\leqslant t\leqslant 1\}$ 使 $pw\in\alpha$. 于是,从恒同映射到恒同映射的闭伦移

$$H=\{(b_t.):B/G\to B/G,0\leqslant t\leqslant 1\}$$

满足 $H(p(e))=pw\in\alpha$. 这说明 $T(B/G)=\pi(B/G)$. 证毕.

推论 2 设道路连通的拓扑空间 Z 具有性质 $T(Z)=\pi(Z)$,并且 Z 具有紧致多面体的伦型,则:

(1) Z 的基本群 $\pi(Z)$ 是交换群;

(2)如果欧拉示性数 $\chi(Z)\neq 0$,则 Z 是单连通的;

(3)对任一映射 $g:Z\to Z$, $\mathrm{Ord\ Coker}(1-g_{1*})$ 除得尽 $\Lambda(g)$.

证明 设 $h:Z\simeq X, k:X\simeq Z$ 是一对同伦等价, X 是一个连通的紧致多面体. 根据引理 9, $T(X)=\pi(X)$.

(1) $\pi(Z)\cong\pi(X)$,根据定理 6,它是交换群. (Z 具有紧致多面体的伦型的假定是可以删去的,因为可以证明,对任一道路连通的拓扑空间 Z, $T(Z)$ 总是交换群.)

(2) $\Lambda(1(X))=\chi(X)=\chi(Z)\neq 0$ 蕴涵 $N(1(X))=1$. 根据定理 6,有

$$1 = N(1(X)) = \mathrm{Ord}\ \mathrm{Coker}(1-1*) = \mathrm{Ord}\ H_1(X)$$
$$= \mathrm{Ord}\ \pi(X) = \mathrm{Ord}\ \pi(Z)$$

(3) 考虑 $f = hgk : X \to X$. 显然

$$\Lambda(f) = \Lambda(g), \mathrm{Coker}(1-f_{1*}) \cong \mathrm{Coker}(1-g_{1*})$$

但定理6蕴涵 Ord Coker $(1-f_{1*})$ 除得尽 $\Lambda(f)$. 证毕.

5. 基本群为有限群的多面体

下面假设连通的紧致多面体 X 的基本群 $\pi(X)$ 是有限群,这时 $\widetilde{X}$ 亦是紧致多面体. 设 $f: X \to X$ 是映射,则 f 的提升 $\tilde{f}$ 亦有莱夫谢茨数 $\Lambda(\tilde{f})$. 我们要探求 $\Lambda(\tilde{f})$ 与 $v([\tilde{f}])$ 的关系.

我们可以把 $\pi(X)$ 看成 $[\tilde{f}]$ 上的左算子群,办法是令 $\gamma: \tilde{f} \to \gamma\tilde{f}\gamma^{-1}$. $\pi(X)$ 在 $[\tilde{f}]$ 上的作用是可迁的,因此, $\pi(X)$ 中保留 $\tilde{f}$ 不变的元素的个数应与 $\tilde{f} \in [\tilde{f}]$ 的选取无关,这个数记作 $\mu([\tilde{f}])$,并且若以 Card$[\tilde{f}]$ 记提升类 $[\tilde{f}]$ 的势,则应该有等式

$$\mu([\tilde{f}]) \cdot \mathrm{Card}[\tilde{f}] = \mathrm{Ord}\ \pi(X)$$

引理10　$\mu([\tilde{f}])$ 等于 $\tilde{f}_{\#}: \pi(X) \to \pi(X)$ 的不变元素子群的阶.

证明　$\gamma \in \pi(X)$ 保留 $\tilde{f}$ 不变,即 $\gamma\tilde{f}\gamma^{-1} = \tilde{f}$,当且仅当 $\gamma\tilde{f} = \tilde{f}\gamma = \tilde{f}_{\#}(\gamma)\tilde{f}$,即 $\gamma = \tilde{f}_{\#}(\gamma)$. 所以 γ 保留 $\tilde{f}$ 不变当且仅当 γ 属于 $\tilde{f}_{\#}$ 的不变元素子群. 证毕.

若 $\tilde{x} \in \widetilde{X}$ 是提升 $\tilde{f}$ 的不动点,则 $\gamma\tilde{x}$ 是 $\tilde{f}$ 的不动点当且仅当 $\gamma\tilde{f}\gamma^{-1} = \tilde{f}$. 所以,若 x 属于不动点类 $p\Phi(\tilde{f})$,则 $\tilde{f}$ 在 $p^{-1}(x)$ 里恰有 $\mu([\tilde{f}])$ 个不动点. 为此我们把

$\mu([\tilde{f}])$叫作$[\tilde{f}]$所决定的不动点类$p\Phi(\tilde{f})$的阶.

定理 7　设连通紧致多面体 X 的基本群是有限群,设$\tilde{f}:\widetilde{X}\to\widetilde{X}$ 是$f:X\to X$ 的一个提升. 则

$$\mu([\tilde{f}])\cdot v([\tilde{f}])=\Lambda(\tilde{f})$$

证明　取一个伦移 $F:f_1\simeq f$,其中映射f_1 只有孤立的正则的不动点(这样的 F 的存在性见[13],I, § 1). 设 $F:\tilde{f}_1\simeq\tilde{f}$,则显然 $\Lambda(\tilde{f}_1)=\Lambda(\tilde{f})$. 根据第 62 页里列出的性质(2),$v([\tilde{f}_1])=v([\tilde{f}])$. 根据引理 2,$\tilde{f}_{1\#}=\tilde{f}_{\#}$,所以从引理 10 知道$\mu([\tilde{f}_1])=\mu([\tilde{f}])$. 因此,只需对$f_1$ 证明本定理.

明显地,$\tilde{f}_1$ 的不动点也都是孤立和正则的,并且由于复迭映射 $p:\widetilde{X}\to X$ 是局部同胚的,所以$\tilde{f}_1$ 的不动点 $\tilde{x}$ 的重数应等于f_1 的不动点 $x=p(\tilde{x})$的重数. 但在f_1 的属于$p\Phi(\tilde{f}_1)$的每个不动点之上恰有$\mu([\tilde{f}])$个$\tilde{f}_1$ 的不动点,所以$\tilde{f}_1$ 的不动点重数总和$\Lambda(\tilde{f}_1)$应等于$p\Phi(\tilde{f}_1)$中的不动点的重数和$v([\tilde{f}_1])$的$\mu([\tilde{f}_1])$倍,即$\mu([\tilde{f}_1])\cdot v([\tilde{f}_1])=\Lambda(\tilde{f}_1)$. 证毕.

推论　在定理 7 的假设下,f 的莱夫谢茨数等于f 的所有提升的莱夫谢茨数的算术平均

$$\Lambda(f)=\sum_{\tilde{f}}\Lambda(\tilde{f})/\mathrm{Ord}\,\pi(X)$$

证明　事实上

$$\begin{aligned}\sum_{\tilde{f}}\Lambda(\tilde{f}) &= \sum_{\tilde{f}}\mu([\tilde{f}])\cdot v([\tilde{f}])\\ &= \sum_{[\tilde{f}]}\mathrm{Card}[\tilde{f}]\cdot\mu([\tilde{f}])\cdot v([\tilde{f}])\\ &= \mathrm{Ord}\,\pi(x)\cdot\sum_{[\tilde{f}]}v([\tilde{f}])\end{aligned}$$

$$= \text{Ord}\ \pi(x) \cdot \Lambda(f)$$

定理8　在定理7的假设下，如果f是1－简单的，则f的每个不动点类的阶都是Ord Coker$(1-f_{1*})$.

证明　$p\Phi(\tilde{f})$的阶$\mu([\tilde{f}])$等于$\tilde{f}_{\#}$的不变元素子群的阶（见引理10）. 但当f是1－简单的，$\tilde{f}_{\#}$的不变元素子群正好是定理4证明中的同态φ的核Ker φ. 由于$\pi(X)$是有限群

$$\text{Ord Ker}\ \varphi = \text{Ord Coker}\ \varphi = \text{Ord Coker}\ (1-f_{1*})$$

证毕.

定理7可以用于不动点类的估计：

定理9　设连通紧致多面体X的基本群$\pi(X)$是有限的. 设$\pi(X)$在X的万有复迭空间$\widetilde{X}$的有理系数同调群上的作用是平凡的. 那么，对任一映射$f:X\to X$，若$\Lambda(f)\neq 0$，则f的每个不动点类都是本质的，并且$N(f)\geqslant$Ord Coker$(1-f_{1*})$；若f还是1－简单的，则$N(f)=$Ord Coker$(1-f_{1*})$，并且每个不动点类的不动点代数个数都是$\Lambda(f)/N(f)$；若$\Lambda(f)=0$，则$N(f)=0$.

证明　在所给的假设下，对任一$\alpha\in\pi(X)$，有$\Lambda(\alpha\tilde{f})=\Lambda(\tilde{f})$. 所以$f$的所有提升的莱夫谢茨数相等. 根据定理7的推论，$\Lambda(\tilde{f})=\Lambda(f)$. 根据定理7，有

$$v([\tilde{f}])=\Lambda(f)/\mu([\tilde{f}])$$

因此，当$\Lambda(f)=0$时，$N(f)=0$；当$\Lambda(f)\neq 0$时，每个不动点类都是本质的，根据定理4，有

$$N(f)\geqslant \text{Ord Coker}\ (1-f_{1*})$$

若f还是1－简单的，则根据定理4及定理8，有

$$N(f)=\mu([\tilde{f}])=\text{Ord Coker}(1-f_{1*})$$

证毕.

推论 设连通紧致多面体 X 的基本群是有限群，且 $\widetilde{X}$ 的贝蒂(Betti)数与奇数维球面 S^{2k+1} 的一样，则定理 9 的结论成立.

证明 只需证明 X 满足定理 9 的条件. 任一升腾 $\alpha\neq 1:\widetilde{X}\to\widetilde{X}$ 都没有不动点，故 $\Lambda(\alpha)=0$，因而

$$\alpha_*=1:H_{2k+1}(\widetilde{X},R_0)\to H_{2k+1}(\widetilde{X},R_0)$$

这里 R_0 表示有理数域. 因此对任意 $\alpha\in\pi(X)$，有

$$\alpha_*=1:H_*(\widetilde{X},R_0)\to H_*(\widetilde{X},R_0)$$

证毕.

注意 如果 X 具有性质 $T(X)=\pi(X)$，则 $\pi(X)$ 在 $\widetilde{X}$ 的同调群上的作用显然是平凡的. 所以，定理 6 对于基本群为有限群的多面体可以从定理 9 推出.

定理 7 亦可用来计算偶数维射影空间的不动点类(其结果参看[10]，§3).

6. 不动点类的伦型不变性

到现在为止，我们都是在一个固定的多面体上讨论不动点类. 现在我们企图来比较同一伦型的两个多面体上的不动点类.

设 $f:X\to X$，$g:Y\to Y$ 都是从连通的紧致多面体到自身的映射. 我们说 f 与 g 是同一伦型，如果 X 与 Y 是同一伦型的，并且存在一个同伦等价 $h:X\simeq Y$，使得 $hf\simeq gh:X\to Y$，这时 h 叫作 f 与 g 之间的一个同伦等价. 明显地，在多面体到自身的映射中间，这是一个等价关系. 注意，如果 $f,g:X\to X$ 是同一多面体的两个映射，则 $f\simeq g$ 蕴涵 f 与 g 是同一伦型的，然而同一伦型的

f,g 却不一定同伦. 下面的命题说明了映射的伦型这个概念的运用范围.

引理 11　设 X,Y 是同一伦型的, $h:X\simeq Y$ 是一个同伦等价. 则映射 $X\to X$ 的同伦类与映射 $Y\to Y$ 的同伦类之间有唯一的一一对应, 使得 h 是对应的同伦类之间的同伦等价.

能证明是平易的. 若 k 是 h 的同伦逆, 则与 $f:X\to X$ 的同伦类对应的, 是 $g=hfk:Y\to Y$ 的同伦类.

定理 10　设 X,Y 是同一伦型的连通紧致多面体, 它们的基本群是有限群. 设 $f:X\to X, g:Y\to Y$ 是同一伦型的. 则存在一个从 f 的不动点类到 g 的不动点类的一一对应, 使得对应的不动点类有相同的不动点代数个数.

证明　设 $h:X\simeq Y, k:Y\simeq X$ 是 f 与 g 之间的一对同伦等价. 于是 $g\simeq hfk$, 根据第 62 页中的性质(2), 在本定理的证明中不妨假设 $g=hfk$.

任取 h 的一个提升 $\tilde{h}$, 及一个伦移 $H:kh\simeq 1(X)$. 根据引理 3, 存在 k 的提升 $\tilde{k}$, 及伦移 $H':hk\simeq 1(Y)$, 使得

$$H:\tilde{k}\tilde{h}\simeq 1(\widetilde{X}),H':\tilde{k}\tilde{h}\simeq 1(\widetilde{Y})$$

根据引理 2, 有

$$\tilde{h}_{\#}\tilde{k}_{\#}=(\tilde{k}\tilde{h})_{\#}=1(\widetilde{X})_{\#}=1:\pi(X)\to\pi(X)$$

同理

$$\tilde{h}_{\#}\tilde{k}_{\#}=1:\pi(Y)\to\pi(Y)$$

所以

$$\tilde{h}_{\#}:\pi(X)\cong\pi(Y),\tilde{k}_{\#}=\tilde{h}_{\#}^{-1}$$

我们规定一个从f的提升到g的提升的变换：$\tilde{f}\to\tilde{g}=\tilde{h}\tilde{f}\tilde{k}$. 简单的计算表明，若$\tilde{f}\to\tilde{g}$，则对任意$\alpha\in\pi(X)$，有

$$\alpha\tilde{f}\to\tilde{h}_{\#}(\alpha)\tilde{g},\tilde{f}\alpha\to\tilde{g}\tilde{h}_{\#}(\alpha)$$

由此看出这个变换是一一的，并且保持等价关系，把$[\tilde{f}]$变成$[\tilde{g}]$. 这样就建立了f的不动点类与g的不动点类之间的一个一一对应.

取定$\tilde{f}$及$\tilde{g}=\tilde{h}\tilde{f}\tilde{k}$. 从上面的讨论推出，$\alpha\tilde{f}\alpha^{-1}=\tilde{f}$当且仅当$\tilde{h}_{\#}(\alpha)\tilde{g}\tilde{h}_{\#}(\alpha)^{-1}=\tilde{g}$，因此

$$\mu([\tilde{f}])=\mu([\tilde{g}])$$

另一方面，$\tilde{h},\tilde{k}$是$\tilde{f}$与$\tilde{g}$之间的一对同伦等价，所以$\Lambda(\tilde{f})=\Lambda(\tilde{g})$. 根据定理7，有

$$\begin{aligned}\upsilon([\tilde{f}])&=\Lambda(\tilde{f})/\mu([\tilde{f}])\\&=\Lambda(\tilde{g})/\mu([\tilde{g}])\\&=\upsilon([\tilde{g}])\end{aligned}$$

这说明，在所给的一一对应下，对应的不动点类有相同的不动点代数个数. 证毕.

定理11 设X是连通的紧致多面体，它的基本群是有限群，设$f:X\to X$是一个映射，f的 Nielsen 数是$N(f)$. 那么，在从紧致多面体到自身的与f同一伦型的所有映射中，不动点最少个数等于$N(f)$.

证明 暂且记这个不动点最少个数为m. 首先证明$m\leqslant N(f)$. 连通的紧致多面体X必定是一个维数大于或等于3的带边流形W的强形变收缩核.（设L是X的一个三角剖分，它有k个顶点，$k\geqslant3$. 以K表示由一个$k+1$维单纯形的所有真面组成的复合形. 则根据

一个熟知的嵌入定理，L 可以看成 k 维流形 K 的子复合形. 根据[18]（第Ⅱ章，定理9.9），L 在 K 中的第二个正则邻域的闭包 W 以 $|L|=X$ 为强形变收缩核，而 W 明显的是 k 维带边流形.）设包含映射是 $i:X\to W$，收缩映射是 $r:W\to X$. 则 r 是 $ifr:W\to W$ 与 $f:X\to X$ 之间的一个同伦等价. 根据定理10，$N(ifr)=N(f)$. 但是 W 是维数大于或等于3的带边流形，根据第63页提到的 Wecken 的结果，必定存在 $g:W\to W$，$g\simeq ifr$，使得 g 恰有 $N(ifr)$ 个不动点. g 与 f 是同一伦型的，所以 $m\leqslant N(f)$.

其次，根据定理10显然有 $m\geqslant N(f)$. 证毕.

定理10说明 Nielsen 数 $N(f)$ 与各本质不动点类的不动点代数个数是映射 f 的伦型的不变量. 定理11从这个角度给出了 $N(f)$ 的明确的几何意义. 一个很自然的问题是，这两个定理是否对任意的连通紧致多面体都成立，即基本群的有限性的假定能否除去①？值得注意，定理5的假设 $T(f)=\pi_1(X,f(x_0))$ 乃是 f 的伦型的性质.

3.3　离散不动点理论

用离散不动点理论研究下述问题. 设 P 是偏序集，其中偏序关系用"$\leqslant$"表示，而映射 $f:P\to P$ 是保序的，即 $x\leqslant y$ 蕴涵 $f(x)\leqslant f(y)$. f 的不动点的集合是

① 这个问题已得到肯定的回答，见江泽涵、姜伯驹，中国科学，1963，12：1071.

$$P^f = \{x \in P \mid f(x) = x\}$$

目的是想知道 P^f 有何种性质. 最简单的一条性质是 P^f 是否为非空的. 如果对于每个 f 有 P^f 是非空的,那么我们便说 P 具有不动点性质.

在若干场合下,离散不动点理论是很自然地提出来的. 例如,设 M 是一紧致流形,而 $g:M\to M$ 是一连续映射. 我们在拓扑不动点理论中遇到的是这种情形. 假定 M 有三角剖分,使得 g 可由一个单形映射 $f:\Delta\to\Delta$ 逼近. 现在一个三角剖分有偏序集结构,即其元素是单纯形,而偏序是包含关系. 此外,$f:\Delta\to\Delta$ 是一个保序映射. 不动点集 Δ^f 是不动点集 $M^g = \{p \in M \mid g(p) = p\}$ 的一个近似.

实际上,离散不动点理论可应用到比刚才提到的三角剖分更一般的流形"分解"上去. 例如 Metropolis-Rota(1978)的"方体复形". 离散不动点理论与博弈论和有限群表示论之间还存在着一些有趣的联系. 关于这方面的讨论及例可参看 Baclawski-Björner(1981 b).

现考虑另一例子. 设 B 是一个巴拿赫(Banach)空间,并令 $T:B\to B$ 表示一个连续(有界)线性算子. 根据泛函分析的有界逆定理,如果 T 是一一对应,那么 T^{-1} 也是连续线性算子,因而 T 是 B 的一个自同构. 令 $P(B)$是 B 的真子空间的偏序集,即 $P(B) = \{0 \subsetneq V \subsetneq B \mid V$ 是一个子空间$\}$. 令 $P_0(B) \subseteq P(B)$是 B 的闭真子空间的子偏序集,那么 T 导出 $P(B)$和 $P_0(B)$的保序自同构. 不动点集 $P(B)^T$ 和 $P_0(B)^T$ 分别是算子 T 的不变子空间集和闭不变子空间集,它们是泛函分析中最近出现的饶有兴趣的内容.

离散不动点理论中最早的结果是塔斯基(Tarski,

1955)-戴维斯(Davis,1955)定理.这个定理刻画了格的不动点性质.一个偏序集称为格,如果 P 的每个有限子集同时有最小上界和最大下界.一个格称为完全格,如果它的每个子集都有最小上界和最大下界.塔斯基-戴维斯定理:一个格有不动点性质当且仅当它是完全格,并且在这种情况下不动点的集合也是一个完全格.

现已弄清,在一般情况下的偏序集不动点理论比塔斯基-戴维斯定理所指出的更为复杂.到目前为止,对一般偏序集仅有的不动点定理只适用于有限偏序集,并且它与代数拓扑学中的莱夫谢茨不动点定理类似.这一结果由 Baclawski-Björner(1979)证明并称作霍普夫-莱夫谢茨不动点定理.为了陈述它,我们需要代数拓扑学中的一些概念.

设 P 是一个有限偏序集.记 $\Delta(P)$ 为单纯复形,它的顶点是 P 的元素,而它的单纯形是 P 的全序子集(链):$\{X_1 < X_2 < \cdots < X_n\} \subseteq P$ 是一典型的单纯形.令 $|\Delta(P)|$ 表示由单纯复形 $\Delta(P)$ 定义的可剖分空间.我们记 $\widetilde{H}_i(P,\mathbf{Q})$ 为空间 $|\Delta(P)|$ 的第 i 维约化有理同调群,即

$$\widetilde{H}_i(P,\mathbf{Q}) = \widetilde{H}_i(|\Delta(P)|,\mathbf{Q})$$

P 的约化欧拉示性数定义为

$$\begin{aligned}\mu(P) &= \sum_{i=-1}^{\infty}(-1)^i \dim_{\mathbf{Q}} \widetilde{H}_i(P,\mathbf{Q}) \\ &= \chi(|\Delta(P)|) - 1\end{aligned}$$

其中 $\chi(X)$ 是空间 X 的通常的欧拉示性数.

现假定 $f:P\to P$ 是一保序映射,那么 f 导出一个单纯映射 $\Delta(f):\Delta(P)\to\Delta(P)$ 和连续映射 $|f|:|\Delta(P)|\to$

$|\Delta(P)|$. 于是便推出：f 导出线性变换

$$\tilde{f}_i:\widetilde{H}_i(P,\mathbf{Q})\to\widetilde{H}_i(P,\mathbf{Q})$$

因为每个 $\tilde{f}_i$ 是从向量空间到它自身的一个线性变换，所以说 $\widetilde{H}_i$ 的迹是有意义的. f 的莱夫谢茨数是下述交替和

$$\Lambda(f)=\sum_{i=-1}^{\infty}(-1)^i\operatorname{trace}(\widetilde{H}_i)$$

现在我们有：

霍普夫－莱夫谢茨不动点定理 如果 P 是一有限偏序集且 $f:P\to P$ 是一保序映射，那么

$$\Lambda(f)=\mu(P^f)$$

下面是霍普夫－莱夫谢茨定理的一个最重要的特殊情形：一个有限偏序集 P 称为零调的，如果对于每个 i 有 $\widetilde{H}_i(P,\mathbf{Q})=0$. 例如，若 P 仅由一个元素组成或若存在一个元素 $x\in P$ 使得 x 与 P 的其余的每个元素都是可比的，那么 P 是零调的. 空偏序集不是集调的，因为 $\widetilde{H}_{-1}(\varnothing,\mathbf{Q})=\mathbf{Q}$.

推论 如果 P 是有限零调偏序集，那么 P 有不动点性质.

为了证明该推论，只要注意对任何保序映射 $f:P\to P$，$\Lambda(f)=0$. 因此对任何这样的映射，有 $\mu(P^f)=0$. 因为 $\mu(\varnothing)=-1$，所以必有 $P^f\neq\varnothing$. 注意，上述推论的拓扑类比是正确的，但是霍普夫－莱夫谢茨定理的拓扑类比却不正确. 在霍普夫－莱夫谢茨定理的大多数应用中，仅用它的推论.

当然困难的部分是证明一个给定的偏序集是零调的. 这可能是非常困难的. 然而人们已经得到了某些惊

人的结果，并且像 Reisner 的结果一样，它们往往都是纯理论研究的结果，而不是受到任何直接应用的刺激. 作者曾发现关于这方面的一个例子（参看 Baclawski (1977)），从而揭示了格中不动点和补元之间一个从来没有想到的联系.

设 L 是一有限格，记 $\overline{L}$ 为该格的正常剖分，即 $\overline{L}=L-\{0,1\}$. L 中的元素 x 和 y 如果满足：$x\vee y=1$ 及 $x\wedge y=0$，那么我们说它们是互补的，并记作 $x\perp y$. 如果一个格的每个元素都有补元，则称它为有补格，否则称为非有补格. 在 Baclawski-Björner(1981 a)中，我们得到两个结果：

(1)如果一个保序映射 $f:\overline{L}\to\overline{L}$ 没有不动点，那么 L 是有补格；

(2)如果 $f:L\to L$ 是保序自同构，并且若 $x\in\overline{L}$ 有性质：对每个 $z\in P^f$ 有 $x\wedge z=0$，那么存在一个元素 $y\in\overline{L}$ 使得 $y\perp x$，并且对某个整数 n 有 $f^n(y)\wedge x\neq 0$.

我们把 f 等同为一个离散的动力系统，其中 n 表示时间，此时情形(2)表示一种弱的"混合"性质. 我们把元素 x 和 y 看作"接近"的，如果 $x\wedge y\neq 0$；看作"远离"的，如果 $x\perp y$. 那么(2)告诉我们，如果 x 不接近 f 的任何不动点，则 x 的轨道必接近远离 x 的某个元素. 对这一结果及一般离散不动点理论感兴趣的读者可参看 Baclawski-Björner(1981 b)的综述文章.

结论(1)和(2)都是通过证明某个偏序集是零调而得到的，例如，结论(1)说如果 L 是非有补格，那么 $\overline{L}$ 有不动点性质. 这是从 Baclawski(1977)的下述结果推出的：如果 $x\in L$ 没有补元，那么 $\overline{L}$ 是零调的. 那里用过的同样证明现在已被改进，以便给出 Baclawski-Björner (1981 a)的下列结果，根据这一结果推出结论(2).

定理 设 L 为有限格且 $x \in \overline{L}$. 假定 B 满足

$$\{y \in L \mid y \perp x\} \subseteq B \subseteq \{z \in \overline{L} \mid z \wedge x = 0\}$$

那么 $\overline{L} - B$ 是零调的.

到目前为止，尚不知道上述结论(1)和(2)的任何纯组合证明，并且也不知道怎样把这些结果推广到无限偏序集的情形. 因此，这些定理没有直接应用到偏序集，比如应用到巴拿赫空间 B 的 $P(B)$ 或 $P_0(B)$ 上. 尽管如此，但通过揭露格中不动点和补元之间的关系，Baclawski-Björner 定理引导我们去猜测其他背景下的类似关系.

这个例子说明数学理论和它的应用之间存在着复杂的相互作用这样一个有趣的事实. 也就是说，虽然一个定理可能没有回答和解决其他领域中的问题，但却能提出一些值得研究的新课题. 习惯上数学在应用中所扮演的角色是，解决或至少阐明其他学科所提出的问题，但上述例子都与此相反. 季曼(Zeeman)教授已给出了一些精彩的例子，这些例子说明“理论”和“应用”的作用是平衡的. 物理实验能用来提出突变理论进一步的研究方向，而突变理论中的一个模型和关于垂体(pituitary)功能的医学研究问题有关，这是以前从未考虑过的问题.

第4章 某些非线性微分方程的周期解的存在性,不动点方法与数值方法

在研究非自治微分方程的周期解时,某些函数映象中的不动点或不变点的概念被证明是有用的. 这种不动点理论以布劳维的一个著名定理为出发点,它肯定:任一映 $\mathbf{R}^n$ 中的闭球到它自己里面去的连续映象至少有一个不动点. 按照邓福德(N. Dunford)与许瓦兹(J. Schwartz)的证明方法,我们将先建立两个引理.

引理1 设 $f_1,f_2,\cdots,f_n$ 是 $n+1$ 个变量 $x_0,x_1,\cdots,x_n$ 的 n 个函数,在一开集 $U\subseteq\mathbf{R}^{n+1}$ 上有一阶及二阶连续偏导数. 我们考虑矩阵 $\boldsymbol{M}=\left\{\dfrac{\partial f_i}{\partial x_j}\right\}$ 以及从 $\boldsymbol{M}$ 中除去第 j 列元素

$$\frac{\partial f_1}{\partial x_j},\frac{\partial f_2}{\partial x_j},\cdots,\frac{\partial f_n}{\partial x_j}$$

所得的方阵 $\boldsymbol{M}_j$ 的行列式 D_j,则有等式

$$\sum_{j=0}^{n}(-1)^j\frac{\partial D_j}{\partial x_j}=0 \qquad (1)$$

证明 以 $c_{jk}, j\neq k$ 记矩阵 $\boldsymbol{M}_{jk}$ 的行列式,$\boldsymbol{M}_{jk}$ 是由 $\boldsymbol{M}_j$ 中把 $f_1, f_2, \cdots, f_n$ 关于 x_k 的一阶偏导数的那一列元素再对 x_j 求偏导数而得到的. 因此 $\boldsymbol{M}_{jk}$ 的第 l 行的元素是

$$\frac{\partial f_l}{\partial x_0}, \frac{\partial f_l}{\partial x_1}, \cdots, \frac{\partial^2 f_l}{\partial x_k \partial x_j}, \cdots, \frac{\partial f_l}{\partial x_{j-1}}, \frac{\partial f_l}{\partial x_{j+1}}, \cdots, \frac{\partial f_l}{\partial x_n} \quad (2)$$

其中 $0\leqslant k\leqslant j-1$,或

$$\frac{\partial f_l}{\partial x_0}, \frac{\partial f_l}{\partial x_1}, \cdots, \frac{\partial f_l}{\partial x_{j-1}}, \frac{\partial f_l}{\partial x_{j+1}}, \cdots, \frac{\partial^2 f_l}{\partial x_k \partial x_j}, \cdots, \frac{\partial f_l}{\partial x_n} \quad (3)$$

其中 $j+1\leqslant k\leqslant n$.

我们知道 $\dfrac{\partial D_j}{\partial x_j} = \sum\limits_{k=0, k\neq j}^{n} c_{jk}$,从而有

$$\sum_j (-1)^j \frac{\partial D_j}{\partial x_j} = \sum_{j\neq k} (-1)^j c_{jk}$$

现在比较 c_{jk} 与 c_{kj}. 设 $k<j$,$\boldsymbol{M}_{jk}$ 的第 l 行的元素由式(2)给出,而 $\boldsymbol{M}_{kj}$ 的同一行的元素是

$$\frac{\partial f_l}{\partial x_0}, \frac{\partial f_l}{\partial x_1}, \cdots, \frac{\partial f_l}{\partial x_{k-1}}, \frac{\partial f_l}{\partial x_{k+1}}, \cdots, \frac{\partial^2 f_l}{\partial x_j \partial x_k}, \cdots, \frac{\partial f_l}{\partial x_n}$$

将 $\boldsymbol{M}_{kj}$ 中由二阶偏导数 $\dfrac{\partial^2 f_l}{\partial x_j \partial x_k} = \dfrac{\partial^2 f_l}{\partial x_k \partial x_j}$ 构成的那一列向左平移 $j-k-1$ 次,即见

$$c_{jk} = (-1)^{j-k-1} c_{kj}$$

或

$$(-1)^j c_{jk} = -(-1)^k c_{kj}$$

从而

$$\sum_{j\neq k} (-1)^j c_{jk} = 0$$

引理 2 任一把单位闭球 $\overline{B}\subseteq \mathbf{R}^n$ 映入它自己里面的无数次可微的映象 φ 在 $\overline{B}$ 中至少有一个不动点.

证明　用反证法. 设

$$\boldsymbol{x}-\varphi(\boldsymbol{x})\neq\boldsymbol{0},\ \forall\,\boldsymbol{x}\in\overline{B}=\{\boldsymbol{x}\mid\boldsymbol{x}\in\mathbf{R}^n,\ \|\boldsymbol{x}\|\leqslant 1\}$$

设实数 $a=a(\boldsymbol{x})$ 由等式

$$\|\boldsymbol{x}+a\cdot(\boldsymbol{x}-\varphi(\boldsymbol{x}))\|=1\quad(\boldsymbol{x}\in\overline{B})$$

定义,或

$$1=\|\boldsymbol{x}\|^2+2(\boldsymbol{x},\boldsymbol{x}-\varphi(\boldsymbol{x}))\cdot a+\|\boldsymbol{x}-\varphi(\boldsymbol{x})\|^2a^2 \tag{4}$$

(这里我们取欧氏模 $\|\boldsymbol{x}\|=(x_1^2+\cdots+x_n^2)^{\frac{1}{2}}$ 以及相应的数量积). 方程(4)是 a 的二次方程,其判别式为

$$\Delta=(\boldsymbol{x},\boldsymbol{x}-\varphi(\boldsymbol{x}))^2+(1-\|\boldsymbol{x}\|^2)\|\boldsymbol{x}-\varphi(\boldsymbol{x})\|^2$$

因此,由 $\|\boldsymbol{x}\|<1$ 可推出 $\Delta>0$. 今证此结论当 $\|\boldsymbol{x}\|=1$时仍保持成立. 如果不是,则必存在一点 $\boldsymbol{x}$, $\|\boldsymbol{x}\|=1$,使 $\Delta=0$,就是说

$$(\boldsymbol{x},\boldsymbol{x}-\varphi(\boldsymbol{x}))=0\ \text{或}\ 1=\|\boldsymbol{x}\|^2=(\boldsymbol{x},\varphi(\boldsymbol{x})) \tag{5}$$

但是我们知道

$$|(\boldsymbol{x},\varphi(\boldsymbol{x}))|\leqslant\|\boldsymbol{x}\|\cdot\|\varphi(\boldsymbol{x})\|\leqslant 1$$

等号仅当 $\boldsymbol{x}$ 与 $\varphi(\boldsymbol{x})$ 有相同的方向时成立,即仅当存在一实数 λ,使 $\varphi(\boldsymbol{x})=\lambda\boldsymbol{x}$,从而

$$(\boldsymbol{x},\varphi(\boldsymbol{x}))=\lambda\|\boldsymbol{x}\|^2=\lambda$$

于是由(5)得 $\lambda=1$. 这样,$\boldsymbol{x}$ 便是 φ 的不动点,与假设相矛盾.

因此,我们有 $\Delta>0$, $\forall\,\boldsymbol{x}\in\overline{B}$. 不妨把(4)的根 $a(\boldsymbol{x})$ 写成

$$a(\boldsymbol{x})=\frac{(\boldsymbol{x},\varphi(\boldsymbol{x})-\boldsymbol{x})+[(\boldsymbol{x},\boldsymbol{x}-\varphi(\boldsymbol{x}))^2+(1-\|\boldsymbol{x}\|^2)\|\boldsymbol{x}-\varphi(\boldsymbol{x})\|^2]^{\frac{1}{2}}}{\|\boldsymbol{x}-\varphi(\boldsymbol{x})\|^2}$$

注意到当 $\|\boldsymbol{x}\|=1$ 时, $(\boldsymbol{x},\varphi(\boldsymbol{x})-\boldsymbol{x})<0$, 可知当 $\|\boldsymbol{x}\|=1$时, $a(\boldsymbol{x})=0$.

现在借下式引进映象

$$f(t,\boldsymbol{x})=\boldsymbol{x}+ta(\boldsymbol{x})(\boldsymbol{x}-\varphi(\boldsymbol{x})) \tag{6}$$

其中 $t\in\mathbf{R},\boldsymbol{x}\in\overline{B}$. $f(t,\boldsymbol{x})$是无数次可微的,且有

$$\frac{\partial f}{\partial t}=a(\boldsymbol{x})\cdot(\boldsymbol{x}-\varphi(\boldsymbol{x}))=0 \quad (\text{当 } \|\boldsymbol{x}\|=1) \tag{7}$$

$$f(0,\boldsymbol{x})=\boldsymbol{x} \tag{8}$$

$$f(1,\boldsymbol{x})=\boldsymbol{x}+a(\boldsymbol{x})(\boldsymbol{x}-\varphi(\boldsymbol{x}))\text{或}\|f(1,\boldsymbol{x})\|=1 \tag{9}$$

由此可见,$f(1,\boldsymbol{x})$的各支量之间存在一个关系式,从而函数行列式

$$\det\left(\frac{\partial f_i(1,\boldsymbol{x})}{\partial x_j}\right)=0 \tag{10}$$

另一方面,我们又有

$$\det\left(\frac{\partial f_i(0,\boldsymbol{x})}{\partial x_j}\right)=1 \tag{11}$$

今设

$$F(t)=\int_B\det\left(\frac{\partial f_i(t,\boldsymbol{x})}{\partial x_j}\right)\mathrm{d}\boldsymbol{x}$$

则由(10)有 $F(1)=0$,又由(11)有

$$F(0)=k=\mathrm{vol}.\,B\neq 0$$

$F(t)$是连续可微的,且

$$F'(t)=\int_B\frac{\partial}{\partial t}\det\left(\frac{\partial f_i(t,\boldsymbol{x})}{\partial x_j}\right)\mathrm{d}\boldsymbol{x}$$

重新引用引理 1 中的记法,把 t 看成其中的 x_0,可见

$$F'(t)=\int_B\frac{\partial D_0}{\partial x_0}\mathrm{d}\boldsymbol{x}$$

但由此引理可推得

$$\frac{\partial D_0}{\partial x_0}+\sum_{j=1}^{n}(-1)^j\frac{\partial D_j}{\partial x_j}=0$$

因此有

$$F'(t)=-\int_B\left(\sum_{j=1}^{n}(-1)^j\frac{\partial D_j}{\partial x_j}\right)\mathrm{d}\boldsymbol{x}$$

或是变体积积分为单位球边界上的积分

$$F'(t)=-\sum_{j=1}^{n}(-1)^j\int_{\partial B}D_j\mathrm{d}\sigma$$

但由式(7)知道各行列式 $D_j,j\neq 0$ 都在 ∂B 上等于零,所以 $F'(t)=0,\forall t\in[0,1]$. 但是这个结论是和

$$F(1)=0,F(0)=k\neq 0$$

的事实相矛盾的,从而引理得证.

我们已有能力证明:

定理(布劳维)　把单位闭球 $\overline{B}\subseteq\mathbf{R}^n$ 映到它自己里面的任一连续映象必有一不动点.

证明　设 $\boldsymbol{x}\to\varphi(\boldsymbol{x})$ 是所论的映象. 由于 $\varphi(\boldsymbol{x})$ 在列紧集 $\overline{B}$ 上连续,故对任一 $\delta>0$,必存在一个映 $\overline{B}$ 入 $\mathbf{R}^n$ 的无数次可微的映象 $\varphi_\delta(\boldsymbol{x})$,使 $\|\varphi-\varphi_\delta\|\leqslant\delta$,这里

$$\|\varphi-\varphi_\delta\|=\sup_{\boldsymbol{x}\in B}\|\varphi(\boldsymbol{x})-\varphi_\delta(\boldsymbol{x})\|$$

(魏尔斯特拉斯(Weierstrass)定理). 因此对任一 $\boldsymbol{x}\in\overline{B}$ 有

$$\|\varphi_\delta(\boldsymbol{x})\|\leqslant\|\varphi(\boldsymbol{x})-\varphi_\delta(\boldsymbol{x})\|+\|\varphi(\boldsymbol{x})\|\leqslant\delta+1$$

从而 $\varphi_\delta(\overline{B})\subseteq(1+\delta)\overline{B}$. 由此可见,$\tilde{\varphi}_\delta=\frac{1}{1+\delta}\varphi_\delta$ 是一个映 $\overline{B}$ 入 $\overline{B}$ 的无数次可微的映象,且有

$$\tilde{\varphi}_\delta(x)-\varphi_\delta(x)=-\frac{\delta}{1+\delta}\varphi_\delta(x)$$

由此推出

$$\|\varphi(\boldsymbol{x})-\tilde{\varphi}_\delta(\boldsymbol{x})\|\leqslant 2\delta\quad(\forall\boldsymbol{x}\in\overline{B})$$

今设 δ_m 是一个趋于零的无限数列，又 $\boldsymbol{x}_m \in \overline{B}$ 满足 $\widetilde{\varphi}_{\delta_m}(\boldsymbol{x}_m)=\boldsymbol{x}_m$. 由引理 2 知道这种 $\boldsymbol{x}_m$ 是存在的. 由于 $\overline{B}$ 为列紧，不妨设序列 $\boldsymbol{x}_m$ 收敛于 $\boldsymbol{x}\in\overline{B}$，但

$$\|\varphi(\boldsymbol{x}_m)-\boldsymbol{x}_m\| = \|\varphi(\boldsymbol{x}_m)-\widetilde{\varphi}_{\delta_m}(\boldsymbol{x}_m)\| \leqslant 2\delta_m$$

故由 φ 的连续性即得 $\varphi(\boldsymbol{x})=\boldsymbol{x}$.

4.1　布劳维定理的推广

设开集 $G\subseteq\mathbf{R}^n$ 的闭包 $\overline{G}$ 同胚于单位球 $\{\boldsymbol{x}\mid\boldsymbol{x}\in\mathbf{R}^n, \|\boldsymbol{x}\|\leqslant 1\}$（一个同胚映象就是双方单值、双方连续的映象）. 又设 $\boldsymbol{x}\to\varphi$ 是映 $\overline{G}$ 入 $\overline{G}$ 的连续映象，则 $\overline{G}$ 中必存在 φ 的不动点 $\boldsymbol{x}=\varphi(\boldsymbol{x})$.

设 Γ 是含于 $\mathbf{R}^n$ 中的有界闭凸集，则易见必定存在一整数 $p\leqslant n$ 以及一元素 $\boldsymbol{\xi}\in\Gamma$，使 Γ 包含在 $\boldsymbol{\xi}+\mathbf{R}^p$ 中，且同胚于 $\mathbf{R}^p$ 中的闭单位球. 于是由前段所做的附注可知任一映 Γ 入 Γ 的连续映象必有一不动点.

这一结果可以用一定的方式推广到无限维空间的映象上去. 准确地说，设 X 是一巴拿赫空间，即一完备的、赋范的向量空间. 一个子集 $M\subseteq X$ 称为相对列紧，如果对 M 中的任一无穷序列 $\boldsymbol{x}_v$，总可找出一个子序列 $\boldsymbol{x}_{v_k}$，它按范数收敛于一元素 $\boldsymbol{x}_0\in X$. 我们知道 M 是相对列紧的，当且仅当对任一 $\varepsilon>0$，存在 X 中的有限个元素 $\boldsymbol{x}_1,\boldsymbol{x}_2,\cdots,\boldsymbol{x}_p$，使 M 包含在 p 个球

$$\{\boldsymbol{x}\mid\boldsymbol{x}\in X, \|\boldsymbol{x}-\boldsymbol{x}_i\|\leqslant\varepsilon\}\quad(1\leqslant i\leqslant p)$$

的和集之中.

称映巴拿赫空间 X 的子集 G 入 X 的映象 $\mathscr{C}$ 为全连续,如果 $\mathscr{C}$ 在强拓扑下为连续,且 G 的任一有界子集在 $\mathscr{C}$ 之下的象为 X 中的相对列紧集.

不难证明:

(1)若 $\mathscr{C}$ 是映 G 入 X 的全连续映象,又 $\mathscr{C}'$ 是映 $\mathscr{C}G$ 入 X' 的连续映象,则 $\mathscr{C}'\mathscr{C}$ 是映 G 入 X 的全连续映象;

(2)若 $\mathscr{C}$ 映 G 入 X,且存在无限个映 G 入 X 的全连续映象 $\mathscr{C}_k$ 所成的序列,使 $\lim\limits_{k\to\infty}\sup\limits_{x\in G}\|\mathscr{C}\boldsymbol{x}-\mathscr{C}_k\boldsymbol{x}\|=0$,则 $\mathscr{C}$ 亦为全连续.

定理(肖德尔(Schauder))　设 Γ 是巴拿赫空间 X 的凸有界闭子集,则任一映 Γ 入 Γ 的全连续映象 $\mathscr{C}$ 必有一不动点.

证明　因为 $\mathscr{C}\Gamma$ 相对列紧,故对 $\varepsilon>0$ 存在有限个元素 $\boldsymbol{v}_1,\boldsymbol{v}_2,\cdots,\boldsymbol{v}_N\in X$,使

$$\mathscr{C}\Gamma\subseteq\bigcup_{1\leqslant i\leqslant N}\left\{\boldsymbol{x}\mid\boldsymbol{x}\in X,\ \|\boldsymbol{x}-\boldsymbol{v}_i\|\leqslant\frac{\varepsilon}{2}\right\}$$

但是对每一 i,球 $\left\{\boldsymbol{x}\mid\boldsymbol{x}\in X,\ \|\boldsymbol{x}-\boldsymbol{v}_i\|\leqslant\frac{\varepsilon}{2}\right\}$ 至少包含 Γ 的一个元素 $\boldsymbol{w}_i$,否则,它不可能被考虑为 $\mathscr{C}\Gamma$ 的覆盖球的一员. 由假设,后者应包含在 Γ 之中,于是可记

$$\mathscr{C}\Gamma\subseteq\bigcup_{1\leqslant i\leqslant N}\{\boldsymbol{x}\mid\boldsymbol{x}\in X,\ \|\boldsymbol{x}-\boldsymbol{w}_i\|\leqslant\varepsilon\}$$

其中 $\boldsymbol{w}_i\in\Gamma$, $\forall i$. 设

$$\boldsymbol{w}_i(\boldsymbol{x})=2\varepsilon-\|\boldsymbol{x}-\boldsymbol{w}_i\|\quad(\text{若 }\|\boldsymbol{x}-\boldsymbol{w}_i\|\leqslant2\varepsilon)$$
$$\boldsymbol{w}_i(\boldsymbol{x})=0\quad(\text{若 }\|\boldsymbol{x}-\boldsymbol{w}_i\|>2\varepsilon)$$

是映 X 入 R 的连续映象.

对任一 $\boldsymbol{x}\in\mathscr{C}\Gamma$,我们有

$$\sum_{i=1}^{N}\boldsymbol{w}_i(\boldsymbol{x})\neq0$$

从而

$$a_i(\boldsymbol{x}) = \boldsymbol{w}_i(\boldsymbol{x}) / \sum_{i=1}^{N} \boldsymbol{w}_i(\boldsymbol{x})$$

在 $\mathscr{C}\Gamma$ 上为连续.

设 F_ε 是映 $\mathscr{C}\Gamma$ 入 X 的映象,由

$$\boldsymbol{x} \to F_\varepsilon \boldsymbol{x} = \sum_{i=1}^{N} a_i(\boldsymbol{x}) \boldsymbol{w}_i$$

所定义. 因为

$$a_i(\boldsymbol{x}) \geqslant 0,\ \sum_{i=1}^{N} a_i(\boldsymbol{x}) = 1$$

对 $\boldsymbol{x} \in \mathscr{C}\Gamma$,又$\boldsymbol{w}_i \in \Gamma$,$\Gamma$ 为凸,可见 F_ε 是映 $\mathscr{C}\Gamma$ 入 Γ 的映象,在强拓扑之下为连续. 从而 $F_\varepsilon\mathscr{C}$ 是映 Γ 入 $\Gamma \cap E_N$的连续映象,这里 E_N 是由 $\boldsymbol{w}_1, \boldsymbol{w}_2, \cdots, \boldsymbol{w}_N$ 产生的有限维线性空间. $F_\varepsilon\mathscr{C}$ 也是映 $\Gamma \cap E_N$ 入 $\Gamma \cap E_N$ 的连续映象. 由于$\Gamma \cap E_N$是凸的有界闭集,故由布劳维定理知,存在 $\boldsymbol{x}_\varepsilon \in \Gamma$,使 $F_\varepsilon\mathscr{C}\boldsymbol{x}_\varepsilon = \boldsymbol{x}_\varepsilon$. 由于 $\mathscr{C}$ 是全连续的,故可找到正数的无穷序列 $\varepsilon_m \to 0, m = 1, 2, \cdots$,使 $\mathscr{C}\boldsymbol{x}_{\varepsilon_m}$强收敛于一元素 $\boldsymbol{\xi} \in X$. 因为 $\mathscr{C}\boldsymbol{x}_{\varepsilon_m} \in \Gamma$,且 Γ 是闭的,所以 $\boldsymbol{\xi} \in \Gamma$.

注意 $\boldsymbol{x}_\varepsilon - \mathscr{C}\boldsymbol{x}_\varepsilon = F_\varepsilon\mathscr{C}\boldsymbol{x}_\varepsilon - \mathscr{C}\boldsymbol{x}_\varepsilon$,又由 $a_i(\boldsymbol{x})$的定义知有

$$\begin{aligned} &\| F_\varepsilon\mathscr{C}\boldsymbol{x}_\varepsilon - \mathscr{C}\boldsymbol{x}_\varepsilon \| \\ &= \| \sum_{i=1}^{N} a_i(\mathscr{C}\boldsymbol{x}_\varepsilon) \cdot (\boldsymbol{w}_i - \mathscr{C}\boldsymbol{x}_\varepsilon) \| \leqslant 2\varepsilon \end{aligned}$$

由此可见当 $m \to \infty$ 时 $\boldsymbol{x}_{\varepsilon_m} - \mathscr{C}\boldsymbol{x}_{\varepsilon_m} \to 0$. 由于$\lim\limits_{m\to\infty}\mathscr{C}\boldsymbol{x}_{\varepsilon_m} = \boldsymbol{\xi}$,故有$\lim\limits_{m\to\infty}\boldsymbol{x}_{\varepsilon_m} = \boldsymbol{\xi}$,且由连续性得 $\mathscr{C}\boldsymbol{\xi} = \boldsymbol{\xi}$,因此 $\boldsymbol{\xi} \in \Gamma$ 是 $\mathscr{C}$ 的一个不变元素.

4.2 Carathéodory 定理

我们可以把不动点的概念和 Carathéodory 的存在性定理联系起来. 重述一下该节的假设和记号. 我们考虑映$[t_0,t_0+h]\subseteq \mathbf{R}$入$V^n$的一切连续映象所构成的巴拿赫空间,记之为$C=C([t_0,t_0+h],V^n)$,其中的范数由

$$\|\boldsymbol{x}\| = \sup_{s\in[t_0,t_0+h]} \|\boldsymbol{x}(s)\|$$

定义. 在这个空间中,集$\Gamma=\{\boldsymbol{x}\mid \boldsymbol{x}\in C,\ \|\boldsymbol{x}-\boldsymbol{x}_0\|\leqslant d\}$是凸的有界闭集.

由$\mathscr{C}\boldsymbol{x}(t)=\boldsymbol{x}_0+\int_{t_0}^{t} f(\boldsymbol{x}(s),s)\mathrm{d}s$定义的映象$\boldsymbol{x}\to\mathscr{C}\boldsymbol{x}$满足条件$\mathscr{C}\Gamma\subseteq\Gamma$. 我们将证明它是连续的:设$\boldsymbol{x}_m$是$\Gamma$中无限个元素所成的序列,使

$$\boldsymbol{x}_m\to\boldsymbol{x} \text{ 或} \lim_{m\to\infty}\|\boldsymbol{x}_m-\boldsymbol{x}\|=0$$

那么对任一$s\in[t_0,t_0+h]$有$\boldsymbol{x}_m(s)\to\boldsymbol{x}(s)$在$V^n$中,且对几乎所有的$s$有$f(\boldsymbol{x}_m(s),s)\to f(\boldsymbol{x}(s),s)$. 因为$\|f(\boldsymbol{x}_m(s),s)\|$以一个可积函数作为优函数,对于任一整数$m$,故由控制收敛定理知道,对每一$t$,有$\mathscr{C}\boldsymbol{x}_m(t)\to\mathscr{C}\boldsymbol{x}(t)$在$V^n$中. 另一方面,映象$\mathscr{C}\boldsymbol{x}_m(t)$为一致有界、等度连续,从而应用 Ascoli-Arzela 定理,即见集$\{\mathscr{C}\boldsymbol{x}_m\}\subseteq\Gamma$为相对列紧. 由此可导出$\mathscr{C}\boldsymbol{x}_m\to\mathscr{C}\boldsymbol{x}$在$C$中. 事实上,若此式不成立,则必存在无限序列$m_1,m_2,\cdots,m_k,\cdots$,使

$$\|\mathscr{C}\boldsymbol{x}_{m_k}-\mathscr{C}\boldsymbol{x}\|>\varepsilon,\ \forall k$$

我们可以从序列$\mathscr{C}\boldsymbol{x}_{m_k}$中取出一个子序列,为了不增

添新的记号，仍以 $\mathscr{C}\boldsymbol{x}_{m_k}$ 记之，它收敛于一元素 $\boldsymbol{\zeta}\in\Gamma^k$. 根据范数的连续性，它应满足不等式 $\|\boldsymbol{\zeta}-\mathscr{C}\boldsymbol{x}\|\geqslant\varepsilon$. 但是对于每一 $t\in[t_0,t_0+h]$，由 $\mathscr{C}\boldsymbol{x}_{m_k}\to\boldsymbol{\zeta}$ 在 C 中可推出 $\mathscr{C}\boldsymbol{x}_{m_k}(t)\to\boldsymbol{\zeta}(t)$ 在 V^n 中，但是我们从前已经知道 $\mathscr{C}\boldsymbol{x}_{m_k}(t)\to\mathscr{C}\boldsymbol{x}(t)$ 在 V^n 中，故得 $\boldsymbol{\zeta}(t)=\mathscr{C}\boldsymbol{x}(t)$，这和 $\|\boldsymbol{\zeta}-\mathscr{C}\boldsymbol{x}\|\geqslant\varepsilon$ 相矛盾.

最后，由于 Γ 的任一子集在 $\mathscr{C}$ 之下的象是一个一致有界、等度连续的映象集合，因而是相对列紧的. 由此可见，$\mathscr{C}$ 是全连续的，从而根据肖德尔定理，Γ 中至少存在一点，它在 $\mathscr{C}$ 之下是不变的.

4.3 应用不动点定理研究微分方程的周期解

设有微分方程

$$\frac{\mathrm{d}\boldsymbol{x}}{\mathrm{d}t}=\boldsymbol{A}(t)\boldsymbol{x}+g(\boldsymbol{x},t) \tag{1}$$

其中 $\boldsymbol{x}\in V^n$，$\boldsymbol{A}(t)$ 是 $n\times n$ 方阵，$g(\boldsymbol{x},t)$ 是映 $V^n\times\mathbf{R}$ 入 V^n 的映象. 假设 $\boldsymbol{A}(t)$，$g(\boldsymbol{x},t)$ 连续，对 t 有周期 T，$g(\boldsymbol{x},t)$ 对 $\boldsymbol{x}$ 为局部李普希兹(Lipschitz)连续，且当 $\|\boldsymbol{x}\|\to+\infty$ 时，关于 t 均匀地

$$\frac{\|g(\boldsymbol{x},t)\|}{\|\boldsymbol{x}\|}\to 0 \tag{2}$$

下面是 R. Reissig 的结果.

若线性方程

$$\frac{\mathrm{d}\boldsymbol{x}}{\mathrm{d}t}=\boldsymbol{A}(t)\boldsymbol{x} \tag{3}$$

没有周期为 T 的解，则方程(1)至少有一个周期为 T

的周期解.

首先我们来证明(1)的任一解都可延拓到无限时间区间上去. 事实上,由前面的假定知,可找到正数 a,使

$$\| \boldsymbol{A}(t)\boldsymbol{x}+g(\boldsymbol{x},t) \| \leqslant a \| \boldsymbol{x} \| +a \quad (\forall \boldsymbol{x}\in V^n, t\in \mathbf{R}) \tag{4}$$

注意

$$\sup_{\| \boldsymbol{x}-\boldsymbol{x}_0 \| \leqslant r} \| \boldsymbol{A}(t)\boldsymbol{x}+g(\boldsymbol{x},t) \| \leqslant 2a \| \boldsymbol{x}_0 \| +2a$$

其中 $r=\| \boldsymbol{x}_0 \| +1$. 对方程(1)应用存在性定理,可见(1)中的当 $t=t_0$ 时取值 $\boldsymbol{x}_0$ 的解可定义在区间

$$t_0\leqslant t\leqslant t_0+\frac{r}{2a\| \boldsymbol{x}_0 \| +2a}=t_0+\frac{1}{2a}$$

上,又因在时刻 $t_1=t_0+\dfrac{1}{2a}$它可重复取值 $\boldsymbol{x}_1=\boldsymbol{x}_1(t_1)$,可知(1)中的任一解对一切 t 都有定义. 以 $\boldsymbol{x}(t,\boldsymbol{c})$记(1)的满足初值条件 $\boldsymbol{x}(0,\boldsymbol{c})=\boldsymbol{c}$ 的唯一的解. 此解对一切 t 有定义,连续地依赖于 $\boldsymbol{c}$,且满足积分方程

$$\boldsymbol{x}(t,\boldsymbol{c}) = \boldsymbol{X}(t)\boldsymbol{c}+\int_0^t \boldsymbol{X}(t)\boldsymbol{X}^{-1}(\tau)g(\boldsymbol{x}(\tau,\boldsymbol{c}),\tau)\mathrm{d}\tau \tag{5}$$

其中 $\boldsymbol{X}(t)$表示(3)的豫解方阵.

为使 $\boldsymbol{x}(t,\boldsymbol{c})$有周期 T,其充要条件是 $\boldsymbol{x}(0,\boldsymbol{c})=\boldsymbol{x}(T,\boldsymbol{c})$. 由于式(1)右边对 t 有周期 T,且保证解的唯一性的条件满足,故由式(5)可得

$$\boldsymbol{c} = \boldsymbol{X}(T)\boldsymbol{c}+\int_0^T \boldsymbol{X}(T)\boldsymbol{X}^{-1}(\tau)g(\boldsymbol{x}(\tau,\boldsymbol{c}),\tau)\mathrm{d}\tau \tag{6}$$

因为由假设,方程(3)没有周期为 T 的周期解,故矩阵 $\boldsymbol{I}-\boldsymbol{X}(T)$是可逆的,于是上式可改写为

$$\begin{aligned}\boldsymbol{c} &= (\boldsymbol{I}-\boldsymbol{X}(T))^{-1}\int_0^T \boldsymbol{X}(T)\boldsymbol{X}^{-1}(\tau)g(\boldsymbol{x}(\tau,\boldsymbol{c}),\tau)\mathrm{d}\tau \\ &= \Theta(\boldsymbol{c}) \qquad (7)\end{aligned}$$

现在问题归结为寻找映 V^n 入 V^n 的连续映象 $\boldsymbol{c}\to\Theta(\boldsymbol{c})$ 的一个不动点.

另一方面,对任一 $\varepsilon>0$,存在 $\alpha>0$,使

$$\|g(\boldsymbol{x},t)\|\leqslant\alpha+\varepsilon\|\boldsymbol{x}\| \quad (\forall\boldsymbol{x}\in V^n,\forall t\in\mathbf{R}) \qquad (8)$$

由(5)以及

$$\|g(\boldsymbol{x}(\tau,\boldsymbol{c}),\tau)\|\leqslant\alpha+\varepsilon\|\boldsymbol{x}(\tau,\boldsymbol{c})\|\leqslant\alpha+\varepsilon\|\!|\boldsymbol{x}|\!\|$$

可导出如下的估计

$$\|\!|\boldsymbol{x}|\!\|=\sup_{t\in[0,T]}\|\boldsymbol{x}(t,\boldsymbol{c})\|\leqslant K_1\|\boldsymbol{c}\|+K_2(\alpha+\varepsilon\|\!|\boldsymbol{x}|\!\|)$$

其中

$$K_1=\sup_{t\in[0,T]}\|\boldsymbol{X}(t)\|,K_2=T\sup_{0\leqslant\tau\leqslant t\leqslant T}\|\boldsymbol{X}(t)\boldsymbol{X}^{-1}(\tau)\|$$

因此我们得到

$$\|\!|\boldsymbol{x}|\!\|\leqslant\frac{K_1\|\boldsymbol{c}\|+K_2\alpha}{1-\varepsilon K_2} \qquad (9)$$

只要取 ε 满足

$$1-\varepsilon K_2>0 \qquad (10)$$

这样的 ε 我们以后就固定它. 现在假设 $\eta>0$ 是已给的,那么存在 $\beta>0$,使

$$\|g(\boldsymbol{x},t)\|\leqslant\beta+\eta\|\boldsymbol{x}\| \quad (\forall\boldsymbol{x}\in V^n,\forall t\in\mathbf{R}) \qquad (11)$$

取 $K_3=\|(\boldsymbol{I}-\boldsymbol{X}(T))^{-1}\|\cdot K_2$,可由(7)与(9)导出

$$\|\Theta(\boldsymbol{c})\|\leqslant K_3\left(\beta+\eta\frac{K_1\|\boldsymbol{c}\|+K_2\alpha}{1-\varepsilon K_2}\right)$$

这样,对于满足 $\|\boldsymbol{c}\|\leqslant r_0$ 的 $\boldsymbol{c}\in V^n$,便有

$$\|\Theta(\boldsymbol{c})\|\leqslant K_3\beta+\frac{\eta K_2K_3\alpha}{1-\varepsilon K_2}+\frac{\eta K_1K_3}{1-\varepsilon K_2}r_0\leqslant r_0$$

只要 r_0 是适当选取的. 为了这种 r_0 能取到,必须取 η 使得

$$\frac{\eta K_1 K_3}{1-\varepsilon K_2}<1$$

这样,$\boldsymbol{c}\to\Theta(\boldsymbol{c})$ 便是球 $\|\boldsymbol{c}\|\leqslant r_0$ 到它自己里面的连续映象. 于是由布劳维定理即知存在一个不动点.

4.4 布劳维不动点在正则图中的应用

如果一个图所有顶点的度是相同的,那么这个图被称为正则图(regular graph). 如果图 G 的每个顶点的度都是 k,那么 G 被称为 k - 正则图. 常见的正则图包括圈、完全图和完全二部图(其中二部图中的两个二部集合具有相同的基数).

我们将要证明可以应用于图的佩隆 - 弗罗伯尼(Perron-Frobenius)定理的相关结论. 首先介绍一些符号.

对于一个向量 $\boldsymbol{x}$,用 $\boldsymbol{x}\geqslant\boldsymbol{0}$ 表示 $\boldsymbol{x}$ 的每一个元素都是非负的,而 $\boldsymbol{x}>\boldsymbol{0}$ 表示 $\boldsymbol{x}$ 的每一个元素都是正的. 类似的符号也适用于矩阵. 对于矩阵 $\boldsymbol{A}$ 和 $\boldsymbol{B}$,$\boldsymbol{A}\geqslant\boldsymbol{B}$ 表示 $\boldsymbol{A}-\boldsymbol{B}\geqslant\boldsymbol{0}$. 类似地,$\boldsymbol{A}>\boldsymbol{B}$ 表示 $\boldsymbol{A}-\boldsymbol{B}>\boldsymbol{0}$. 一个方阵 $\boldsymbol{A}$ 的谱半径 $\rho(\boldsymbol{A})$ 是方阵 $\boldsymbol{A}$ 特征值的模的最大值. 一个图 G 的谱半径 $\rho(G)$ 为该图邻接矩阵的谱半径.

引理 1 设 G 是一个有 n 个顶点的连通图,并令 $\boldsymbol{A}$ 是 G 的邻接矩阵,那么有 $(\boldsymbol{I}+\boldsymbol{A})^{n-1}>\boldsymbol{0}$.

证明 显然,$(\boldsymbol{I}+\boldsymbol{A})^{n-1}\geqslant\boldsymbol{I}+\boldsymbol{A}+\boldsymbol{A}^2+\cdots+\boldsymbol{A}^{n-1}$. 由于图 G 是连通的,对任意一个 $i\neq j$ 存在一个 (ij) - 路径,

并且该路径的长度最多为 $n-1$. 因此,$\boldsymbol{I}+\boldsymbol{A}+\boldsymbol{A}^2+\cdots+\boldsymbol{A}^{n-1}$的元素$(i, j)$是正的. 如果 $i=j$,那么显然 $\boldsymbol{I}+\boldsymbol{A}+\boldsymbol{A}^2+\cdots+\boldsymbol{A}^{n-1}$的元素$(i,j)$是正的. 因此,$(\boldsymbol{I}+\boldsymbol{A})^{n-1}>\boldsymbol{0}$,引理得证.

定理 1　设 G 是一个有 $n\geqslant 2$ 个顶点的连通图,并令 $\boldsymbol{A}$ 是 G 的邻接矩阵,那么下面的结论成立:

(1)$\boldsymbol{A}$ 有一个特征值 $\lambda>0$,并且其对应的特征向量 $\boldsymbol{x}>\boldsymbol{0}$;

(2)对于 $\boldsymbol{A}$ 的任意一个特征值 $\mu\neq\lambda$,有 $-\lambda\leqslant\mu<\lambda$. 此外,当且仅当 G 是二部图时,$-\lambda$ 才是 $\boldsymbol{A}$ 的一个特征值;

(3)如果 $\boldsymbol{u}$ 是 $\boldsymbol{A}$ 的对应于特征值 λ 的一个特征向量,那么存在一个 α,使得 $\boldsymbol{u}=\alpha\boldsymbol{x}$.

证明　令

$$P^n=\{\boldsymbol{y}\in\mathbf{R}^n \mid y_i\geqslant 0, i=1,\cdots,n;\ \sum_{i=1}^{n} y_i=1\}$$

我们定义 $f:P^n\to P^n$ 为

$$f(y)=\frac{1}{\sum_i(\boldsymbol{A}\boldsymbol{y})_i}\boldsymbol{A}\boldsymbol{y}\quad(\boldsymbol{y}\in P^n)$$

既然图 G 是连通的,那么 $\boldsymbol{A}$ 没有零列,所以对任意一个$\boldsymbol{y}\in P^n$,$\boldsymbol{A}\boldsymbol{y}$ 至少有一个正元素. 因此,f 的定义是有意义的. 显然,P^n 是一个紧凸集,并且f是一个从 P^n 集合到它自身的连续函数. 通过著名的布劳维不动点定理可知,存在 $\boldsymbol{x}\in P^n$ 使得 $f(\boldsymbol{x})=\boldsymbol{x}$. 如果我们令 $\lambda=\sum_{i=1}^{n}(\boldsymbol{A}\boldsymbol{x})_i$,那么 $\boldsymbol{A}\boldsymbol{x}=\lambda\boldsymbol{x}$. 现由引理 1 得

$$(1+\lambda)^{n-1}\boldsymbol{x}=(\boldsymbol{I}+\boldsymbol{A})^{n-1}\boldsymbol{x}>\boldsymbol{0}$$

因此

$$(1+\lambda)^{n-1}\boldsymbol{x}>\boldsymbol{0}$$

从而可得 $\boldsymbol{x}>\boldsymbol{0}$. 结论(1)得证.

设 $\mu\neq\lambda$ 是矩阵 $\boldsymbol{A}$ 的一个特征值,并且设 $\boldsymbol{z}$ 是其对应的特征向量,因此有 $\boldsymbol{Az}=\mu\boldsymbol{z}$. 那么

$$|\mu||z_i|\leqslant\sum_{j=1}^{n}a_{ij}|z_j|\quad(i=1,\cdots,n)\tag{1}$$

利用结论(1)中的向量 $\boldsymbol{x}$,可以从式(1)中得到

$$\begin{aligned}|\mu|\sum_{i=1}^{n}x_i|z_i| &\leqslant \sum_{i=1}^{n}x_i\sum_{j=1}^{n}a_{ij}|z_j|\\ &=\sum_{j=1}^{n}|z_j|\sum_{i=1}^{n}a_{ij}x_i\\ &=\lambda\sum_{j=1}^{n}x_j|z_j|\end{aligned}\tag{2}$$

由式(2)得 $|\mu|\leqslant\lambda$,即 $-\lambda\leqslant\mu<\lambda$. 如果 $\mu=-\lambda$ 是矩阵 $\boldsymbol{A}$ 的一个特征值,并且其对应的特征向量是 $\boldsymbol{z}$,那么从上面的证明可以看到,对 $i=1,2,\cdots,n$,式(1)中的等式必须成立,即

$$\lambda|z_i|=\sum_{j=1}^{n}a_{ij}|z_j|=\sum_{j\sim i}|z_j|\tag{3}$$

因此,$|\boldsymbol{z}|=(|z_1|,\cdots,|z_n|)'$ 是矩阵 $\boldsymbol{A}$ 对应于特征值 λ 的一个特征向量,并且正如在结论(1)的证明中看到的,$|z_i|>0$,$i=1,2,\cdots,n$. 此外,$\boldsymbol{Az}=-\lambda\boldsymbol{z}$ 给出

$$-\lambda z_i=\sum_{j\sim i}z_j\quad(i=1,2,\cdots,n)\tag{4}$$

由式(3)和式(4)得

$$\lambda|z_i|=\Big|\sum_{j\sim i}z_j\Big|\leqslant\sum_{j\sim i}|z_j|\leqslant\lambda|z_i|$$

因此,对任意一个 i 和所有的 $j\sim i$,z_j 都有相同的符号.

设

$$V_1=\{i\in V(G)\,|\,z_i>0\},V_2=\{i\in V(G)\,|\,z_i<0\}$$

那么可以看出 G 是具有划分 $V(G)=V_1\cup V_2$ 的一个二部图. 如果 G 是二部图,那么 $-\lambda$ 是矩阵 $\boldsymbol{A}$ 的一个特征值. 这样就完成了结论(2)的证明.

设 $\boldsymbol{u}$ 是矩阵 $\boldsymbol{A}$ 对应于特征值 λ 的一个特征向量. 我们可以选择一个标量 β 使得 $\boldsymbol{x}-\beta\boldsymbol{u}\geqslant\boldsymbol{0}$,并且 $\boldsymbol{x}-\beta\boldsymbol{u}$ 有一个零元素. 如果 $\boldsymbol{x}-\beta\boldsymbol{u}\neq\boldsymbol{0}$,那么它是矩阵 $\boldsymbol{A}$ 对应于特征值 λ 的一个特征向量,并且其所有的元素均非负. 而在结论(1)的证明中已经得出了它的所有坐标必须都是正值这一结论,所以这与我们假设 $\boldsymbol{x}-\beta\boldsymbol{u}$ 有一个零元素矛盾. 因此 $\boldsymbol{x}-\beta\boldsymbol{u}=\boldsymbol{0}$,通过设 $\alpha=\dfrac{1}{\beta}$,结论(3)得证.

在定理 1 的结论(1)中所提到的 G 的这种特征值 λ,被称为 G 的佩隆特征值,而其对应的特征向量 $\boldsymbol{x}$ 被称为佩隆特征向量. 可以注意到,在该定理的结论(2)中,G 的佩隆特征值和谱半径 $\rho(G)$ 是相同的. 正如该定理的结论(3)所示,佩隆特征向量是唯一的,最多相差一个标量倍. 对于那些不一定是连通的图,我们可以证明如下结论.

定理 2 设 G 是一个有 n 个顶点的图,并令 $\boldsymbol{A}$ 是图 G 的邻接矩阵,那么 $\rho(G)$ 是 G 的一个特征值,并且它有一个对应的非负的特征向量.

证明 设 $G_1,\cdots,G_p$ 是 G 的连通分支,并令 $\boldsymbol{A}_1,\cdots,\boldsymbol{A}_p$ 是对应的邻接矩阵. 不失一般性,我们假设 $\rho(G_1)=\max\limits_i\rho(G_i)$. 那么由定理 1 可知,存在一个向量 $\boldsymbol{x}>\boldsymbol{0}$ 使得 $\boldsymbol{A}_1\boldsymbol{x}=\rho(G_1)\boldsymbol{x}$. 通过对 $\boldsymbol{x}$ 插零进行扩充,可以获得一个向量,而该向量可以很容易被验证是 $\boldsymbol{A}$ 的一个特征向量,其对应的特征值是 $\rho(G)=\rho(G_1)$.

在定理2中,我们把$\rho(G)$看作是图G的佩隆特征值,而图G可以是连通的也可以是不连通的. 现在我们转向分析佩隆根的一些单调性质.

引理2　设G是一个具有n个顶点的连通图,并令$H\neq G$是G的一个连通的支撑子图,那么$\rho(G)>\rho(H)$.

证明　设$\boldsymbol{A}$和$\boldsymbol{B}$分别是G和H的邻接矩阵. 由定理1可知,存在向量$\boldsymbol{x}>\boldsymbol{0}$和$\boldsymbol{y}>\boldsymbol{0}$,使得

$$\boldsymbol{Ax}=\rho(G)\boldsymbol{x},\boldsymbol{By}=\rho(H)\boldsymbol{y}$$

既然$\boldsymbol{0}\neq\boldsymbol{A}-\boldsymbol{B}\geqslant\boldsymbol{0}$且$\boldsymbol{x}>\boldsymbol{0}$和$\boldsymbol{y}>\boldsymbol{0}$,那么$\boldsymbol{y}'\boldsymbol{Ax}>\boldsymbol{y}'\boldsymbol{Bx}$. 但

$$\boldsymbol{y}'\boldsymbol{Ax}=\boldsymbol{y}'(\rho(G)\boldsymbol{x})=\rho(G)\boldsymbol{y}'\boldsymbol{x}$$

且$\boldsymbol{y}'\boldsymbol{Bx}=\rho(H)\boldsymbol{y}'\boldsymbol{x}$,因此$\rho(G)>\rho(H)$.

引理3　设G是一个具有n个顶点的连通图,并令$H\neq G$是G的一个顶点导出子图,那么$\rho(G)\geqslant\rho(H)$.

证明　设$\boldsymbol{A}$和$\boldsymbol{B}$分别是G和H的邻接矩阵,那么$\boldsymbol{B}$是$\boldsymbol{A}$的一个主子阵. 既然一个对称矩阵的最大特征值是单调的(相应地,有一个最大特征值的极值表示),那么有$\rho(G)\geqslant\rho(H)$.

定理3　设G是一个具有n个顶点的连通图,并令$H\neq G$是G的一个子图,那么$\rho(G)>\rho(H)$.

证明　需要注意的是H一定有一个连通分支H_1,使得$\rho(H)=\rho(H_1)$,并且H_1是G的连通的顶点导出子图. 通过引理2和引理3就可以得到本定理的结论.

如果G是一个连通图,那么由定理1的结论(3)可知,$\rho(G)$是G的一个几何重数为1的特征值. 我们现在证明一个更强的定理.

定理4 设 G 是一个具有 n 个顶点的连通图,那么 $\rho(G)$ 是 G 的一个代数重数为 1 的特征值.

证明 如果 $\rho(G)$ 的代数重数大于 1,那么由柯西交错定理可知,它必然是对任意一个 $i \in V(G)$ 的图 $G\backslash\{i\}$ 的一个特征值. 因为由定理 3 可知 $\rho(G) > \rho(G\backslash\{i\})$,所以这是矛盾的.

由目前为止得到的结果可以立即得到关于正则图的以下结论.

定理5 设 G 是一个 k - 正则图,那么 $\rho(G)$ 等于 k,并且它是 G 的一个特征值. 如果 G 是连通的,那么该特征值的代数重数是 1.

证明 设 $\boldsymbol{A}$ 是 G 的邻接矩阵. 由定理 1 可知,存在 $\boldsymbol{0} \neq \boldsymbol{x} \geqslant \boldsymbol{0}$ 使得 $\boldsymbol{Ax} = \rho(G)\boldsymbol{x}$. 既然 G 是 k - 正则图,那么 $\boldsymbol{A1} = k\boldsymbol{1}$. 因此, $\boldsymbol{1}'\boldsymbol{Ax} = k(\boldsymbol{1}'\boldsymbol{x})$, 且 $\boldsymbol{1}'\boldsymbol{Ax} = \rho(G)(\boldsymbol{1}'\boldsymbol{x})$. 所以, $\rho(G) = k$. 如果 G 是连通的,那么由定理 4 可得 k 的代数重数是 1.

现在我们来给出佩隆特征值的一些界.

定理6 设 G 是一个具有 n 个顶点的连通图,且 $\boldsymbol{A}$ 是 G 的邻接矩阵,那么对于任意的 $\boldsymbol{y}, \boldsymbol{z} \in \mathbf{R}^n$, $\boldsymbol{y} \neq \boldsymbol{0}$, $\boldsymbol{z} > \boldsymbol{0}$,有

$$\frac{\boldsymbol{y}'\boldsymbol{Ay}}{\boldsymbol{y}'\boldsymbol{y}} \leqslant \rho(G) \leqslant \max_i \left\{ \frac{(\boldsymbol{Az})_i}{z_i} \right\} \tag{5}$$

当且仅当 $\boldsymbol{y}$ 是 $\boldsymbol{A}$ 的对应于 $\rho(G)$ 的特征向量时,上式的第一个不等式才能取得等号. 同样,当且仅当 $\boldsymbol{z}$ 是 $\boldsymbol{A}$ 的对应于 $\rho(G)$ 的特征向量时,上式的第二个不等式才能取得等号.

证明 第一个不等式由对称矩阵的最大特征值的极值表示可以直接得到. 关于等号的命题也可以由对

称矩阵的一般结果得出.

为了证明第二个不等式,假设对于 $z>\mathbf{0}$,有

$$\rho(G) > \max_i \left\{\frac{(\boldsymbol{A}\boldsymbol{z})_i}{z_i}\right\} \quad (i=1,\cdots,n)$$

那么 $\boldsymbol{A}\boldsymbol{z}<\rho(G)\boldsymbol{z}$. 令 $\boldsymbol{x}>\mathbf{0}$ 是 $\boldsymbol{A}$ 的佩隆向量,使得 $\boldsymbol{A}\boldsymbol{x}=\rho(G)\boldsymbol{x}$. 由此可得

$$\rho(G)\boldsymbol{z}'\boldsymbol{x}=\boldsymbol{z}'\boldsymbol{A}\boldsymbol{x}=\boldsymbol{x}'\boldsymbol{A}\boldsymbol{z}<\rho(G)\boldsymbol{x}'\boldsymbol{z}$$

显然这是矛盾的. 此外,关于等号的命题是很容易证明的.

推论　设 G 是一个具有 n 个顶点和 m 条边的连通图,并令 $d_1\geqslant\cdots\geqslant d_n$ 是顶点度,那么以下结论成立:

(1) $\frac{2m}{n}\leqslant\rho(G)\leqslant d_1$;

(2) $\frac{1}{m}\sum\limits_{i=1}^{n}\sum\limits_{i<j,j\sim i}\sqrt{d_id_j}\leqslant\rho(G)\leqslant\max\limits_i\left\{\frac{1}{d_i}\sum\limits_{j\sim i}\sqrt{d_id_j}\right\}$.

此外,当且仅当 G 是正则图时上述任一不等式中的等号才成立.

证明　为了证明结论(1),令定理 6 中的 $\boldsymbol{y}=\boldsymbol{z}=\mathbf{1}$,而为了证明结论(2),令定理 6 中的 $\boldsymbol{y}=\boldsymbol{z}=[\sqrt{d_1},\cdots,\sqrt{d_n}]'$.

最后我们应用佩隆-弗罗伯尼定理来得到图兰(Turan)定理的证明以结束本节.

定理 7　设 G 是一个具有 n 个顶点、m 条边且没有三角形的图,那么 $m\leqslant\frac{n^2}{4}$.

证明　设 $\boldsymbol{A}$ 是 G 的邻接矩阵,并令 $\rho(G)=\lambda_1\geqslant\lambda_2\geqslant\cdots\geqslant\lambda_n$ 是 $\boldsymbol{A}$ 的特征值. 不妨设 $m>\frac{n^2}{4}$.

由定理 6 的推论的结论(1)可得

$$\lambda_1 \geqslant \frac{2m}{n} > \sqrt{m} \tag{6}$$

前面介绍过，$\boldsymbol{A}^2$ 的迹等于 $\sum_{i=1}^{n} \lambda_i^2$，并且它也等于 $2m$. 由公式(6)可得

$$2m = \sum_{i=1}^{n} \lambda_i^2 > m + \sum_{i=2}^{n} \lambda_i^2$$

因此

$$\lambda_1^2 > m > \sum_{i=2}^{n} \lambda_i^2 \tag{7}$$

由佩隆－弗罗伯尼定理可知，$\lambda_1 \geqslant |\lambda_i|$，$i=2,\cdots,n$，因此由公式(7)可得

$$\left| \sum_{i=2}^{n} \lambda_i^3 \right| \leqslant \sum_{i=2}^{n} |\lambda_i|^3 \leqslant \lambda_1 \left(\sum_{i=2}^{n} |\lambda_i|^2 \right) \leqslant \lambda_1^3 \tag{8}$$

图中的每个三角形将会产生长度为 3 的 3 个闭合途径. 因此，图 G 中三角形的个数等于

$$\frac{1}{6}\text{trace } \boldsymbol{A}^3 = \frac{1}{6} \sum_{i=1}^{n} \lambda_i^3$$

现在有

$$\frac{1}{6} \sum_{i=1}^{6} \lambda_i^3 = \frac{\lambda_1^3}{6} + \frac{\sum_{i=2}^{n} \lambda_i^3}{6}$$

由式(8)可知上式必须是正的. 由于 G 没有三角形，所以这是矛盾的，从而得到 $m \leqslant \frac{n^2}{4}$.

第5章 角谷静夫不动点定理

前面我们研究的是点到点的映射的不动点问题，且其中的映射要求是连续的. 本章我们要做如下推广：

(1)考虑点到集的映射；

(2)考虑上半连续映射.

由后面的定义不难看出，上半连续映射确实是连续映射的推广.

前面我们讨论的是点到点映射的不动点定理——布劳维不动点定理；本章将讨论的是点到集映射的不动点定理，称为角谷静夫不动点定理. 这项推广工作是由角谷静夫在1941年完成的.

人们为了纪念角谷静夫，把他给出的这个定理命名为角谷静夫定理，其原始形式是由诺伊曼(Von Neumann)于1936年发现的.

5.1 点到集的映射与上半连续的映射

1. 次微分与点到集的映射

容易看出，对一个可微凸函数 $\theta(x)$ 而言，极小化 $\theta(x)$ 与求 $f(x)=x-\nabla\theta(x)$ 的不动点是等价的. 但当 $\theta(x)$ 不可微时，这个事实是否仍成立？我们先看两个例子.

例 1　极小化函数 $\theta_1(x)=x^2-x$.

设

$$f_1(x)=x-\nabla\theta_1(x)=1-x$$

求 $f_1(x)$ 的不动点，即解 $f_1(x)=x$，有

$$x^*=\frac{1}{2}$$

因此 $x^*=\frac{1}{2}$ 即为 $\theta_1(x)$ 的极小点.

例 2　极小化函数 $\theta_2(x)=\frac{1}{2}\left|x-\frac{1}{2}\right|$.

现在 $\theta_2(x)$ 在 $x=\frac{1}{2}$ 处不可微，令

$$f_2(x)=x-\nabla\theta_2(x)$$

当 $x<\frac{1}{2}$ 时，$f_2(x)$ 取值为 $x+\frac{1}{2}$；

当 $x>\frac{1}{2}$ 时，$f_2(x)$ 取值为 $x-\frac{1}{2}$；

当 $x=\frac{1}{2}$ 时，$f_2(x)$ 无定义.

$f_2(x)$ 的图形见图 1.

显然 $f_2(x)$ 没有不动点，但 $\theta_2(x)$ 有极小点 $x^*=\frac{1}{2}$.

由以上两个例子可以看出，我们有必要通过某种途径，对 $f_2(x)$ 在点 $\frac{1}{2}$ 处的值进行定义，使极小化 $\theta_2(x)$ 与求 $f_2(x)$ 的不动点等价，于是我们先引进下列推广的微分定义.

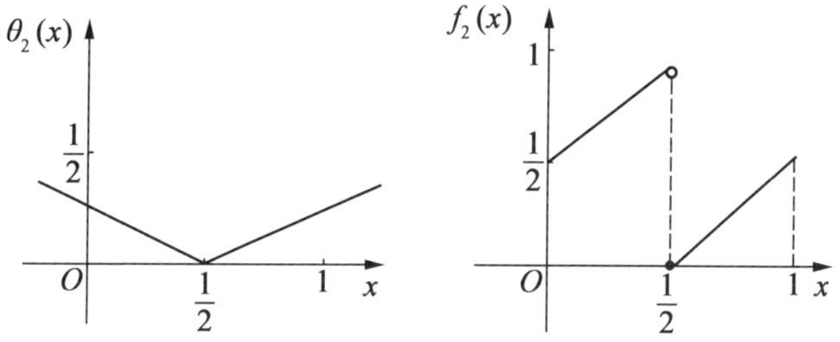

图1

定义1　设 $\theta:\mathbf{R}^n\to\mathbf{R}$ 是凸函数,若 $\forall z\in\mathbf{R}^n$,有

$$\theta(z)\geqslant\theta(\boldsymbol{x})+\boldsymbol{h}'(z-\boldsymbol{x})$$

则称向量 $\boldsymbol{h}$ 为 θ 在点 $\boldsymbol{x}$ 处的次梯度(subgradient),$\theta(\boldsymbol{x})$在点 $\boldsymbol{x}$ 处的所有次梯度的全体所形成的集合,称为$\theta(\boldsymbol{x})$在点 $\boldsymbol{x}$ 处的次微分(subdifferential),记为 $\partial\theta(\boldsymbol{x})$或 $D\theta(\boldsymbol{x})$.

由定义,对于凸函数 $\theta(\boldsymbol{x})$,易证它有下列诸基本性质:

(1)对任何 $\boldsymbol{x}$,$D\theta(\boldsymbol{x})$是非空闭凸集;

(2)若 $\theta(\boldsymbol{x})$ 在点 $\boldsymbol{x}$ 处可微,则 $D\theta(\boldsymbol{x})=\{\nabla\theta(\boldsymbol{x})\}$;

(3)$0\in D\theta(\boldsymbol{x})$的充要条件为:$\boldsymbol{x}$ 是 $\theta(\boldsymbol{x})$的极小点.

所以,次微分是梯度概念的自然推广.

定义2　设 $C\subseteq\mathbf{R}^m$,$C\neq\varnothing$,$P(\mathbf{R}^m)$为 $\mathbf{R}^m$ 的所有子集所组成的子集族,映射

$$F:C\to P(\mathbf{R}^m)$$

称为点到集的映射或集值映射(point to set mapping 或 set-valued mapping)(图2).

例3　仍取例2中的 $\theta_2(x)$,则

$$D\theta_2(x)=\begin{cases}\left\{\frac{1}{2}\right\},x>\frac{1}{2}\\ \left[-\frac{1}{2},\frac{1}{2}\right],x=\frac{1}{2}\\ \left\{-\frac{1}{2}\right\},x<\frac{1}{2}\end{cases}$$

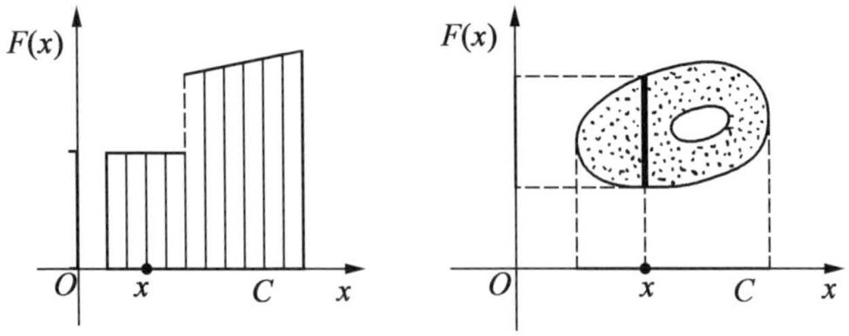

图 2　点到集的映射

由于 $0\in\left[-\frac{1}{2},\frac{1}{2}\right]=D\theta_2\left(\frac{1}{2}\right)$，所以 $\frac{1}{2}$ 是 $\theta_2(x)$ 的极小点.

如果定义点到集的映射为

$$F(x)=\{x\}-D\theta_2(x)$$

则 $\frac{1}{2}\in F\left(\frac{1}{2}\right)$，称 $\frac{1}{2}$ 为 $F(x)$ 的不动点. $F(x)$ 的图像见图 3.

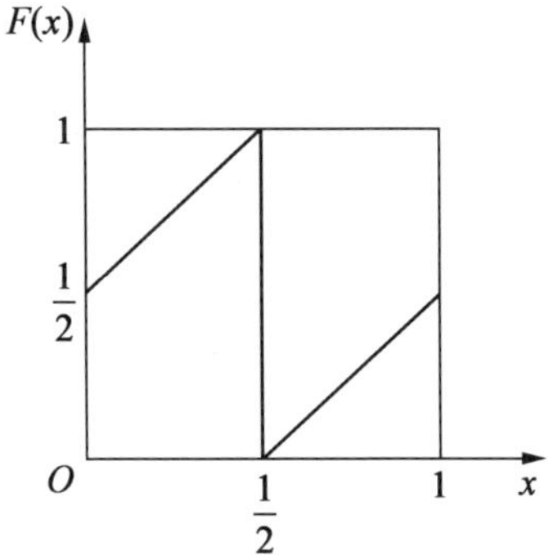

图 3　存在不动点的集值映射

注意　此处只能说$\frac{1}{2}$"属于"$F(\frac{1}{2})$，因为 $F(\frac{1}{2})$是一个集合，不能说$\frac{1}{2}$"等于"$F(\frac{1}{2})$.

所以，把梯度概念和映射概念推广后，极小化 $\theta_2(x)$ 与求 $F(x)=\{x\}-D\theta_2(x)$ 的不动点是等价的. 对于一般情形的集值映射 $F(x)$，为了保证有不动点存在，要求具备某种连续性条件是必须的. 下面就介绍这种条件.

2. 上半连续映射及其性质

定义 3　设 $C\subseteq\mathbf{R}^m$，$C\neq\varnothing$，$P(\mathbf{R}^p)$表示 $\mathbf{R}^p$ 的所有子集所组成的子集族

$$F:C\to P(\mathbf{R}^p)$$

是点到集的映射. 如果 $F(\boldsymbol{x})$在点 $\boldsymbol{x}\in C$ 处满足以下两个条件：

(1) $F(\boldsymbol{x})$是紧致集；

(2) 对任意 $\varepsilon>0$，存在 $\delta>0$，当 $z\in B(\boldsymbol{x},\delta)\cap C$ 时，有

$$F(\boldsymbol{x})\subseteq B(F(\boldsymbol{x}),\varepsilon)$$

其中 $B(F(\boldsymbol{x}),\varepsilon)=F(\boldsymbol{x})+\varepsilon B^p$，$B^p$ 为 p 维单位球. 则称 $F(\boldsymbol{x})$在 $\boldsymbol{x}$ 处是(Berge 意义上的)上半连续(upper semi-continuous，简记为 u. s. c.)映射；如果 $F(\boldsymbol{x})$在 C 上处处是上半连续的，则称 $F(\boldsymbol{x})$在 C 上是上半连续的映射(图 4).

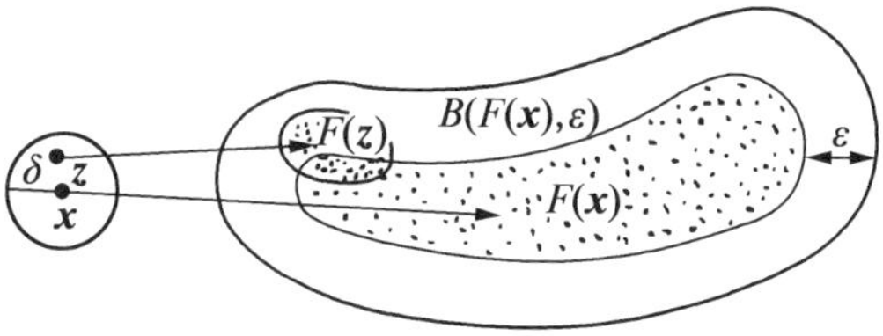

图 4　上半连续性示意图

例 4 已知 $F:[0,1]\to P([0,1])$,有

$$F(x)=\begin{cases}\left\{x+\frac{1}{2}\right\},x\in\left[0,\frac{1}{2}\right]\\ [0,1],x=\frac{1}{2}\\ \left\{x-\frac{1}{2}\right\},x\in\left[\frac{1}{2},1\right]\end{cases}$$

如图 3 所示,$F(x)$在$[0,1]$上是上半连续的.

若把这里 $F(x)$在 $x=\frac{1}{2}$处的值集改为

$$F(\frac{1}{2})=\{0\}\text{ 或 }F(\frac{1}{2})=\{1\}$$

则 $F(x)$在 $x=\frac{1}{2}$处不是上半连续的.

显然,当f是 C 到 $\mathbf{R}^p$ 的单值映射时,我们用

$$F(\boldsymbol{x})=\{f(\boldsymbol{x})\}$$

定义点到集的映射

$$F:C\to P(\mathbf{R}^p)$$

则f连续当且仅当 $F=\{f\}$是 u. s. c. 映射.

下面我们讨论上半连续映射的性质.

引理(角谷静夫定义) 若 $F:C\to P(Y)$是u. s. c. 映射,则对于$\{\boldsymbol{x}^k\}$是 C 中满足 $\boldsymbol{x}^k\to\boldsymbol{x}^*$ 的序列,$\boldsymbol{x}^*\in C$;$\{\boldsymbol{y}^k\}$是满足 $\boldsymbol{y}^k\in F(\boldsymbol{x}^k)$($\forall k$)和 $\boldsymbol{y}^k\to\boldsymbol{y}^*$ 的序列,有 $\boldsymbol{y}^*\in F(\boldsymbol{x}^*)$.

证明 由 $\boldsymbol{y}^k\to\boldsymbol{y}^*$,$\forall\varepsilon>0$,存在正数 N_1,当 $k\geqslant N_1$ 时,有

$$\|\boldsymbol{y}^k-\boldsymbol{y}^*\|\leqslant\frac{\varepsilon}{2}\tag{1}$$

又由 F 的上半连续性知存在 $\delta>0$,当 $\boldsymbol{x}'\in B(\boldsymbol{x}^*,\delta)\cap C$ 时,有

$$F(\boldsymbol{x}') \subseteq B(F(\boldsymbol{x}^*), \frac{\varepsilon}{2})$$

又因 $\boldsymbol{x}^k \to \boldsymbol{x}^*$，所以存在正整数 N_2，当 $k \geqslant N_2$ 时，有

$$\boldsymbol{x}^k \in B(\boldsymbol{x}^*, \delta) \cap C$$

从而

$$\boldsymbol{y}^k \in F(\boldsymbol{x}^k) \subseteq B(F(\boldsymbol{x}^*), \frac{\varepsilon}{2})$$

所以

$$\boldsymbol{y}^k \in B(F(\boldsymbol{x}^*), \frac{\varepsilon}{2})$$

令

$$\boldsymbol{y}^k = \boldsymbol{y}^0 + \frac{\varepsilon}{2}\boldsymbol{b}^1 \quad (\boldsymbol{y}^0 \in F(\boldsymbol{x}^*), \boldsymbol{b}^1 \in B^p)$$

由此得

$$\| \boldsymbol{y}^k - \boldsymbol{y}^0 \| \leqslant \frac{\varepsilon}{2} \tag{2}$$

于是当 $k \geqslant \max\{N_1, N_2\} = N$ 时，由式(1)与式(2)知

$$\| \boldsymbol{y}^* - \boldsymbol{y}^0 \| \leqslant \varepsilon$$

因此有

$$\boldsymbol{y}^* \in B(F(\boldsymbol{x}^*), \varepsilon)$$

由于 $F(\boldsymbol{x}^*)$ 是紧致集及 $\varepsilon > 0$ 的任意性，上式说明 $\boldsymbol{y}^* \in F(\boldsymbol{x}^*)$. 证毕.

对于任意 $\boldsymbol{x} \in C$，若 $F(\boldsymbol{x})$ 为紧致集，Y 也是紧致集时，上面定理的逆定理也成立. 事实上，我们可以用反证法来证明这一点. $\forall \boldsymbol{x} \in C$, $\forall \varepsilon > 0$，假若 $F(\boldsymbol{x})$ 在 $\boldsymbol{x}$ 处不是 u. s. c.，则在 $B(\boldsymbol{x}, \frac{1}{n}) \cap C (n = 1, 2, 3, \cdots)$ 中存在 $\boldsymbol{x}^n$，使

$$F(\boldsymbol{x}^n)\not\subseteq B(F(\boldsymbol{x}),\varepsilon)$$

可选取 $\boldsymbol{y}^n$ 使

$$\boldsymbol{y}^n\in F(\boldsymbol{x}^n)\subseteq Y,\boldsymbol{y}^n\notin B(F(\boldsymbol{x}),\varepsilon)\quad(n=1,2,3,\cdots)$$

由于 Y 为紧致集,所以 $\{\boldsymbol{y}^n\}$ 有聚点 $\boldsymbol{y}$. 由逆定理假设 $\boldsymbol{y}\in F(\boldsymbol{x})$,但是由于 $\boldsymbol{y}^n\notin B(F(\boldsymbol{x}),\varepsilon)$,所以 $\{\boldsymbol{y}^n\}$ 的聚点 $\boldsymbol{y}\notin B(F(\boldsymbol{x}),\frac{\varepsilon}{2})$,因此 $\boldsymbol{y}\notin F(\boldsymbol{x})$,这是一个矛盾.

由此结论与引理知,Berge 意义上与角谷静夫意义上的上半连续性是等价的.

对于定义在紧凸集 $C\subseteq\mathbf{R}^n$ 上的点到集映射 F,它的上半连续性能否保证其不动点的存在性呢?先看两个例子.

例 5　$F:C\to\varnothing$,F 是上半连续的,但 F 没有不动点.

例 6　在例 4 中,$F(\frac{1}{2})$的值集$[0,1]$改为$\{0,1\}$,则 F 仍然是 u. s. c. 的,但 F 没有不动点.

这些例子说明,F 仅仅是 u. s. c. ,还不足以保证其不动点的存在性,我们还必须限制 F 的值集是非空凸集. 如果 F 的值集不是凸集,我们可以将它"凸性化",这就是下述定理所包含的内容之一. 该定理汇集了我们今后所需要的有关复合及组合 u. s. c. 映射的有关结果,即关于映射的运算性质.

定理　设 $C\subseteq\mathbf{R}^m$,$C\neq\varnothing$,$F:C\to P(\mathbf{R}^p)$,$F_i:C\to P(\mathbf{R}^p)$ $(i=1,2,\cdots,k)$(以下(g)除外).

(a)(映射的紧性)如果 F 是 u. s. c. 映射,$D\subseteq C$ 是紧致集,则 $F(D)$ 也是紧致的;

(b)*(映射的复合)如果 F 是满足 $F(C)\subseteq D$ 的

u. s. c. 映射, G 是从 $D\subseteq\mathbf{R}^p$ 到 $P(\mathbf{R}^l)$ 的 u. s. c. 映射, 定义

$$H(\boldsymbol{x})=G(F(\boldsymbol{x}))$$

则 $H=GF:C\to P(\mathbf{R}^l)$ 也是 u. s. c. 映射;

(c)(映射的并集)如果 $F_i(i=1,2,\cdots,k)$ 都是 u. s. c. 映射, 定义

$$F(\boldsymbol{x})=\bigcup_{i=1}^{k}F_i(\boldsymbol{x})$$

则 $F:C\to P(\mathbf{R}^p)$ 也是 u. s. c. 映射;

(d)(映射的矢量和)如果 $F_i(i=1,2,\cdots,k)$ 都是 u. s. c. 映射, 定义

$$F(\boldsymbol{x})=F_1(\boldsymbol{x})+F_2(\boldsymbol{x})+\cdots+F_k(\boldsymbol{x})$$

则 $F:C\to P(\mathbf{R}^p)$ 也是 u. s. c. 映射;

(e)(映射的扩张)如果 F 是 u. s. c. 映射, C 是满足 $C\subseteq D$ 的闭集, 定义

$$G(\boldsymbol{x})=\begin{cases}F(\boldsymbol{x}), \boldsymbol{x}\in C\\ \varnothing, \boldsymbol{x}\in D\sim C\end{cases}$$

则 $G:D\to P(\mathbf{R}^p)$ 也是 u. s. c. 映射;

(f)(映射的凸包)如果 F 是 u. s. c. 映射, 定义

$$(\operatorname{conv} F)(\boldsymbol{x})=\operatorname{conv}(F(\boldsymbol{x}))$$

(g)(映射的直积)如果 $F_i:C\to P(\mathbf{R}^{p_i})(i=1,2,\cdots,s)$ 都是 u. s. c. 映射, $p=\sum\limits_{i=1}^{s}p_i$, 则笛卡儿乘积映射

$$F(\boldsymbol{x})=F_1(\boldsymbol{x})\times F_2(\boldsymbol{x})\times\cdots\times F_s(\boldsymbol{x}):C\to P(\mathbf{R}^p)$$

也是 u. s. c. 映射.

证明　(a)因 $F(\boldsymbol{x})$ 在 D 上是 u. s. c. 映射, 对 $\forall\boldsymbol{x}\in D$, 存在 $\delta>0$, 当 $\boldsymbol{x}'\in B(\boldsymbol{x},\delta)\cap D$ 时

$$F(\boldsymbol{x}')\subseteq B(F(\boldsymbol{x}),\varepsilon)$$

注意,把上面的 $B(\boldsymbol{x},\delta)$ 看作紧致集 D 的开覆盖时,上式也成立. 因此由有限覆盖定理,$\forall \varepsilon>0$,存在有限个点 $\boldsymbol{x}^1,\boldsymbol{x}^2,\cdots,\boldsymbol{x}^l$;正数 $\delta_1,\delta_2,\cdots,\delta_l$,当 $\boldsymbol{x}\in B(\boldsymbol{x}^i,\delta_i)\cap D$ 时,有

$$F(\boldsymbol{x})\subseteq B(F(\boldsymbol{x}^i),\varepsilon)\quad(i=1,2,\cdots,l)$$

于是

$$F(D)\subseteq\sum_{i=1}^{l}B(F(\boldsymbol{x}^i),\varepsilon)$$

由于 $F(\boldsymbol{x}^i)$ 紧致,从而 $B(F(\boldsymbol{x}^i),\varepsilon)$ 紧致,故 $F(D)$ 有界.

其次再证明 $F(D)$ 是闭集. 设 $\boldsymbol{y}^n\in F(D)(n=1,2,3,\cdots)$,又设 $\boldsymbol{y}^n\in F(\boldsymbol{x}^n)$,$\boldsymbol{x}^n\in D(n=1,2,3,\cdots)$,由于 D 是紧致的,故点列 $\{\boldsymbol{x}^n\}$ 有收敛子序列,设为 $\{\boldsymbol{x}^{n_k}\}$. 又设

$$\boldsymbol{x}^{n_k}\to\boldsymbol{x}^*\quad(k\to+\infty)$$

则 $\boldsymbol{x}^*\in D$,由引理知

$$\boldsymbol{y}^*\in F(\boldsymbol{x}^*)\subseteq F(D)$$

所以 $\boldsymbol{y}^*\in F(D)$,即 $F(D)$ 是闭的. 证毕.

本结论说明:对于上半连续函数 F 来说

$$F(\text{紧})=\text{紧}$$

(b) $\forall\boldsymbol{x}\in C$,由于 F 是 u. s. c.,故 $F(\boldsymbol{x})$ 是紧致的;由于 G 是 u. s. c.,$F(\boldsymbol{x})\subseteq D$,由结论(a)知 $G(F(\boldsymbol{x}))$ 是紧致的.

由于 G 是 u. s. c.,对于任给 $\varepsilon>0$,存在 $\delta>0$,当 $F(\boldsymbol{x}')\in B(F(\boldsymbol{x}),\delta)$ 时,即 $F(\boldsymbol{x}')\in B(F(\boldsymbol{x}),\delta)\cap D$(因 $F(\boldsymbol{x}')\subseteq D$)时,有

$$G(F(\boldsymbol{x}'))\subseteq B(G(F(\boldsymbol{x})),\varepsilon)$$

再根据 F 是 u. s. c.,对于 $\delta>0$,存在 $\gamma>0$,当 $\boldsymbol{x}'\in B(\boldsymbol{x},\gamma)\cap C$ 时,有

$$F(\boldsymbol{x}')\subseteq B(F(\boldsymbol{x}),\delta)$$

因此,对于任给 $\varepsilon>0$,存在 $\gamma>0$,当 $\boldsymbol{x}'\in B(\boldsymbol{x},\gamma)\cap C$ 时,有

$$H(\boldsymbol{x}')=G(F(\boldsymbol{x}'))\subseteq B(G(F(\boldsymbol{x})),\varepsilon)=B(H(\boldsymbol{x}),\varepsilon)$$

故由定义 3 知,$H(\boldsymbol{x})=G(F(\boldsymbol{x}))$ 在 $\boldsymbol{x}$ 处为 u. s. c..

由于 $\boldsymbol{x}\in C$ 的任意性,因此 $G(F(\boldsymbol{x}))$ 在 C 上为 u. s. c..

(c)因 $F_i(\boldsymbol{x})$ 是 u. s. c. ,所以 $\forall \boldsymbol{x}\in C$, $\forall i(1\leqslant i\leqslant k)$,$F_i(\boldsymbol{x})$ 是紧致的,从而 $F(\boldsymbol{x})=\bigcup\limits_{i=1}^{k}F_i(\boldsymbol{x})$ 是紧致的,并且对 $\forall\varepsilon>0$,存在 $\delta_i>0$,当 $\boldsymbol{x}'\in B(\boldsymbol{x},\delta_i)\cap C$ 时,有

$$F_i(\boldsymbol{x}')\subseteq B(F_i(\boldsymbol{x}),\varepsilon)$$

令 $\delta=\min\limits_{i=1,\cdots,k}\{\delta_i\}$,则当 $\boldsymbol{x}'\in B(\boldsymbol{x},\delta)\cap C$ 时,有

$$F_i(\boldsymbol{x}')\subseteq B(F_i(\boldsymbol{x}),\varepsilon)\quad (i=1,2,\cdots,k)$$

从而有

$$F(\boldsymbol{x}')\subseteq\bigcup_{i=1}^{k}B(F_i(\boldsymbol{x}),\varepsilon)\subseteq B(F(\boldsymbol{x}),\varepsilon)$$

故 $F(\boldsymbol{x})$ 在 $\boldsymbol{x}$ 处是 u. s. c.. 再由 $\boldsymbol{x}\in C$ 的任意性知,$F(\boldsymbol{x})$ 在 C 上是 u. s. c..

(e) $\forall \boldsymbol{x}\in D$,如果 $\boldsymbol{x}\in C$,由 $G(\boldsymbol{x})=F(\boldsymbol{x})$ 知,$G(\boldsymbol{x})$ 是紧致的;如果 $\boldsymbol{x}\in D\sim C$,则 $G(\boldsymbol{x})=\varnothing$,自然是紧致的. 所以 $G(\boldsymbol{x})$ 是紧致的.

对 $\forall\varepsilon>0$ 有:(1)如果 $\boldsymbol{x}\in C$,则由 F 是 u. s. c. 知,存在 $\delta>0$,当 $\boldsymbol{x}'\in B(\boldsymbol{x},\delta)\cap C$ 时,有

$$G(\boldsymbol{x}')=F(\boldsymbol{x}')\subseteq B(F(\boldsymbol{x}),\varepsilon)=B(G(\boldsymbol{x}),\varepsilon)$$

(2)如果 $\boldsymbol{x}\in D\sim C$,则当 $\boldsymbol{x}'\in B(\boldsymbol{x},\delta)\cap(D\sim C)$ 时,有

$$G(\boldsymbol{x}')=\varnothing\subseteq B(G(\boldsymbol{x}),\varepsilon)$$

由(1)与(2)知,当 $\boldsymbol{x}'\in B(\boldsymbol{x},\delta)\cap D$ 时

$$G(\boldsymbol{x}')\subseteq B(G(\boldsymbol{x}),\varepsilon)$$

所以 $G(\boldsymbol{x})$ 在 D 上是 u. s. c. .

(f) $\forall \boldsymbol{x} \in C$, 因 $F(\boldsymbol{x})$ 是有界闭集, 故其凸包 $\mathrm{conv}(F(\boldsymbol{x}))$ 也是有界闭集. 因 F 是 u. s. c. ,所以对于 $\forall \varepsilon>0$,存在 $\delta>0$,当 $\boldsymbol{x}' \in B(\boldsymbol{x},\delta) \cap C$ 时,有

$$F(\boldsymbol{x}') \subseteq B(F(\boldsymbol{x}),\varepsilon)$$

由此,下面我们证明

$$\mathrm{conv}(F(\boldsymbol{x}')) \subseteq B(\mathrm{conv}(F(\boldsymbol{x})),\varepsilon)$$

事实上,设 $g=\mathrm{conv}(F(\boldsymbol{x}'))$,即

$$g=\sum_{i=1}^{k} \lambda_i g^i$$

其中

$$\sum_{i=1}^{k} \lambda_i = 1, \lambda_i \geqslant 0, g^i \in F(\boldsymbol{x}') \quad (i=1,2,\cdots,k)$$

所以

$$g^i \in B(F(\boldsymbol{x}),\varepsilon) \quad (i=1,2,\cdots,k)$$

因而对每个 g^i,存在 $f^i \in F(\boldsymbol{x})$,使

$$\| g^i - f^i \|_2 \leqslant \varepsilon$$

令 $f=\sum_{i=1}^{k} \lambda_i f^i \in \mathrm{conv}(F(\boldsymbol{x}))$,所以

$$\| g-f \|_2 = \left\| \sum_{i=1}^{k} \lambda_i g^i - \sum_{i=1}^{k} \lambda_i f^i \right\|_2 \leqslant \sum_{i=1}^{k} \lambda_i \| g^i - f^i \|_2 \leqslant \varepsilon$$

从而有 $g \in B(\mathrm{conv}(F(\boldsymbol{x})),\varepsilon)$,故

$$\mathrm{conv}(F(\boldsymbol{x}')) \subseteq B(\mathrm{conv}(F(\boldsymbol{x})),\varepsilon)$$

这说明 $\mathrm{conv}(F(\boldsymbol{x}))$ 也是 u. s. c. .

(g) 设 $F(\boldsymbol{x})=F_1(\boldsymbol{x}) \times F_2(\boldsymbol{x}) \times \cdots \times F_k(\boldsymbol{x})$,有

$$C \to Y = P(\mathbf{R}^p) = P(\mathbf{R}^{p_1}) \times P(\mathbf{R}^{p_2}) \times \cdots \times P(\mathbf{R}^{p_s})$$

其中 $p = \sum_{i=1}^{s} p_i$.

因 $F_i(\boldsymbol{x})(i=1,2,\cdots,s)$是紧致的,由 Tychonoff 定理知,$F(\boldsymbol{x})$是紧致的.

对于$\forall \boldsymbol{x}^* \in C$,取$\{\boldsymbol{x}^k\} \subseteq C$,$\boldsymbol{x}^k \to \boldsymbol{x}^*$,又取

$$\boldsymbol{y}^k = (y^{1k}, y^{2k}, \cdots, y^{sk})' \in F(\boldsymbol{x}^k)$$

$$\subseteq Y \quad (k=1,2,\cdots)$$

$$y^{ik} \in F_i(\boldsymbol{x}^k) \quad (i=1,2,\cdots,s)$$

使

$$\boldsymbol{y}^k \to \boldsymbol{y}^* \in Y$$

其中 $\boldsymbol{y}^* = (y^{1*}, y^{2*}, \cdots, y^{s*})'$, $y^{i*} \in P(\mathbf{R}^{p_i})(i=1,2,\cdots,s)$.

因 $\boldsymbol{y}^k \to \boldsymbol{y}^*$,所以 $y^{ik} \to y^{i*}(i=1,2,\cdots,s)$. 又因各个 $F_i(\boldsymbol{x})$是 u. s. c. ,所以由引理知,$y^{i*} \in F_i(\boldsymbol{x}^*)(i=1,2,\cdots,s)$,从而

$$\boldsymbol{y}^* = (y^{1*}, y^{2*}, \cdots, y^{s*})' \in F(\boldsymbol{x}^*)$$

故由引理的逆定理知,$F(\boldsymbol{x})$在 $\boldsymbol{x}^*$ 是 u. s. c.. 再由 $\boldsymbol{x}^*$ 是 C 上任一点,故 $F(\boldsymbol{x})$在 C 上是 u. s. c..

(d)令 $H(\boldsymbol{x}) = F_1(\boldsymbol{x}) \times F_2(\boldsymbol{x}) \times \cdots \times F_k(\boldsymbol{x})$,由(g)的结论知,$H(\boldsymbol{x})$在 C 上是 u. s. c.. 再令

$$G(z^1, z^2, \cdots, z^k) = z^1 + z^2 + \cdots + z^k$$

它在全空间是 u. s. c. ,因此由(b)的结论知

$$H(\boldsymbol{x}) = G(H(\boldsymbol{x})) = F_1(\boldsymbol{x}) + F_2(\boldsymbol{x}) + \cdots + F_k(\boldsymbol{x})$$

在 C 上是u. s. c..

定理全部证毕.

5.2 分片线性逼近与角谷静夫定理

为了将集值映射转化为通常的单值映射来处理，我们首先引入集值映射的分片线性逼近的概念.

定义 设 $C\subseteq\mathbf{R}^m$ 是满足 $\dim C=n(n\leqslant m)$ 的凸子集，G 是 C 的三角剖分，又设

$$F:C\to P(\mathbf{R}^p)$$

$\forall\boldsymbol{x}\in C,F(\boldsymbol{x})$ 非空，对 $\forall\boldsymbol{y}\in G^0$，选取 $f(\boldsymbol{y})\in F(\boldsymbol{y})$，于是 f 是从 G^0 到 $\mathbf{R}^p$ 的一个单值映射；再按如下方式把 f 扩张到整个 C 上.

对于 $\forall\boldsymbol{x}\in C$，存在唯一的承载单纯形 $\tau=G^+$，$\boldsymbol{x}\in\tau$. 设 τ 是

$$\delta=\langle\boldsymbol{y}^0,\boldsymbol{y}^1,\cdots,\boldsymbol{y}^n\rangle\in G$$

的面，于是 $\boldsymbol{x}$ 可表示成

$$\boldsymbol{x}=\sum_{i=0}^{n}\lambda_i\boldsymbol{y}^i,\lambda_i\geqslant 0\quad(i=0,1,\cdots,n)$$

$$\sum_{i=0}^{n}\lambda_i=1$$

再令

$$f(\boldsymbol{x})=\sum_{i=0}^{n}\lambda_i f(\boldsymbol{y}^i)$$

这样所得的单值映射

$$f:C\to\mathbf{R}^p$$

称为 F 关于三角剖分 G 的分片线性逼近（piecewise linear approximation）或单纯逼近，简记为 p. l. 逼近.

引理 1 上述定义中，F 关于 G 的 p. l. 逼近，$f(x)$ 在

闭单纯形 $\overline{\sigma}(\sigma=\langle \boldsymbol{y}^0,\boldsymbol{y}^1,\cdots,\boldsymbol{y}^n\rangle)$ 上是线性(仿射)的.

证明　为简单起见,只证两个点的情形. 因为

$$\forall \boldsymbol{x},\boldsymbol{y}\in\overline{\sigma},\alpha+\beta=1$$

$$\boldsymbol{x}=\sum_{i=0}^{n}\lambda_i\boldsymbol{y}^i,\boldsymbol{y}=\sum_{i=0}^{n}\mu_i\boldsymbol{y}^i,\lambda_i\geqslant 0,\mu_i\geqslant 0\ (i=0,1,\cdots,n)$$

$$\sum_{i=0}^{n}\lambda_i=1,\ \sum_{i=0}^{n}\mu_i=1$$

则

$$\alpha\boldsymbol{x}+\beta\boldsymbol{y}=\sum_{i=0}^{n}(\alpha\lambda_i+\beta\mu_i)\boldsymbol{y}^i$$

$$f(\boldsymbol{x})=\sum_{i=0}^{n}\lambda_i f(\boldsymbol{y}^i),f(\boldsymbol{y})=\sum_{i=0}^{n}\mu_i f(\boldsymbol{y}^i)$$

显然

$$\sum_{i=0}^{n}(\alpha\lambda_i+\beta\mu_i)=\alpha+\beta=1$$

又因 $\alpha\boldsymbol{x}+\beta\boldsymbol{y}\in\overline{\sigma}$,所以 $\alpha\boldsymbol{x}+\beta\boldsymbol{y}$ 应是 $\boldsymbol{y}^i(i=0,1,\cdots,n)$ 的凸组合,因此

$$\alpha\lambda_i+\beta\mu_i\geqslant 0\quad(i=0,1,\cdots,n)$$

故

$$\begin{aligned}f(\alpha\boldsymbol{x}+\beta\boldsymbol{y})&=f\left(\sum_{i=0}^{n}(\alpha\lambda_i+\beta\mu_i)\boldsymbol{y}^i\right)\\&=\sum_{i=0}^{n}(\alpha\lambda_i+\beta\mu_i)f(\boldsymbol{y}^i)\\&=\alpha\sum_{i=0}^{n}\lambda_i f(\boldsymbol{y}^i)+\beta\sum_{i=0}^{n}\mu_i f(\boldsymbol{y}^i)\\&=\alpha f(\boldsymbol{x})+\beta f(\boldsymbol{y})\end{aligned}$$

所以 $f(\boldsymbol{x})$ 是线性(仿射)的.

另证　$\forall \boldsymbol{x}\in\overline{\sigma}$,则

$$\boldsymbol{x}=\sum_{i\in N_0}\lambda_i\boldsymbol{y}^i,\ \sum_{i\in N_0}\lambda_i=1,\lambda_i\geqslant 0\quad(i\in N_0)$$

令 $\boldsymbol{\lambda}=(\lambda_0,\lambda_1,\cdots,\lambda_n)'$,则

$$\boldsymbol{x}=(\boldsymbol{y}^0,\boldsymbol{y}^1,\cdots,\boldsymbol{y}^n)\boldsymbol{\lambda}$$

$$1=(1,1,\cdots,1)\boldsymbol{\lambda}$$

引入矩阵

$$\boldsymbol{B}=\begin{bmatrix}1 & 1 & \cdots & 1\\ \boldsymbol{y}^0 & \boldsymbol{y}^1 & \cdots & \boldsymbol{y}^n\end{bmatrix}$$

由于$\langle\boldsymbol{y}^0,\boldsymbol{y}^1,\cdots,\boldsymbol{y}^n\rangle$是 n 维单纯形,由已知得 $\boldsymbol{B}$ 是满秩的,即$|\boldsymbol{B}|\neq 0$. 由方程组

$$\boldsymbol{B\lambda}=\begin{bmatrix}1 & 1 & \cdots & 1\\ \boldsymbol{y}^0 & \boldsymbol{y}^1 & \cdots & \boldsymbol{y}^n\end{bmatrix}\boldsymbol{\lambda}=\begin{bmatrix}1\\ \boldsymbol{x}\end{bmatrix}$$

可得

$$\boldsymbol{\lambda}=\boldsymbol{B}^{-1}\begin{bmatrix}1\\ \boldsymbol{x}\end{bmatrix}$$

再令

$$\boldsymbol{B}^{-1}=\begin{bmatrix}b_{00} & b_{01} & \cdots & b_{0n}\\ b_{10} & b_{11} & \cdots & b_{1n}\\ \vdots & \vdots & & \vdots\\ b_{n0} & b_{n1} & \cdots & b_{nn}\end{bmatrix}$$

显然 $\boldsymbol{B}^{-1}$只与 $\boldsymbol{y}^i(i\in N_0)$有关,而与 $\boldsymbol{x}$ 无关. 由前式得

$$\lambda_i=b_{i0}+b_{i1}x_1+\cdots+b_{in}x_n\quad(i=0,1,\cdots,n)$$

代入$f(\boldsymbol{x})=\sum_{i\in N_0}\lambda_i f(\boldsymbol{y}^i)$可得

$$f(\boldsymbol{x})=\sum_{i\in N_0}(b_{i0}+b_{i1}x_1+\cdots+b_{in}x_n)f(\boldsymbol{y}^i)$$

所以$f(\boldsymbol{x})$在 $\overline{\boldsymbol{\sigma}}$ 上为 $\boldsymbol{x}=(x_1,\cdots,x_n)'$的一次式. 上式中

$$b_{i0}+b_{i1}x_1+\cdots+b_{in}x_n\geqslant 0\quad(i\in N_0)$$

故$f(\boldsymbol{x})$在$\overline{\sigma}$上为线性(仿射)函数.

由于在分片线性逼近中$f(\boldsymbol{y})$可在$F(\boldsymbol{y})$中任选，所以分片线性逼近不是唯一的,但它却是连续的,即有下列引理成立.

引理2　设$F:C\to P(\mathbf{R}^p)$,f是F关于三角剖分G的p.l.逼近,则f在C上连续.

证明　对于$\forall \boldsymbol{x}^0\in C$,欲证$f$在$\boldsymbol{x}^0$处连续. 因$\boldsymbol{x}^0$必属于$G$的某一个单纯形

$$\overline{\sigma}=\overline{\langle \boldsymbol{y}^0,\boldsymbol{y}^1,\cdots,\boldsymbol{y}^n\rangle}$$

下面分两种情形来证明:

(1)若$\boldsymbol{x}^0\in\sigma$,则可取充分小的$\gamma>0$,使$N(\boldsymbol{x}^0,\gamma)\subseteq\sigma$,因此在$N(\boldsymbol{x}^0,\gamma)$内任一点$\boldsymbol{x}$可表示为

$$\boldsymbol{x}=\lambda\boldsymbol{x}^0+\mu\boldsymbol{y}\quad(\lambda>0,\mu\geqslant 0,\lambda+\mu=1)$$

其中$\boldsymbol{y}$是在球面$S(\boldsymbol{x}^0,\gamma)$上的一点;$\boldsymbol{x}^0,\boldsymbol{x},\boldsymbol{y}$在同一条半径上(图5). 根据$f(\boldsymbol{x})$在$\overline{\sigma}$上的仿射性质,有

$$\begin{aligned}f(\boldsymbol{x})-f(\boldsymbol{x}^0)&=f(\lambda\boldsymbol{x}^0+\mu\boldsymbol{y})-f(\boldsymbol{x}^0)\\&=\lambda f(\boldsymbol{x}^0)+\mu f(\boldsymbol{y})-f(\boldsymbol{x}^0)\\&=\mu[f(\boldsymbol{y})-f(\boldsymbol{x}^0)]\end{aligned}$$

所以

$$\|f(\boldsymbol{x})-f(\boldsymbol{x}^0)\|\leqslant\mu\|f(\boldsymbol{y})-f(\boldsymbol{x}^0)\|\qquad(1)$$

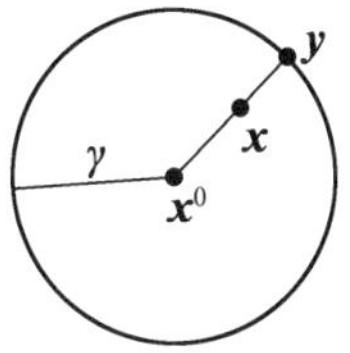

图5　$\boldsymbol{x}^0\in\sigma$的情形

由于$\boldsymbol{y}\in\sigma$,则$\boldsymbol{y}=\sum\limits_{i=0}^{n}\lambda_i\boldsymbol{y}^i$,因而

$$\| f(\boldsymbol{y}) \| = \| \sum_{i=0}^{n} \lambda_i f(\boldsymbol{y}^i) \| \leqslant \max_{i \in N_0} \| f(\boldsymbol{y}^i) \| \triangleq \overline{M}$$

当 $\overline{M}=0$ 时

$$f(\boldsymbol{y}^i)=0 \quad (i=0,1,\cdots,n)$$

此时在 $\overline{\sigma}$ 上 $f(\boldsymbol{x})\equiv 0$，当然 f 在 $\overline{\sigma}$ 上连续. 下面再考虑 $\overline{M}>0$ 的情形. 由式(1)得

$$\| f(\boldsymbol{x})-f(\boldsymbol{x}^0) \| \leqslant \mu(\overline{M}+\| f(\boldsymbol{x}^0) \|)=M\mu \quad (2)$$

其中 $M=\| f(\boldsymbol{x}^0) \| +\overline{M}>0$.

对于 $\forall \varepsilon>0$，取 $\delta=\min\left\{\gamma,\dfrac{\varepsilon}{M}\gamma\right\}$，则

$$\boldsymbol{x}-\boldsymbol{x}^0=\lambda\boldsymbol{x}^0+\mu\boldsymbol{y}-\boldsymbol{x}^0=\mu(\boldsymbol{y}-\boldsymbol{x}^0)$$

所以当

$$\| \boldsymbol{x}-\boldsymbol{x}^0 \| =\mu \| \boldsymbol{y}-\boldsymbol{x}^0 \| =\mu\gamma<\delta\leqslant\frac{\varepsilon}{M}\gamma$$

即 $M\mu<\varepsilon$ 时，由式(2)得

$$\| f(\boldsymbol{x})-f(\boldsymbol{x}^0) \| <\varepsilon$$

故 $f(\boldsymbol{x})$ 在 $\boldsymbol{x}^0\in\sigma$ 上连续.

(2) 当 $\boldsymbol{x}^0\in\overline{\sigma}\sim\sigma$ 时，$\boldsymbol{x}^0$ 为 $\overline{\sigma}$ 的顶点或 $\boldsymbol{x}^0$ 属于 $\overline{\sigma}$ 的某一个面，即 $\boldsymbol{x}^0\in\tau$. 由三角剖分的局部有限性，存在 $\gamma>0$，使 $N(\boldsymbol{x}^0,\gamma)$ 只与有限个单纯形 $\sigma_1,\sigma_2,\cdots,\sigma_s$ 相交且在 $N(\boldsymbol{x}^0,\gamma)$ 内，除 $\boldsymbol{x}^0$ 不考虑外，无剖分的顶点(图6). 在每一个区域 $\overline{\sigma_i}\cap N(\boldsymbol{x}^0,\gamma)$ $(i=1,\cdots,s)$ 内，仿照第(1)部分的证明，对于 $\forall\varepsilon>0$，存在 $\delta_i>0$，当 $\boldsymbol{x}\in N(\boldsymbol{x}^0,\delta_i)$ 时，有

$$\| f(\boldsymbol{x})-f(\boldsymbol{x}^0) \| <\varepsilon$$

取 $\delta=\min\{\delta_1,\delta_2,\cdots,\delta_s\}$，则当 $\boldsymbol{x}\in N(\boldsymbol{x}^0,\delta)$ 时，有

$$\| f(\boldsymbol{x})-f(\boldsymbol{x}^0) \| <\varepsilon$$

即 $f(\boldsymbol{x})$ 在 $\boldsymbol{x}^0$ 处为连续的.

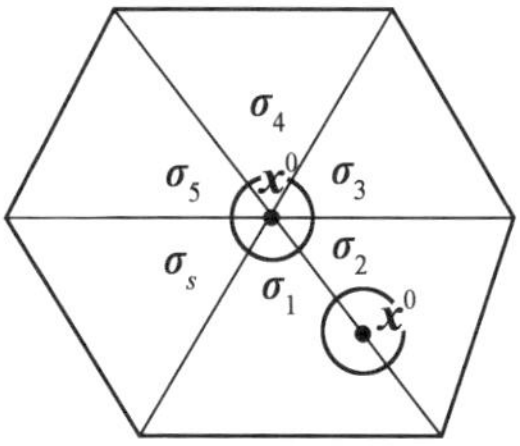

图 6　$\boldsymbol{x}^0$ 的两种可能情形

由上所述得到 F 关于剖分 G 的 p. l. 逼近 $f(\boldsymbol{x})$ 的三条基本性质:

(1) $f(\boldsymbol{x})$ 在 $\bar{\sigma}$ 上是仿射的;

(2) 在 G^0 上, $f(\boldsymbol{x}) \in F(\boldsymbol{x})$;

(3) $f(\boldsymbol{x})$ 在 C 上连续.

下面给出集值映射的一个基本定理.

定理 1(角谷静夫,1941)　设 $C \subseteq \mathbf{R}^m$ 是一个非空 n 维紧致凸子集, $F: C \to C^*$ 是 u. s. c. 的,其中 C^* 为 C 的所有非空凸子集所组成的子集族,则 F 在 C 上有不动点,即存在 $\boldsymbol{x}^* \in C$,使

$$\boldsymbol{x}^* \in F(\boldsymbol{x}^*)$$

证明　因 C 是紧致的,把 C 嵌入一个大的 n 维单纯形 S 内,再把 F 按如下方式扩张到 S 上:任选 $\boldsymbol{c} \in \operatorname{int} C$,令

$$F_0 = \operatorname{conv}(F_1 \cup F_2)$$

其中

$$F_1(\boldsymbol{x}) = \begin{cases} F(\boldsymbol{x}), 当\ \boldsymbol{x} \in C \\ \varnothing, 当\ \boldsymbol{x} \in S \sim C \end{cases}$$

$$F_2(\boldsymbol{x}) = \begin{cases} \{\boldsymbol{c}\}, 当\ \boldsymbol{x} \in S \sim \operatorname{int} C \\ \varnothing, 当\ \boldsymbol{x} \in \operatorname{int} C \end{cases}$$

显然上面定义的 $F_0(\boldsymbol{x})$ 也可表达为

$$F_0(\boldsymbol{x}) = \begin{cases} F(\boldsymbol{x}), \boldsymbol{x} \in \text{int } C \\ \text{conv}(F(\boldsymbol{x}) \cup \{\boldsymbol{c}\}), \boldsymbol{x} \in \partial C \\ \{\boldsymbol{c}\}, \boldsymbol{x} \in S \sim C \end{cases}$$

由 5.1 节定理的(e)知,$F_1(\boldsymbol{x})$ 在 S 上是 u.s.c. 的,$F_2(\boldsymbol{x})$ 在 S 上显然是 u.s.c. 的. 再由 5.1 节定理的(c)和(f)知,$F_0(\boldsymbol{x})$ 在 S 上是 u.s.c. 的,且

$$F_0: S \to S^*$$

(1)先证 $F_0(\boldsymbol{x})$ 在 S 上有不动点.

设 G_k $(k = 1, 2, \cdots)$ 是 S 的三角剖分序列,且 $\text{mesh}_2(G_k) \to 0$. 对于每一个 k,令 f_k 是 $F_0(\boldsymbol{x})$ 关于 G_k 的 p.l. 逼近,根据引理2 和布劳维不动点定理,每一个 $f_k(\boldsymbol{x})$ 有不动点 $\boldsymbol{x}^k$,即

$$\boldsymbol{x}^k = f_k(\boldsymbol{x}^k), \boldsymbol{x}^k \in \overline{\sigma}_k$$

$$\boldsymbol{\sigma}_k = \langle \boldsymbol{y}^{k,0}, \boldsymbol{y}^{k,1}, \cdots, \boldsymbol{y}^{k,n} \rangle \in G_k$$

所以

$$\boldsymbol{x}^k = \sum_{i=0}^{n} \lambda_i^k \boldsymbol{y}^{k,i} = \sum_{i=0}^{n} \lambda_i^k f_k(\boldsymbol{y}^{k,i}) \triangleq \sum_{i=0}^{n} \lambda_i^k \boldsymbol{f}^{k,i} \quad (3)$$

其中

$$\lambda_i^k \geqslant 0 \quad (i \in N_0), \sum_{i=0}^{n} \lambda_i^k = 1 \quad (k = 1, 2, 3, \cdots) \quad (4)$$

$$\boldsymbol{f}^{k,i} \triangleq f_k(\boldsymbol{y}^{k,i}) \in F_0(\boldsymbol{y}^{k,i}) \quad (i \in N_0, k = 1, 2, 3, \cdots)$$

因 $\{\boldsymbol{x}^k\}$,$\{\lambda_i^k\}$,$\{\boldsymbol{f}^{k,i}\}$ 分别都是紧致集 S,$[0,1]$,S 内的序列,故都存在收敛的子序列,不妨设就是这些序列本身,即可设

$$\boldsymbol{x}^k \to \boldsymbol{x}^* \in S, \lambda_i^k \to \lambda_i \quad (i \in N_0)$$

$$\boldsymbol{f}^{k,i} \to \boldsymbol{f}^i \quad (i \in N_0)$$

由于 $\text{mesh}_2(G_k) \to 0$,所以存在 $\boldsymbol{y}^i \in S$,使

$$\boldsymbol{y}^{k,i} \to \boldsymbol{y}^i \quad (i \in N_0)$$

由 F_0 为 u. s. c. 的及 5. 1 节引理，对每一个 $i \in N_0$，有

$$\boldsymbol{f}^i \in F_0(\boldsymbol{x}^*)$$

再由式(3)与式(4)两边取极限，得

$$\boldsymbol{x}^* = \sum_{i \in N_0} \lambda_i \boldsymbol{f}^i$$

$$\sum_{i \in N_0} \lambda_i = 1 \quad (\lambda_i \geqslant 0, i \in N_0)$$

又因 $F_0(\boldsymbol{x}^*)$是凸集，所以上式说明 $\boldsymbol{x}^* \in F_0(\boldsymbol{x}^*)$.

(2) 下证若 $\boldsymbol{x}^*$ 是 $F_0(\boldsymbol{x})$ 的不动点，则 $\boldsymbol{x}^*$ 也是 $F(\boldsymbol{x})$的不动点.

此时 $\boldsymbol{x}^* \in F_0(\boldsymbol{x}^*)$, $\boldsymbol{x}^* \in S$. 假若 $\boldsymbol{x}^* \notin C$，则 $\boldsymbol{x}^* \notin \text{int } C$，由 $F_0(\boldsymbol{x})$ 的定义可知，这与 $\boldsymbol{x}^* \in F_0(\boldsymbol{x}^*) = \{\boldsymbol{c}\} \subseteq C$矛盾，故 $\boldsymbol{x}^* \in C$. 下面再分两种情况讨论.

(i) 假若 $\boldsymbol{x}^* \in \partial C$，由 $\boldsymbol{x}^* \in F_0(\boldsymbol{x}^*)$及 $F_0(\boldsymbol{x}^*)$的定义知，存在 $\boldsymbol{f}_1 \in F_1(\boldsymbol{x}^*) = F(\boldsymbol{x}^*)$, $\lambda \in [0,1]$，使

$$\boldsymbol{x}^* = \lambda \boldsymbol{c} + (1-\lambda)\boldsymbol{f}_1$$

因 $F(\boldsymbol{x}): C \to C^*$, $\boldsymbol{f}_1 \in F(\boldsymbol{x}^*)$，所以 $\boldsymbol{f}_1 \in C$. 上式中的 λ 必须等于0，因为假若 $\lambda > 0$，由于 $\boldsymbol{c} \in \text{int } C$, $\boldsymbol{f}_1 \in C$，则

$$\boldsymbol{x}^* = \lambda \boldsymbol{c} + (1-\lambda)\boldsymbol{f}_1 \in \text{int } C \quad (0 < \lambda \leqslant 1)$$

这与 $\boldsymbol{x}^* \in \partial C$ 矛盾，故 $\lambda = 0$，因而 $\boldsymbol{x}^* = \boldsymbol{f}_1 \in F(\boldsymbol{x}^*)$，结论得证.

(ii) 假若 $\boldsymbol{x}^* \in \text{int } C$，则

$$\begin{aligned} F_0(\boldsymbol{x}^*) &= \text{conv}(F_1(\boldsymbol{x}^*)) \\ &= \text{conv}(F(\boldsymbol{x}^*)) \\ &= F(\boldsymbol{x}^*) \end{aligned}$$

因此

$$\boldsymbol{x}^* \in F_0(\boldsymbol{x}^*) = F(\boldsymbol{x}^*)$$

结论证毕.

由上面这个定理的证明过程可以看出：若 $\text{mesh}_2(G_k)\to 0$，则 $F_0(\boldsymbol{x})$ 关于 G_k 的 p. l. 逼近 f_k 的不动点 $\boldsymbol{x}^k$ 趋向于 $F(\boldsymbol{x})$ 的不动点 $\boldsymbol{x}^*$，人们自然要问：当 k 确定时，f_k 的不动点与 F 的不动点之间的近似程度如何？下面的误差估计定理，就是回答这个问题的.

定理 2（误差估计） (a)设 $C\subseteq\mathbf{R}^m$ 是 n 维非空紧致凸集，G 是 C 的三角剖分，$\text{mesh}_2(G)\leqslant\delta$，设

$$F(\boldsymbol{x}):C\to C^*$$

满足条件：$\forall \boldsymbol{x}\in C,\boldsymbol{y}\in B(\boldsymbol{x},\delta)$，有 $F(\boldsymbol{y})\subseteq B(F(\boldsymbol{x}),\varepsilon)$.

令 f 是 F 关于 G 的 p. l. 逼近，$\boldsymbol{x}^*$ 是 f 的不动点，则 $\boldsymbol{x}^*\in B(F(\boldsymbol{x}^*),\varepsilon)$，即 $\boldsymbol{x}^*$ 与 $F(\boldsymbol{x}^*)$ 的距离不超过 ε；

(b)设 F 满足(a)中假设，选取 $\boldsymbol{c}\in\text{int }C$，令

$$F_0(\boldsymbol{x})=\text{conv}(F_1(\boldsymbol{x})\cup F_2(\boldsymbol{x}))$$

其中

$$F_1(\boldsymbol{x})=\begin{cases}F(\boldsymbol{x}),\text{当 }\boldsymbol{x}\in C\\ \varnothing,\text{当 }\boldsymbol{x}\notin C\end{cases}$$

$$F_2(\boldsymbol{x})=\begin{cases}\{\boldsymbol{c}\},\text{当 }\boldsymbol{x}\notin\text{int }C\\ \varnothing,\text{当 }\boldsymbol{x}\in\text{int }C\end{cases}$$

又设 G 是满足 $\text{mesh}_2(G)\leqslant\delta$ 的三角剖分，f 是 F_0 关于 G 的 p. l. 逼近，$\boldsymbol{x}^*$ 是 f 的不动点，如果 $B(\boldsymbol{c},\mu)\subseteq C\subseteq B(\boldsymbol{c},\nu)$，$\mu>\varepsilon>0$，则必有

$$\boldsymbol{x}^*\in B\left(F(\boldsymbol{x}^*),\frac{\varepsilon+(\delta+\varepsilon)(\nu+\varepsilon)}{\mu}\right)$$

(c)设 G 是满足 $\text{mesh}_2(G)\leqslant\delta$ 的 C 的三角剖分，$C\subseteq\mathbf{R}^n$，$\dim(C)=n$，$f_0:C\to C$ 是连续可微映射，其导数

$$f_0'(f_0'(\boldsymbol{x}+\lambda\boldsymbol{y})\triangleq\frac{\mathrm{d}}{\mathrm{d}\lambda}f(\boldsymbol{x}+\lambda\boldsymbol{y}))$$

满足李普希兹条件

$$\| f_0'(\boldsymbol{x}) - f_0'(\boldsymbol{z}) \|_2 \leqslant M \| \boldsymbol{x} - \boldsymbol{z} \|_2 \quad (\forall \boldsymbol{x}, \boldsymbol{z} \in C)$$

令 f 是 $\{f_0\}$ 关于 G 的 p.l. 逼近，$\boldsymbol{x}^*$ 是 f 的不动点，则

$$\| f_0(\boldsymbol{x}^*) - \boldsymbol{x}^* \|_2 \leqslant \frac{M\delta^2}{2}$$

证明　(a)由 $\boldsymbol{x}^* \in C$，G 是 C 的三角剖分，有 $\langle \boldsymbol{y}^0, \boldsymbol{y}^1, \cdots, \boldsymbol{y}^n \rangle \in G$，使

$$\boldsymbol{x}^* = \sum_{i \in N_0} \lambda_i \boldsymbol{y}^i \tag{5}$$

$$\sum_{i \in N_0} \lambda_i = 1, \lambda_i \geqslant 0 \quad (i \in N_0)$$

由于 $\text{mesh}_2(G) \leqslant \delta$，显然有

$$\| \boldsymbol{y}^i - \boldsymbol{x}^* \|_2 \leqslant \delta \tag{6}$$

由于 $\boldsymbol{x}^*$ 是 f 的不动点，且 f 是 $\{f_0\}$ 关于 G 的 p.l. 逼近，故由式(5)得

$$\boldsymbol{x}^* = f(\boldsymbol{x}^*) = \sum_{i \in N_0} \lambda_i f(\boldsymbol{y}^i)$$

又由式(6)及定理假设知

$$f(\boldsymbol{y}^i) \in F(\boldsymbol{y}^i) \subseteq B(F(\boldsymbol{x}^*), \varepsilon) \quad (i \in N_0)$$

因 $F(\boldsymbol{x}^*)$ 是凸集，所以 $B(F(\boldsymbol{x}^*), \varepsilon)$ 是凸集，因此 $f(\boldsymbol{y}^i)(i \in N_0)$ 的凸组合属于 $B(F(\boldsymbol{x}^*), \varepsilon)$，即

$$\boldsymbol{x}^* = \sum_{i \in N_0} \lambda_i f(\boldsymbol{y}^i) \in B(F(\boldsymbol{x}^*), \varepsilon) \tag{7}$$

(b)设 $\boldsymbol{x}^*$ 表示成式(5)及式(7)，由式(6)，故有

$$F_1(\boldsymbol{y}^i) = F(\boldsymbol{y}^i) \subseteq B(F(\boldsymbol{x}^*), \varepsilon) \tag{8}$$

由于

$$f(\boldsymbol{y}^i) \in F_0(\boldsymbol{y}^i) = \text{conv}(F_1(\boldsymbol{y}^i) \cup F_2(\boldsymbol{y}^i)) \tag{9}$$

$$F_2(\boldsymbol{y}^i) = \{\boldsymbol{c}\} \text{ 或 } \varnothing$$

因 $\boldsymbol{x}^*$ 是 f 的不动点，$B(F(\boldsymbol{x}^*), \varepsilon)$ 是凸集，且

$$\begin{aligned} \boldsymbol{x}^* = f(\boldsymbol{x}^*) &= \sum_{i \in N_0} \lambda_i f(\boldsymbol{y}^i) \\ &\in \operatorname{conv}(F_1(\boldsymbol{y}^i) \cup F_2(\boldsymbol{y}^i)) \\ &\subseteq \operatorname{conv}(B(F(\boldsymbol{x}^*), \varepsilon) \cup \{\boldsymbol{c}\}) \end{aligned}$$

所以存在 $\boldsymbol{d} \in B(F(\boldsymbol{x}^*), \varepsilon), \lambda \in [0,1]$，使得

$$\boldsymbol{x}^* = \lambda \boldsymbol{c} + (1 - \lambda) \boldsymbol{d} \tag{10}$$

（1）若 $\boldsymbol{x}^* \notin B(\mathbf{R}^n \sim \operatorname{int} C, \delta)$（图 7），则由 $\boldsymbol{x}^*$ 确定的 $\boldsymbol{y}^i$ 必在 $\operatorname{int} C$ 之中，即 $\boldsymbol{y}^i \in \operatorname{int} C (i \in N_0)$. 因 f 为 F_0 的 p.l. 逼近，所以由式（8）得

$$f(\boldsymbol{y}^i) \in F_0(\boldsymbol{y}^i) = F(\boldsymbol{y}^i) \subseteq B(F(\boldsymbol{x}^*), \varepsilon)$$

又因 $B(F(\boldsymbol{x}^*), \varepsilon)$ 为凸集，所以

$$\begin{aligned} \boldsymbol{x}^* = f(\boldsymbol{x}^*) &= \sum_{i \in N_0} \lambda_i f(\boldsymbol{y}^i) \in B(F(\boldsymbol{x}^*), \varepsilon) \\ &\subseteq B\left(F(\boldsymbol{x}^*), \varepsilon + \frac{(\delta + \varepsilon)(\nu + \varepsilon)}{\mu}\right) \end{aligned}$$

（2）若 $\boldsymbol{x}^* \in B(\mathbf{R}^n \sim \operatorname{int} C, \delta)$，由于当 $\lambda = 0$ 时，$\boldsymbol{x}^* = \boldsymbol{d} \in B(F(\boldsymbol{x}^*), \varepsilon)$，结论显然成立，故下面只需考虑$\lambda > 0$的情形. 由式（10）得

$$\boldsymbol{x}^* = \boldsymbol{d} + \lambda(\boldsymbol{c} - \boldsymbol{d}) \tag{11}$$

因 $\boldsymbol{d} \in B(F(\boldsymbol{x}^*), \varepsilon)$，存在 $\boldsymbol{y} \in F(\boldsymbol{x}^*)$，使 $\|\boldsymbol{d} - \boldsymbol{y}\|_2 \leqslant \varepsilon$，且

$$\begin{aligned} \|\boldsymbol{x}^* - \boldsymbol{y}\|_2 &= \|(\boldsymbol{d} - \boldsymbol{y}) + \lambda(\boldsymbol{c} - \boldsymbol{d})\|_2 \\ &\leqslant \|\boldsymbol{d} - \boldsymbol{y}\|_2 + \lambda \|\boldsymbol{c} - \boldsymbol{d}\|_2 \\ &\leqslant \varepsilon + \lambda \|\boldsymbol{c} - \boldsymbol{d}\|_2 \end{aligned}$$

所以

$$\boldsymbol{x}^* \in B(F(\boldsymbol{x}^*), \varepsilon + \lambda \|\boldsymbol{c} - \boldsymbol{d}\|_2) \tag{12}$$

下面的关键问题是去掉上式中的 $\boldsymbol{d}$，改换为已知数. 因 $F(\boldsymbol{x}^*) \subseteq C, \boldsymbol{d} \in B(F(\boldsymbol{x}^*), \varepsilon)$（图 8），得知

$$\boldsymbol{d} \in B(C, \varepsilon)$$

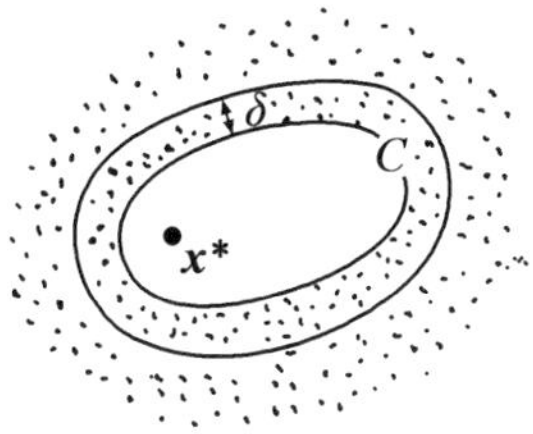

图7　定理2(b)(1)

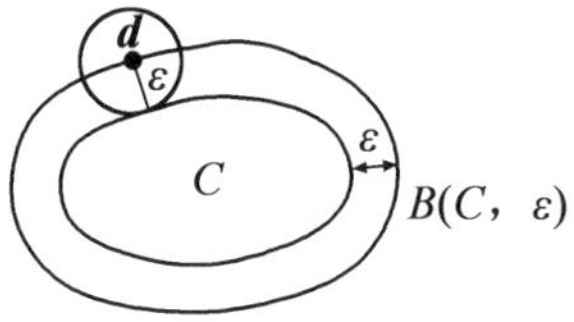

图8　定理2(b)(2)

从而 $C\cap B(\boldsymbol{d},\varepsilon)$ 非空，取 $\boldsymbol{d}_1\in C\cap B(\boldsymbol{d},\varepsilon)$，则

$$\|\boldsymbol{d}-\boldsymbol{d}_1\|_2\leqslant\varepsilon \tag{13}$$

任取 $z\in B(\lambda\boldsymbol{c}+(1-\lambda)\boldsymbol{d}_1,\lambda\mu)$，则

$$\|z-[\lambda\boldsymbol{c}+(1-\lambda)\boldsymbol{d}_1]\|_2\leqslant\lambda\mu$$

令 $\boldsymbol{\rho}=z-[\lambda\boldsymbol{c}+(1-\lambda)\boldsymbol{d}_1]$，则 $\|\boldsymbol{\rho}\|_2\leqslant\lambda\mu$，因而

$$\left\|\frac{\boldsymbol{\rho}}{\lambda}\right\|_2\leqslant\mu$$

所以

$$z=\lambda\left(\boldsymbol{c}+\frac{\boldsymbol{\rho}}{\lambda}\right)+(1-\lambda)\boldsymbol{d}_1$$

由于

$$\left\|\boldsymbol{c}+\frac{\boldsymbol{\rho}}{\lambda}-\boldsymbol{c}\right\|_2=\left\|\frac{\boldsymbol{\rho}}{\lambda}\right\|_2\leqslant\mu$$

及题设 $B(\boldsymbol{c},\mu)\subseteq C$，有

$$\boldsymbol{c}+\frac{\boldsymbol{\rho}}{\lambda}\in B(\boldsymbol{c},\mu)\subseteq C$$

从而有

$$\boldsymbol{c}+\frac{\boldsymbol{\rho}}{\lambda}\in C$$

而 $\boldsymbol{d}_1\in C$，所以由 C 的凸性知

$$z=\lambda\left(\boldsymbol{c}+\frac{\boldsymbol{\rho}}{\lambda}\right)+(1-\lambda)\boldsymbol{d}_1\in C$$

故

$$B(\lambda \boldsymbol{c}+(1-\lambda)\boldsymbol{d}_1,\lambda\mu)\subseteq C \tag{14}$$

且由式(11)与式(13)得

$$\begin{aligned}\|\boldsymbol{x}^*-\lambda\boldsymbol{c}-(1-\lambda)\boldsymbol{d}_1\|_2 &= \|\lambda\boldsymbol{c}+(1-\lambda)\boldsymbol{d}-\lambda\boldsymbol{c}-(1-\lambda)\boldsymbol{d}_1\|_2\\ &=(1-\lambda)\|\boldsymbol{d}-\boldsymbol{d}_1\|_2\\ &\leqslant(1-\lambda)\varepsilon \end{aligned}\tag{15}$$

又因 $\boldsymbol{x}^*\in B(\mathbf{R}^n\sim \mathrm{int}\ C,\delta)$，所以存在 $\boldsymbol{y}\in\mathbf{R}^n\sim$ int C，使

$$\begin{aligned}\delta\geqslant\|\boldsymbol{y}-\boldsymbol{x}^*\|_2\geqslant\|\boldsymbol{y}-\lambda\boldsymbol{c}-(1-\lambda)\boldsymbol{d}_1\|_2-\\ \|\boldsymbol{x}^*-\lambda\boldsymbol{c}-(1-\lambda)\boldsymbol{d}_1\|_2\end{aligned}\tag{16}$$

由式(14)知，满足

$$\|\boldsymbol{\rho}\|_2=\|\boldsymbol{z}-\lambda\boldsymbol{c}-(1-\lambda)\boldsymbol{d}_1\|_2\leqslant\lambda\mu$$

的 $\boldsymbol{z}$ 一定在 C 上，所以不在 C 上的点 $\boldsymbol{y}$ 一定有

$$\|\boldsymbol{y}-\lambda\boldsymbol{c}-(1-\lambda)\boldsymbol{d}_1\|_2>\lambda\mu$$

所以不在 C 的内部的点 $\boldsymbol{y}$，一定有

$$\|\boldsymbol{y}-\lambda\boldsymbol{c}-(1-\lambda)\boldsymbol{d}_1\|_2\geqslant\lambda\mu$$

将上式及式(15)用于式(16)得

$$\delta\geqslant\lambda\mu-(1-\lambda)\varepsilon\geqslant\lambda\mu-\varepsilon$$

所以

$$\lambda\leqslant\frac{\delta+\varepsilon}{\mu}\tag{17}$$

又因假设 $C\subseteq B(\boldsymbol{c},\nu)$，且 $\boldsymbol{d}_1\in C$，所以 $\boldsymbol{d}_1\in B(\boldsymbol{c},\nu)$，因而

$$\|\boldsymbol{d}_1-\boldsymbol{c}\|_2\leqslant\nu\tag{18}$$

由式(18)与式(13)得

$$\|\boldsymbol{c}-\boldsymbol{d}\|_2\leqslant\|\boldsymbol{c}-\boldsymbol{d}_1\|_2+\|\boldsymbol{d}_1-\boldsymbol{d}\|_2\leqslant\nu+\varepsilon\tag{19}$$

由式(17)与式(19)得

$$\varepsilon+\lambda\|\boldsymbol{c}-\boldsymbol{d}\|_2\leqslant\varepsilon+\frac{\delta+\varepsilon}{\mu}(\nu+\varepsilon)$$

再由式(12)即得结论

$$x^* \in B\left(F(x^*), \varepsilon + \frac{\delta+\varepsilon}{\mu}(\nu+\varepsilon)\right)$$

(c)对任意的 $x, z \in C$,有

$$\begin{aligned} f_0(z) - f_0(x) &= \int_0^1 f_0'[x+\lambda(z-x)](z-x)\mathrm{d}\lambda \\ &= \int_0^1 [f_0'(x+\lambda(z-x)) - f_0'(x)](z-x)\mathrm{d}\lambda + \\ &\quad \int_0^1 f_0'(x)(z-x)\mathrm{d}\lambda \end{aligned}$$

因此

$$\begin{aligned} &\| f_0(z) - f_0(x) - f_0'(x)(z-x) \|_2 \\ \leqslant &\int_0^1 \| f_0'[x+\lambda(z-x)] - f_0'(x) \|_2 \cdot \\ &\| z-x \|_2 \mathrm{d}\lambda \\ \leqslant &\int_0^1 M \| z-x \|_2^2 \lambda \mathrm{d}\lambda \\ = &\frac{M\| z-x \|_2^2}{2} \end{aligned} \tag{20}$$

与(a)的证明中相同,由于存在 $\langle y^0, y^1, \cdots, y^n \rangle \in G$,使

$$x^* = \sum_{i \in N_0} \lambda_i y^i$$

$$\sum_{i \in N_0} \lambda_i = 1, \lambda_i \geqslant 0 \quad (i \in N_0)$$

又因 $\mathrm{mesh}_2(G) \leqslant \delta$,有

$$\| y^i - x^* \|_2 \leqslant \delta \quad (i \in N_0) \tag{21}$$

由于 x^* 是 f 的不动点,f 是 $\{f_0\}$ 关于 G 的 p. l. 逼近,于是

$$x^* = f(x^*) = \sum_{i \in N_0} \lambda_i f(y^i)$$

$$= \sum_{i \in N_0} \lambda_i f_0(\boldsymbol{x}^*) + \sum_{i \in N_0} \lambda_i f_0'(\boldsymbol{x}^*)(\boldsymbol{y}^i - \boldsymbol{x}^*) + \sum_{i \in N_0} \lambda_i [f_0(\boldsymbol{y}^i) - f_0(\boldsymbol{x}^*) - f_0'(\boldsymbol{x}^*)(\boldsymbol{y}^i - \boldsymbol{x}^*)]$$

$$= f_0(\boldsymbol{x}^*) + \sum_{i \in N_0} \lambda_i [f_0(\boldsymbol{y}^i) - f_0(\boldsymbol{x}^*) - f_0'(\boldsymbol{x}^*)(\boldsymbol{y}^i - \boldsymbol{x}^*)]$$

所以由式(20)与式(21)得

$$\| f_0(\boldsymbol{x}^*) - \boldsymbol{x}^* \|_2 \leqslant \sum_{i \in N_0} \lambda_i \| f_0(\boldsymbol{y}^i) - f_0(\boldsymbol{x}^*) - f_0'(\boldsymbol{x}^*)(\boldsymbol{y}^i - \boldsymbol{x}^*) \|_2 \leqslant \sum_{i \in N_0} \lambda_i \frac{M \| \boldsymbol{y}^i - \boldsymbol{x}^* \|_2^2}{2} \leqslant \sum_{i \in N_0} \lambda_i \frac{M\delta^2}{2} = \frac{M\delta^2}{2}$$

定理证毕.

5.3 角谷静夫定理的推广

为了应用中的需要,现在我们进一步把角谷静夫定理进行推广. 在后面的算法中,主要是应用几个推广的定理,这些定理可看作是广义的角谷静夫不动点定理.

定理 1(Eaves) 设 $C \subseteq \mathbf{R}^n$ 是 n 维内部非空的紧致凸集,且 $\boldsymbol{c} \in \text{int } C$,又设映射

$$F: C \to \mathbf{R}^{n^*}$$

是 u. s. c. ,并且对 $\forall \boldsymbol{x} \in \partial C$,有 $\boldsymbol{c} \in F(\boldsymbol{x})$,则 F 在 C 上有不动点,这里 $\mathbf{R}^{n^*}$ 是 $\mathbf{R}^n$ 的全体非空凸子集所组成的

子集族.

证明　因 C 是紧致集和 $F(\boldsymbol{x})$ 是 u. s. c. ,由 5. 1 节定理的(a)知,$F(C)$ 也是紧致集,从而知 $C' = \operatorname{conv}(C \cup F(C))$ 为紧致凸集. 令

$$F_0(\boldsymbol{x}) = \operatorname{conv}(F_1(\boldsymbol{x}) \cup F_2(\boldsymbol{x})) : C' \to C'^*$$

其中

$$F_1(\boldsymbol{x}) = \begin{cases} F(\boldsymbol{x}), \text{当 } \boldsymbol{x} \in C \\ \varnothing, \text{当 } \boldsymbol{x} \in C' \sim C \end{cases}$$

$$F_2(\boldsymbol{x}) = \begin{cases} \{\boldsymbol{c}\}, \text{当 } \boldsymbol{x} \in C' \sim \operatorname{int} C \\ \varnothing, \text{当 } \boldsymbol{x} \in \operatorname{int} C \end{cases}$$

由 5. 1 节定理的(e)(c)(f)易知,$F_0(\boldsymbol{x})$ 是 u. s. c. ,根据角谷静夫定理知 $F_0(\boldsymbol{x})$ 在 C' 上有不动点 $\boldsymbol{x}^*$.

如果 $\boldsymbol{x}^* \notin C$,则 $F_0(\boldsymbol{x}^*) = \{\boldsymbol{c}\}$,从而 $\boldsymbol{x}^* = \boldsymbol{c} \in \operatorname{int} C$,矛盾,故 $\boldsymbol{x}^* \in C$.

(1)当 $\boldsymbol{x}^* \in \partial C$ 时,$F_0(\boldsymbol{x}^*) = \operatorname{conv}(F(\boldsymbol{x}^*) \cup \{\boldsymbol{c}\})$,由假设知 $\boldsymbol{c} \in F(\boldsymbol{x}^*)$,故

$$F_0(\boldsymbol{x}^*) = \operatorname{conv}(F(\boldsymbol{x}^*)) = F(\boldsymbol{x}^*)$$

从而

$$\boldsymbol{x}^* \in F(\boldsymbol{x}^*)$$

(2)当 $\boldsymbol{x}^* \in \operatorname{int} C$ 时,$F_0(\boldsymbol{x}^*) = F(\boldsymbol{x}^*)$,从而 $\boldsymbol{x}^* \in F_0(\boldsymbol{x}) = F(\boldsymbol{x}^*)$.

总之,有 $\boldsymbol{x}^* \in F(\boldsymbol{x}^*)$,即 $\boldsymbol{x}^*$ 是 $F(\boldsymbol{x})$ 在 C 上的不动点.

定理 2　设 $F: \mathbf{R}^n \to \mathbf{R}^{n^*}$ 是 u. s. c. ,如果存在 $\boldsymbol{x}^0 \in \mathbf{R}^n$,$\mu > 0$,使当 $\boldsymbol{x} \notin B(\boldsymbol{x}^0, \mu)$ 时,存在某 $\boldsymbol{w} \in \mathbf{R}^n$,对 $\forall \boldsymbol{f} \in F(\boldsymbol{x})$,有

$$\boldsymbol{w}'(\boldsymbol{x}^0 - \boldsymbol{x}) > 0, \boldsymbol{w}'(\boldsymbol{f} - \boldsymbol{x}) > 0$$

则 F 在 $B(\boldsymbol{x}^0, \mu)$ 上有不动点.

证明　令 $C=B(\boldsymbol{x}^0,2\mu)$ 为 n 维紧致集，令

$$F_0(\boldsymbol{x})=\operatorname{conv}(F_1(\boldsymbol{x})\cup F_2(\boldsymbol{x})):C\to\mathbf{R}^{n*}$$

其中

$$F_1(\boldsymbol{x})=F(\boldsymbol{x})\quad(\boldsymbol{x}\in C)$$

$$F_2(\boldsymbol{x})=\begin{cases}\{\boldsymbol{x}^0\},\boldsymbol{x}\in\partial C\\ \varnothing,\boldsymbol{x}\in\operatorname{int}C\end{cases}$$

显然 $F_0(\boldsymbol{x})$ 是 u. s. c. ，并满足定理 1 的假设条件，于是 $F_0(\boldsymbol{x})$ 在 C 上有不动点 $\boldsymbol{x}^*$.

假若 $\boldsymbol{x}^*\notin B(\boldsymbol{x}^0,\mu)$，则将引出矛盾. 事实上，因

$$\boldsymbol{x}^*\in F_0(\boldsymbol{x}^*)\subseteq\operatorname{conv}(\{\boldsymbol{x}^0\}\cup F(\boldsymbol{x}^*))$$

于是 $\boldsymbol{x}^*$ 可表示成

$$\boldsymbol{x}^*=\lambda\boldsymbol{x}^0+(1-\lambda)\boldsymbol{f}$$

其中 $\boldsymbol{f}\in F(\boldsymbol{x}^*)$，$\lambda\in[0,1]$. 由假设，$\boldsymbol{x}^*\notin B(\boldsymbol{x}^0,\mu)$，存在 $\boldsymbol{w}\in\mathbf{R}^n$，使

$$\boldsymbol{w}'(\boldsymbol{x}^0-\boldsymbol{x}^*)>0,\boldsymbol{w}'(\boldsymbol{f}-\boldsymbol{x}^*)>0$$

所以 $\boldsymbol{x}^*\neq\boldsymbol{x}^0$，$\boldsymbol{x}^*\neq\boldsymbol{f}$，从而知 $\lambda\neq0$，$\lambda\neq1$，故有

$$\begin{aligned}0&=\boldsymbol{w}'(\boldsymbol{x}^*-\boldsymbol{x}^*)=\boldsymbol{w}'[\lambda\boldsymbol{x}^0+(1-\lambda)\boldsymbol{f}-\boldsymbol{x}^*]\\&=\lambda\boldsymbol{w}'(\boldsymbol{x}^0-\boldsymbol{x}^*)+(1-\lambda)\boldsymbol{w}'(\boldsymbol{f}-\boldsymbol{x}^*)>0\end{aligned}$$

矛盾. 故 $\boldsymbol{x}^*\in B(\boldsymbol{x}^0,\mu)$，且显然

$$\boldsymbol{x}^*\in\operatorname{int}B(\boldsymbol{x}^0,2\mu)=\operatorname{int}C$$

因而

$$\boldsymbol{x}^*\in F_0(\boldsymbol{x}^*)=F(\boldsymbol{x}^*)$$

即

$$\boldsymbol{x}^*\in F(\boldsymbol{x}^*),\boldsymbol{x}^*\in B(\boldsymbol{x}^0,\mu)$$

即 $\boldsymbol{x}^*$ 为 $F(\boldsymbol{x})$ 在 $B(\boldsymbol{x}^0,\mu)$ 上的不动点.

定理 3（Merrill）　设 $F(\boldsymbol{x}):\mathbf{R}^n\to\mathbf{R}^{n*}$ 是 u. s. c. 的，存在 $\boldsymbol{x}^0\in\mathbf{R}^n$，$\mu>0$，$\delta>0$，当 $\boldsymbol{x}\notin B(\boldsymbol{x}^0,\mu)$，$\boldsymbol{f}\in F(\boldsymbol{x})$，$z\in B(\boldsymbol{x},\delta)$ 时，有

$$(\boldsymbol{f}-\boldsymbol{x})'(\boldsymbol{x}^0-\boldsymbol{z})>0$$

则 $F(\boldsymbol{x})$ 在 $B(\boldsymbol{x}^0,\mu)$ 上有不动点.

证明　令 $\boldsymbol{w}=\boldsymbol{x}^0-\boldsymbol{x}$,显然当 $\boldsymbol{x}\notin B(\boldsymbol{x}^0,\mu)$ 时,有

$$\boldsymbol{w}'(\boldsymbol{x}^0-\boldsymbol{x})=\|\boldsymbol{x}^0-\boldsymbol{x}\|_2^2>0$$

根据本定理的假设条件,对 $\forall \boldsymbol{f}\in F(\boldsymbol{x})$,有

$$(\boldsymbol{f}-\boldsymbol{x})'\boldsymbol{w}=(\boldsymbol{f}-\boldsymbol{x})'(\boldsymbol{x}^0-\boldsymbol{x})>0$$

由定理 2 知,本定理结论成立.

定理 4　设 $T^n=\mathrm{aff}(S^n)=\{\boldsymbol{x}\in\mathbf{R}^{n+1}\mid \boldsymbol{v}'\boldsymbol{x}=1\}$, $F(\boldsymbol{x}):S^n\to T^{n^*}$ 是 u. s. c. 的,假设存在 $\boldsymbol{f}^i\in T^n-T^n$, $i\in N_0$,使:

(1) $\boldsymbol{x}\in S_i^n$ 蕴涵 $\boldsymbol{x}+\boldsymbol{f}^i\in F(\boldsymbol{x})$;

(2) 对 $\forall j\neq i$,有 $f_j^i<0$.

则 $F(\boldsymbol{x})$ 在 S^n 中有不动点.

证明　设 $\tilde{S}^n=\{\boldsymbol{x}\in T^n\mid \boldsymbol{x}\geqslant-\boldsymbol{v}\}$,显然 $S^n\subseteq\tilde{S}^n$(图 9).

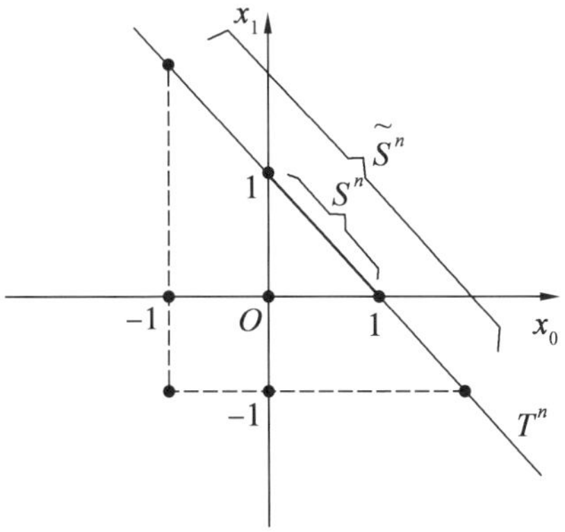

图 9　当 $n=1$ 时 T^n, S^n, $\tilde{S}^n$ 的图形

定义 $F_i(\boldsymbol{x})$ $(i=1,2,3)$ 如下

$$F_1(\boldsymbol{x})=\begin{cases}F(\boldsymbol{x}),\boldsymbol{x}\in S^n\\ \varnothing,\boldsymbol{x}\in\tilde{S}^n\sim S^n\end{cases}$$

$$F_2(\boldsymbol{x}) = \begin{cases} \varnothing, \boldsymbol{x} \in \mathrm{ri}\ S^n \\ \{\boldsymbol{x}\} + \mathrm{conv}\{\boldsymbol{f}^i \mid i \in I\}, \boldsymbol{x} \in S^n \sim \mathrm{int}\ S^n \end{cases}$$

其中 ri $S^n \triangleq$ rel int S^n 为 S^n 的相对内部，$I = \{i \mid x_i = \min\limits_{j \in N_0} x_j\}$

$$F_3(\boldsymbol{x}) = \begin{cases} \varnothing, \boldsymbol{x} \in \mathrm{ri}\ S^n \\ \{(n+1)^{-1}\boldsymbol{v}\}, \boldsymbol{x} \in \partial \widetilde{S}^n \end{cases}$$

其中边界 $\partial \widetilde{S}^n$ 是相对于 T^n 而言.

再令

$$F_0(\boldsymbol{x}) = \mathrm{conv}(F_1(\boldsymbol{x}) \cup F_2(\boldsymbol{x}) \cup F_3(\boldsymbol{x})): \widetilde{S}^n \to T^{n*}$$

由 5.1 节定理中的(e)(c)(f)知，$F_0(\boldsymbol{x})$是 u.s.c.，并且对于 $\boldsymbol{x} \in \partial \widetilde{S}^n$，有 $(n+1)^{-1}\boldsymbol{v} \in F_0(\boldsymbol{x})$. 由定理 1 (Eaves 定理)知，$F_0(\boldsymbol{x})$有不动点 $\boldsymbol{x}^* \notin \widetilde{S}^n$. 以下再证明 $\boldsymbol{x}^* \in S^n$ 和$\boldsymbol{x}^* \in F(\boldsymbol{x}^*)$.

(1)假若 $\boldsymbol{x}^* \notin S^n$，令

$$I^* = \{i \mid x_i^* = \min_{k \in N_0} x_k^*\}$$

于是

$$F_0(\boldsymbol{x}^*) \subseteq \mathrm{conv}\{(n+1)^{-1}\boldsymbol{v}, \{\boldsymbol{x}^* + \boldsymbol{f}^i \mid i \in I^*\}\} \quad (1)$$

对于 $\forall \boldsymbol{z} \in F_0(\boldsymbol{x}^*)$，我们证明有不等式

$$\sum_{j \in I^*} z_j > \sum_{j \in I^*} x_j^* \quad (2)$$

(i)若 $\boldsymbol{z} = \boldsymbol{x}^* + \boldsymbol{f}^i, i \in I^*$，因 $\boldsymbol{f}^i \in T^n - T^n$，所以

$$f_j^i = f_j^{i_1} - f_j^{i_2}, \boldsymbol{f}^{i_1} \in T^n, \boldsymbol{f}^{i_2} \in T^n \quad (i \in N_0)$$

因此

$$\sum_{j \in N_0} f_j^i = \sum_{j \in N_0} f_j^{i_1} - \sum_{j \in N_0} f_j^{i_2} = 1 - 1 = 0$$

故

$$\sum_{j\in I^*} f_j^i = -\sum_{k\in N_0\sim I^*} f_k^i \qquad (3)$$

又因当 $k\in N_0\sim I^*$，$i\in I^*$ 时，$k\neq i$，由定理假设条件(2)知 $f_k^i<0$.

假若 $\boldsymbol{x}^*=(n+1)^{-1}\boldsymbol{v}$，则

$$\sum_{j\in N_0} x_j^*=1, x_j^*>0 \quad (j\in N_0)$$

所以 $\boldsymbol{x}^*\in S^n$，与反证法的假设 $\boldsymbol{x}^*\notin S^n$ 矛盾，故 $\boldsymbol{x}^*\neq(n+1)^{-1}\boldsymbol{v}$；

假若 $I^*=N_0$，则由 I^* 的定义知 $x_0^*=x_1^*=\cdots=x_n^*$. 又因 $\boldsymbol{x}^*\in\tilde{S}^n$，所以 $\boldsymbol{x}^*\in T^n$，从而 $\boldsymbol{v}'\boldsymbol{x}^*=1$，即 $\sum_{j\in N_0} x_j^*=1$. 由此可得

$$x_j^*=(n+1)^{-1} \quad (j\in N_0)$$

所以 $\boldsymbol{x}^*=(n+1)^{-1}\boldsymbol{v}$. 这与上面刚证明的结论 $\boldsymbol{x}^*\neq(n+1)^{-1}\boldsymbol{v}$ 矛盾，故 $I^*\neq N_0$.

由上面的讨论得 $I^*\neq N_0$，因而 $N_0\sim I^*\neq\varnothing$，所以

$$\sum_{k\in N_0\sim I^*} f_k^i<0$$

因此由式(3)可得

$$\begin{aligned}\sum_{j\in I^*} z_j &= \sum_{j\in I^*}(x_j^*+f_j^i)\\ &= \sum_{j\in I^*} x_j^* - \sum_{k\in N_0\sim I^*} f_k^i > \sum_{j\in I^*} x_j^*\end{aligned}$$

即式(2)成立；

(ii)若 $\boldsymbol{z}=(n+1)^{-1}\boldsymbol{v}$，则因 $\boldsymbol{x}^*\in\tilde{S}^n\sim S^n$，因 $\boldsymbol{x}^*\in\tilde{S}^n$ 可得

$$\begin{cases}\boldsymbol{x}^*\geqslant-\boldsymbol{v}\\ \boldsymbol{x}^*\in T^n\end{cases}$$

即

$$\begin{cases} \boldsymbol{x}^* \geqslant -\boldsymbol{v} \\ \boldsymbol{v}'\boldsymbol{x}^* = 1 \end{cases}$$

又因 $\boldsymbol{x}^* \notin S^n = \{\boldsymbol{x} \in \mathbf{R}^{n+1} \mid \boldsymbol{v}'\boldsymbol{x} = 1, \boldsymbol{x} \geqslant \boldsymbol{0}\}$，所以当 $\boldsymbol{v}'\boldsymbol{x}^* = 1$时，必存在某个 $x_{j_0}^* < 0 (j_0 \in N_0)$. 因此有

$$x_j^* < 0 \quad (j \in I^*)$$

所以

$$\sum_{j \in I^*} z_j > 0 > \sum_{j \in I^*} x_j^*$$

此时式(2)也成立.

总之，上面已证式(2)对 $\boldsymbol{z} = (n+1)^{-1}\boldsymbol{v}$ 和 $\boldsymbol{z} = \boldsymbol{x}^* + \boldsymbol{f}^i (i \in I^*)$都成立，再由式(1)知对它们的凸包中 $F_0(\boldsymbol{x}^*)$的任意元$\boldsymbol{z}$，式(2)均应成立. 而 $\boldsymbol{x}^* \in F_0(\boldsymbol{x}^*)$，当 $\boldsymbol{z} = \boldsymbol{x}^*$ 时式(2)应成立；但由式(2)显然可见当 $\boldsymbol{z} = \boldsymbol{x}^*$ 时不可能成立，矛盾，故 $\boldsymbol{x}^* \in S^n$.

(2)证明下证 $\boldsymbol{x}^* \in F(\boldsymbol{x}^*)$：

(i)若 $\boldsymbol{x}^* \in \operatorname{ri} S^n$，则由 $F_0(\boldsymbol{x})$的定义知

$$\boldsymbol{x}^* \in F_0(\boldsymbol{x}^*) = F(\boldsymbol{x}^*)$$

结论成立；

(ii)若 $\boldsymbol{x}^* \in \partial S^n$，则 $\boldsymbol{x}^* \in S_{i_0}^n$($i_0$ 为 N_0 中某个或某几个元素)，由定理中假设条件(1)知 $\boldsymbol{x}^* + \boldsymbol{f}^i \in F(\boldsymbol{x}^*)$.

又因 $\boldsymbol{x}^* \in S^n$ 时，$x_j^* \geqslant 0 (j \in N_0)$，由 I^* 的定义知，当$j \in I^*$时

$$x_j^* = \min_{k \in N_0} x_k^* = x_{i_0}^* = 0$$

所以 $\boldsymbol{x}^* \in S_j^n$. 又由定理中假设条件(1)知

$$\boldsymbol{x}^* + \boldsymbol{f}^i \in F(\boldsymbol{x}^*) \quad (j \in I^*)$$

故

$$\operatorname{conv}\{\boldsymbol{x}^* + \boldsymbol{f}^i \mid i \in I^*\} \subseteq F(\boldsymbol{x}^*)$$

因此

$$\begin{aligned} F_0(\boldsymbol{x}^*) &= \mathrm{conv}\{F_1(\boldsymbol{x}^*) \cup F_2(\boldsymbol{x}^*) \cup F_3(\boldsymbol{x}^*)\} \\ &= \mathrm{conv}\{F(\boldsymbol{x}^*) \cup \mathrm{conv}\{\boldsymbol{x}^* + \boldsymbol{f}^i \mid i \in I^*\} \cup \varnothing\} \\ &\subseteq F(\boldsymbol{x}^*) \end{aligned}$$

再因 $\boldsymbol{x}_0 \in F_0(\boldsymbol{x}^*)$，由上式得知必有 $\boldsymbol{x}^* \in F(\boldsymbol{x}^*)$.

总之有 $\boldsymbol{x}^* \in F(\boldsymbol{x}^*)$，即 $\boldsymbol{x}^*$ 为 $F(\boldsymbol{x})$ 在 S^n 上的不动点. 定理证毕.

Walras 式平衡模型与不动点定理

第6章

从纳什获诺贝尔经济学奖后，经济学的数学化倾向愈演愈烈. 当然不动点定理是数学在经济学中的完美应用. 作为经济主体的行动原则，在管理生产企业方面显然是利润最大原则，而作为一个对所需求财货的选择主体的消费者（或家庭经济）来说，则是效用最大原则. 在完全竞争的假定之下，对应于给定的价格，根据上述这些原则，可以在一方面决定生产量（即供给），而另一方面决定需求量. 然而，这样所决定的需求与供给的预定计划，总是与作为限制条件而任意给定的价格相对应的. 由于需求与供给不一定会平衡，因此在不平衡的情况下，预定计划的实现也就不可能了. 只是对于某些特定的价格，计划所要求的供求得到平衡，在两种预定计划量相一致的点上确定出作为实现值的需求、供给和价格. 以上所述，是从 Walras，Pareto 以来成为一般平衡理论的基础思想. 然而，作为这样的接近法的基础定理之一，必须首先明确所谓"需求计划 = 供给计划"

这样的关系式中是不包含矛盾的. 换言之,如果把这个关系式用数学方法表示成方程或不等式时,它必须有具备经济学意义的解. 由于问题的微妙和复杂的数学特性,关于确立解的存在性,直到现在还没有被认识到. 这期间,关于一般平衡理论的基础研究,只不过是重复着将未知数个数与方程个数做比较的那些工作. 从 Walras, Pareto 开始,现代数理经济学家如 Hicks, Samuelson 等人的研究都是建立在这样很脆弱的基础之上. 但是,作为例外,应当特别提一下诺伊曼模型与由 A. Wald 作出的平衡解的存在证明. 为了把经济模型数学地定式化,确证解的存在性,为经济理论奠定坚实的基础,以及进行后面的详细分析,这些(指诺伊曼与 A. Wald 的工作)都是遵循理论上正确的方向的成果. 但是,虽然诺伊曼模型是结构完美,具有特色的模型,但在许多地方与正统的 Walras 等的平衡模型有许多不同之处. 此外,尽管其所处理的模型也称为 Walras-Cassell 体系,Wald 的结果也是在放弃后文所述的 Walras 法则这一点和为此所付的代价而又要采用种种狭隘的假定这一点上来取得的,故它们对于构成 Walras 式平衡理论的基础都是不够的. 关于满足 Walras 式法则的正统的平衡模型的解的存在问题,从 Walras 以来经历了很长一段空白时期,最近好不容易才肯定地得到了解决. 以 Arrow 与 Debreu 的共同研究为起点的 McKenzie, Gale 与二阶堂等人的工作是沿着这一方向所取得的成果. 以下将要叙述 Walras 模型的简练的、近代的面貌,并利用凸集的重要性质作为辅助,来证明解的存在性.

6.1 单纯交换模型

为了很快具体地掌握平衡解存在问题的轮廓，先从简单的情况开始. 虽说是简单，这里所讲的单纯交换模型却具备着问题本质的全部要点，后面要讲的一般的模型不过是在这上面再加上一层画工的彩色. 这样的说法是并非言过其实的.

设有 $m(m\geqslant 2)$ 个消费者 $i(i=1,2,\cdots,m)$，各个 i 拥有的财货组为

$$\zeta^i=(\zeta_1^i,\zeta_2^i,\cdots,\zeta_n^i)\geqslant 0 \tag{1}$$

至于 ζ^i 如何归为 i 所有，对今后所要考虑的问题并不具有重要意义，譬如说，设他们是自耕农，那么可以将 ζ^i 看作由他们劳动所得的产品的数量. 现在我们来看将这些 ζ^i 在市场上进行交换的问题.

首先，假设

$$\sum_{i=1}^{m}\zeta^i>0 \tag{2}$$

式(1)是各个 i 实际拥有的财货，而式(2)则是成为交换对象的个人所具备的财货的总数，显然各财货的存量都是正数，形成交换媒介的价格 $p>0$.

现在，设各个 i 具有效用指标 $u_i(x)$，这些是在正象限 $\mathbf{R}_+^n$ 上定义的，并且假定在这个变域是连续、拟凹与严格单调的. 当价格为 p 时，i 的持有量 ζ^i 的总价额是内积 $p\zeta^i>0$，这是将全部持有量卖掉后的收入.

把这些收入再投入市场，在限制条件

$$px\leqslant p\zeta^i, x\geqslant 0 \tag{3}$$

之下,使

$$\max u_i(x) = u_i(\hat{x}^i) \tag{4}$$

就是说,要购入的东西,应当使效用最大. 一般地,$\hat{x}^i \neq \zeta^i$,$\zeta^i - \hat{x}^i$ 是纯供给量(正的分量为纯供给,负的分量为纯需求),这样的纯供给量实际上是出现于市场的. 但是为了理论上考察方便,不妨把 $\hat{x}^i$,ζ^i 看作 i 的需求量与供给量. 这样一来,总的需求量便是 $\sum\limits_{i=1}^{m} \hat{x}^i$,总的供给量是 $\sum\limits_{i=1}^{m} \zeta^i$,为了实际进行交换,平衡条件

$$\sum_{i=1}^{m} \hat{x}^i = \sum_{i=1}^{m} \zeta^i \tag{5}$$

必须成立. 显然,对于任意的价格 p,式(5)是不一定成立的. 只是对于适当的价格 p,与对应于这个价格的适当需求量 $\hat{x}^i (i=1,2,\cdots,m)$,(3)(4)(5)同时成立,这时个人的效用与收入相应(若追溯原来的话,即初期持有量)才能实际上达到最大值.

由于限制条件(3)是关于 p 的一次齐次式,由前所述,可把 p 看作被规范化了的价格体系,并且可设 $p \in S_n^0$. 在那里,把问题重写为供求函数的形式,则对应于给定的价格 $p \in S_n^0$,作为 i 的预定计划的需求量应当是

$$\varphi_i(p) = \{x^i \mid x \geqslant 0, \text{在 } px \leqslant p\zeta^i \text{ 之下有}$$
$$\max u_i(x) = u_i(x^i) \text{ 的那些 } x\} \tag{6}$$

这就是 i 的需求函数,由于使 u_i 最大的 x^i 一般说不是唯一的,所以 $\varphi_i(p)$ 是多值函数,说得更正确些,是与 S_n^0 的点 p 相对应的 $\mathbf{R}^n$ 的非空的、紧的凸集 $\varphi_i(p)$ 的点对集合映象. 关于各个 i 的需求函数的总和是总

需求函数

$$\varphi(p)=\sum_{i=1}^{m}\varphi_i(p) \tag{7}$$

因为各个 $\varphi_i(p)$ 是非空的、紧的凸集，因此作为这些集合的矢量和的 $\varphi(p)$ 也必定是非空的、紧的凸集. 总供给函数

$$\psi(p)=\sum_{i=1}^{m}\zeta^i \tag{8}$$

是一个不管 p 取什么值都有着一个定值的单值函数（点对集合映象的特例）. 用这些函数来写出时，$p\in S_n^0$ 是平衡价格这件事，是与条件

$$\psi(p)\in\varphi(p) \tag{9}$$

等价的.

其次，按照假定，u_i 为严格单调递增，所以 $x^i\in\varphi_i(p)$. 就是说，当 x^i 在预算的限制下使 u_i 最大时，需求量一定要将收入的全部都花费完，即等式

$$px^i=p\zeta^i$$

成立. 这是因为，对于使不等式 $px<p\zeta^i$ 成立的 $x\geqslant 0$，只要取充分小的 $\varepsilon>0$，就有

$$y=x+(\varepsilon,\varepsilon,\cdots,\varepsilon),py\leqslant p\zeta^i$$

而因 $u_i(x)<u_i(y)$，x 就丢失了效用的最大点了. 因而，关于各个 i，如果 $x^i\in\varphi_i(p)$，则 $px^i=p\zeta^i$ 成立，把这些合起来计算，于是

$$p\sum_{i=1}^{m}x^i=p\sum_{i=1}^{m}\zeta^i$$

故

$$px=py\quad（对任意的 x\in\varphi(p),y\in\psi(p)） \tag{10}$$

成立. 这个收支相等的条件被称为 Walras 法则. 为了

将随着财货的供给而产生的全部收入用于财货的购入,这是表示收入的完全循环的重要关系式. 显然,这个法则所具有的直接有关经济学的意义是非常重要的,然而关联到当前的问题,必须特别强调这个法则在平衡解存在问题上所具有的重要性. 这就是说,假若除去一些基于连续性的严密的假定,则单纯交换模型与后面将要讲到的一般模型都具有平衡解这一事实,可以说大部分可由这个法则推出. 效用最大、利润最大等原则对平衡解存在的贡献却不是一般所相信的那样大. 不管供求函数的背后隐藏着何等样的原理,就平衡的存在而言,只要 Walras 法则成立,本质上已经是充分的了.

上面所说的 Walras 法则的一些看法,主要是由于理论上的方便,如果在(10)中,用不等号来代替等号

$$px \leqslant py \quad (\text{对任意的 } x \in \varphi(p), y \in \psi(p)) \quad (11)$$

则被称为广义的 Walras 法则.

6.2　Arrow-Debreu 平衡模型

Arrow-Debren 作出了一个模型,它是 Walras 式一般平衡性的典型近代版. 它综合了从 Walras,Pareto 到 Hicks,Samuelson 在平衡体系的数学定式化方面的研究成果,并且除去了在平衡解存在问题上所设置的一些不必要的、狭隘的、古典的假定(诸如效用指标的可微分性、可微分古典的生产函数概念等). 然而这不是说这里所讲的 Arrow-Debreu 模型在经济学上已经完美无缺了. 虽然如此,纵使对于细节方面还能做出一些修

正，但对于当前面临的问题（平衡解的存在）来说，是无关紧要的.

设全经济体系是由 l 个消费单位 $i(i=1,2,\cdots,l)$，m 个生产单位 $k(k=1,2,\cdots,m)$ 所构成，财货的种类号码用 $j(j=1,2,\cdots,n)$ 表示.

以下我们列举关于生产、消费的一些假定.

Ⅰ生产：各生产单位 k 满足集合 Y_k，即：

Ⅰ. a. Y_k 是含有 0 的凸的闭集；

Ⅰ. b. 若 $Y=\sum_{k=1}^{m} Y_k$，则 $Y\cap \mathbf{R}_+^n=\{0\}$；

Ⅰ. c. $Y\cap(-Y)=\{0\}$.

这里，$\{0\}$ 是只含有一个点 0 的集合.

Ⅱ选择领域：各消费单位 i 具有财货选择的领域 $X_i(X_i\subseteq \mathbf{R}^n)$，$X_i$ 是凸的闭集，且下面有界. 最后的条件意味着，若存在着每一组各个 i 的财货组 ξ^i，则对于 X_i 的任意的 x^i，必有

$$x^i\geqslant \xi^i \tag{1}$$

Ⅲ效用指标：

Ⅲ. a. 各个 i 具有在 X_i 上连续的效用指标 $u_i(x)$；

Ⅲ. b.（非饱和的假定）各个 i 都有这样的性质：对于任意的 $x^i\in X_i$，使 $u_i(x^i)<u_i(y^i)$ 成立的 $y^i\in X_i$ 是存在的；

Ⅲ. c. 如果 $u_i(x^i)>u_i(y^i)$，则对于 $z\in(x^i,y^i)$ 有

$$u_i(z)>u_i(y^i)$$

Ⅳ利润分配率：对于每一组各个 i,k 给定一些实的常数 $\alpha_{ik}\geqslant 0$，且

$$\sum_{i=1}^{l}\alpha_{ik}=1\quad (k=1,2,\cdots,m) \tag{2}$$

α_{ik}的意义如下：当生产单位 k 的利润为 π_k 时，消费单位 i 接受的利润分配的限度是 $\alpha_{ik}\pi_k$. 例如，这相当于对股票持有者所分配的红利. 式(2)表示 π_k 要尽可能对全消费单位分配到.

Ⅴ初期持有量：设各消费单位拥有财货组 $\zeta^i \in \mathbf{R}^n$.

在这里，定义 A-D 模型的平衡条件. 当价格 $\hat{p} \in S_n$，消费单位 i 的需求量 $\hat{x}^i \in X_i$，生产单位 k 的生产量 $\hat{y}^k \in Y_k$ 的组合$[\hat{x}^1, \hat{x}^2, \cdots, \hat{x}^l, \hat{y}^1, \hat{y}^2, \cdots, \hat{y}^m, \hat{p}]$满足下列条件时，称为 A-D 模型的平衡解.

(i)生产单位的利润最大. 在每一组各个单位 k 上有

$$\pi_k(\hat{p}) = \max \hat{p}y = \hat{p}\hat{y}^k \quad (\text{对于任意的 } y \in Y_k) \tag{3}$$

(ii)消费单位的效用最大. 每组各个单位 i 上，在限制条件

$$x \in X_i, \hat{p}x \leqslant \hat{p}\zeta^i + \sum_{k=1}^{m} \alpha_{ik}\pi_k(\hat{p}) \tag{4}$$

之下有

$$\max u_i(x) = u_i(\hat{x}^i) \tag{5}$$

(iii)供需平衡①

$$\sum_{i=1}^{l} \hat{x}^i \leqslant \sum_{i=1}^{l} \zeta^i \sum_{k=1}^{m} \hat{y}^k \tag{6}$$

并且对应于使式(6)中不等号成立的分量的那种财货j

---

① 对于6.1节的平衡均等条件(5)，可以称为广义的供需平衡条件.

的价格是$\hat{p}_j = 0$①.

在以上基本假定Ⅰ～Ⅴ之下,关于 Arrow-Debreu 的平衡存在有:

定理 1　若各 i 的持有量 ζ^i 为正,即若 $z^i \in X_i$,如果存在着能使 $\zeta^i > z^i$ 成立的 z^i,则平衡解是存在的.

定理 2 放松了定理 1 上的稍微不大现实的假定(就是说,正的持有量的假定),作为其补偿的是加强了关于效用指标与经济活动集合的假定. 为了叙述定理 2,必须以"需求财货"的概念作为基础,而首先来解释"生产的"(productive)(即投入财货)财货的概念.

设存在着为所有的消费单位同样需求的财货,将这些财货的号码的集合记为 D,若 h 是某个财货的号码,如果对于任意的 $y \in Y$,有:

(1) $y_h \leqslant 0$;

(2) Y 中存在着其他活动 y'(它与 y 是不同的),使:

① $y'_j \geqslant y_j$(关于 h 以外的任意分量 j);

② $y'_d > y_d$(关于至少一个的 $d \in D$).

则第 h 种财货称为"生产的"财货.

将"生产的"财货的号码集合记为 P,则可以假定 $P \neq \varnothing$.

定理 2　持有量 ζ^i 满足下列条件,就是说,对每一组各个 i,若存在着使 $z^i \in X_i$, $\zeta^i \geqslant z^i$ 的 z^i,则至少对于一个 $h \in P$,有 $\zeta^i_h > z^i_h$. 进一步,存在着能使 $x^0 < y^0 + \zeta$ 的

---

① 因此,如果取对偶命题,则有若$\hat{p}_j > 0$,则等号成立.

$x^0 \in X$ 和 $y^0 \in Y$①. 在这里

$$X = \sum_{i=1}^{l} X_i, Y = \sum_{k=1}^{m} Y_k, \zeta = \sum_{i=1}^{l} \zeta^i$$

此外,上述的号码 h 在每一组各个 i 处是不同的. 在以上这些假定之下,存在着平衡解.

注意　在定理 2 中当然假定着 $D \neq \varnothing$,因此,Ⅲ. b 这一条(非饱和的假定)自动成立.

6.3　供求函数的构成

Arrow-Debreu 为了证明上述两个定理,构成了博弈形式的抽象经济模型,而将平衡解的存在问题归结到这个上面去. 虽然如此,本书所采取的方针,却是把它归结到以 Walras 法则为基础而定式化的 Gale-Nikadô 定理上去. 为此,作为准备步骤,首先研究关于在 A-D 模型上 Walras 法则的成立与否. 因此,有必要对比单纯交换模型的情况讨论得更细致一些,并且这种考察在平衡解存在证明的第一阶段也是必要的手续. 在 6.1 节中,对于正的价格 p,即对于基本单纯形 S_n 的开核 S_n^0 上定义的需求函数(6.1 节的式(6)),是可以构成直接的经济意义的. 与之相反,在 6.2 节里所讲的模型的情况下,用具有这样意义的直接的方法来构成供求函数是困难的. A-D 模型与单纯交换模型不

① 后半条件意味着如果忽视了价格状况、预算制约式、效用最大、利润最大等条件,由生产与持有财货的供给,把所产生正的超过供给部分的财货分配到全部消费单位上去是可能的.

同,由于平衡价格不一定是正的价格,因而不只是对 S_n^0,而有必要对 S_n 全域上来定义供求函数. 然而,对于任意的 $p\in S_n$,效用最大值问题的变域的紧性不一定有保证,因此我们面临着 $\max u(x)$ 不一定有意义的困难. 一方面,在构成供给函数时,尽可能施行 6.2 节式(3),由于 Y_k 一般不是紧的,故对于 $p\in S_n^0$,$\max py$ 恐怕要成为无意义的了. 但是,实际上,即使在单纯交换模型的情况下,由于直接构成的供求函数(6.1 节式(6))在数学上处理起来极为不便,故也要抛弃过分执著于这种经济学的解释,而要采用更容易处理的方法. 此外,就对作为本来目的的平衡解存在问题可能有用的形式再构造供求函数这一点也是首要的. 以下,将首先对单纯交换模型再定义其供求函数,以此为根据再对 A-D 模型构成供求函数,然后证明 Walras 法则成立.

1. 单纯交换模型的情况

在这种情况下,容易再构成需求函数. 对总供给量 ζ,选取一个使 $a>\zeta$ 的财货组 a,并且予以固定,如果作 $\mathbf{R}^n$ 的超立方体(cube)

$$E=\{x\mid 0\leqslant x\leqslant a\} \tag{1}$$

则 E 是含于 $\mathbf{R}_+^n$ 上的凸体,ζ 为其内点.

在 6.1 节式(6)φ_i 的定义中,若将限制条件中的 $x\geqslant 0$ 换以比之更强的条件 $x\in E$,在这个新的限制条件下,使 $u_i(x)$ 最大的 x^i 的全体作为个别需求函数的值来定义,再把这个作为 φ_i,则

$$\varphi_i(p)=\{x^i\mid x\in E,px\leqslant p\zeta^i \text{ 之下 } \max u_i(x)=u_i(x^i)\} \tag{2}$$

在这个时候,由于变域 $\{x\mid x\in E,px\leqslant p\zeta^i\}$ 对任意的 $p\in$

S_n 是紧的凸集，所以连续函数 $u_i(x)$ 必定在其上达到最大值. 故 $\varphi_i(p)$ 定义于 S_n 的全域上，而且与以前的情况一样，$\varphi_i(p)$ 成为非空的、紧的凸集，因而总需求函数 $\varphi(p)=\sum_{i=1}^{m}\varphi_i(p)$ 也是非空的、紧的凸集. 此外，容易知道这个新的 $\varphi(p)$ 仍然满足 Walras 法则(图 1).

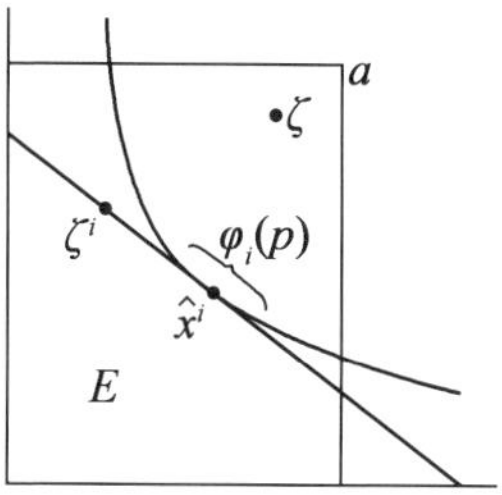

图 1

2. Arrow-Debreu **模型的情况**

在这种情况下，构造超立方体 E 的方法要稍微巧妙一些，其作法如下：

如前所述，首先令 $X=\sum_{i=1}^{l}X_i, Y=\sum_{k=1}^{m}Y_k$，假如平衡解

$$[\hat{x}^1,\hat{x}^2,\cdots,\hat{x}^l,\hat{y}^1,\hat{y}^2,\cdots,\hat{y}^m,\hat{p}]$$

存在，则由于平衡条件(iii)的成立，必须满足条件

$$(\zeta+Y-X)\cap\mathbf{R}_+^n\ni\zeta+\sum_{k=1}^{m}\hat{y}^k-\sum_{i=1}^{l}\hat{x}^i$$

因此，如果对每一组各个 i,k 作集合

$$\widetilde{X}_i=\{x^i\mid x^i\in X_i,(\zeta+Y-\sum_{s\neq i}X_s-x^i)\cap\mathbf{R}_+^n\neq\varnothing\}\tag{3}$$

$$\widetilde{Y}_k = \{y^k \mid y^k \in Y_k, (\zeta + y^k + \sum_{t \neq k} Y_t - X) \cap \mathbf{R}_+^n \neq \varnothing\} \tag{4}$$

则由关于持有量的假定以及 $0 \in Y_k$，故知 $\widetilde{X}_i \neq \varnothing$，$\widetilde{Y}_k \neq \varnothing$. 特别地，有

$$\hat{x}^i \in \widetilde{X}_i, \hat{y}^k \in \widetilde{Y}_k$$

$\widetilde{X}_i$，$\widetilde{Y}_k$ 同时为闭的凸集这一点，从定义式(3)与(4)是容易明白的，现在进一步证明它们是有界集.

①$\widetilde{Y}_k$ 有界性的证明：设 $\widetilde{Y}_k$ 不是有界的，则必存在点列 $\{y^{kv}\}$，$y^{kv} \in Y_k$，$\|y^{kv}\| \to +\infty$ $(v \to \infty)$. 由定义式(4)，存在着点 $y^{tv} \in Y_t$，$x^{iv} \in X_i$ $(v = 1, 2, \cdots)$，使

$$\zeta + y^{kv} + \sum_{t \neq k} y^{tv} - \sum_{i=1}^{l} x^{iv} \geqslant 0$$

若利用 6.2 节式(1)的下界 ξ^i，并设 $\xi = \sum_{i=1}^{l} \xi^i$，则

$$\zeta + \sum_{t=1}^{m} y^{tv} \geqslant \sum_{i=1}^{l} x^{iv} \geqslant \xi$$

所以

$$\sum_{t=1}^{m} y^{tv} \geqslant \xi - \zeta \tag{5}$$

若设

$$\mu_v = \max_{1 \leqslant t \leqslant m} \|y^{tv}\| \tag{6}$$

则因 $\lim_{v \to \infty} \mu_v = +\infty$，故对充分大的 v，$\mu_v \geqslant 1$ 成立. 考虑到 Y_t 是凸的

$$\frac{1}{\mu_v} y^{tv} = \left(\frac{1}{\mu_v}\right) \cdot y^{tv} + \left(1 - \frac{1}{\mu_v}\right) \cdot 0 \in Y_t \quad (t = 1, 2, \cdots, m) \tag{7}$$

在式(5)的两边用μ_v去除,使当$v\to\infty$时,$\mu_v\to+\infty$,故

$$\sum_{t=1}^{m}\frac{y^{tv}}{\mu_v}\geqslant\frac{\xi-\zeta}{\mu_v}\to 0 \tag{8}$$

此外,根据μ_v的定义(6),对于充分大的v,有

$$\left\|\frac{y^{tv}}{\mu_v}\right\|\leqslant 1\quad(t=1,2,\cdots,m) \tag{9}$$

就是说,由于$\frac{y^{tv}}{\mu_v}\in\overline{U}(0,1)$,例如,由$\overline{U}(0,1)$的紧性,所以在每一组各个$t$上不妨假定

$$\lim_{v\to\infty}\frac{y^{tv}}{\mu_v}=y^{t0} \tag{10}$$

因为各个Y_t为闭集,故$y^{t0}\in Y_t$一事自不待言. 此外,由式(8),有$\sum\limits_{t=1}^{m}y^{t0}\geqslant 0$. 故

$$\sum_{t=1}^{m}y^{t0}\in Y\cap\mathbf{R}_+^n$$

由假定Ⅰ.b,得

$$\sum_{t=1}^{m}y^{t0}=0 \tag{11}$$

把t任意地固定

$$y^{t0}=\overbrace{0+\cdots+0}^{m-1}+y^{t0}\in Y \tag{12}$$

同时,由(11)有

$$-y^{t0}=0+\sum_{s\neq t}y^{s0}\in Y \tag{13}$$

根据(12)与(13),得$y^{t0}\in Y\cap(-Y)$. 因而,由假定Ⅰ.c可知,$y^{t0}=0$. 由于这是对任意的t都成立的,故关于各个t有

$$\lim_{v\to\infty}\frac{y^{tv}}{\mu_v}=y^{t0}=0$$

就是说

$$\lim_{v\to\infty}\left\|\frac{y^{tv}}{\mu_v}\right\|=0\quad(t=1,2,\cdots,m)$$

故应当有

$$\max_{1\leqslant t\leqslant m}\left\|\frac{y^{tv}}{\mu_v}\right\|\to 0\quad(v\to\infty)$$

但是,根据 μ_v 的定义(6),必须有

$$\max_{1\leqslant t\leqslant m}\left\|\frac{y^{tv}}{\mu_v}\right\|=1$$

这就引出了矛盾. 定理证明完毕.

②$\widetilde{X}_i$ 有界性的证明:利用①的结果来证明. 若$x^i\in\widetilde{X}_i$,则存在 $y^k\in Y_k$,使

$$\zeta+\sum_{k=1}^{m}y^k-\sum_{i=1}^{l}x^i\geqslant 0\qquad(14)$$

由于 y^k 对(14)成立,显然 $y^k\in\widetilde{Y}_k$. 故利用$\widetilde{Y}_k$ 的有界性,就有

$$\xi^i\leqslant x^i\leqslant\zeta+\sum_{k=1}^{m}y^k-\sum_{s\neq i}x^s\leqslant\zeta+\sum_{k=1}^{m}y^k-\sum_{s\neq i}\xi^s$$

故 x^i 上下都是有界的.

由以上所述,$\widetilde{X}_i,\widetilde{Y}_k$ 是非空的、紧的凸集,假定存在着平衡需求量 $\hat{x}^i$,平衡生产量 $\hat{y}^k$,则易知 $\hat{x}^i\in\widetilde{X}_i$,$\hat{y}^k\in\widetilde{Y}_k$. 同时,根据定义,显然有

$$\widetilde{X}_i\subseteq X_i,\widetilde{Y}_k\subseteq Y_k$$

3. 供求函数的构成

选定一个在其开核中包含全部$\widetilde{X}_i,\widetilde{Y}_k(i=1,2,\cdots,l;k=1,2,\cdots,m)$的充分大的超立方体,记为 E. 用到这

个 E 时，显然 $X_i \cap E, Y_k \cap E$ 分别是非空的、紧的凸集.

有了以上的准备之后，可以用下面的方法来构造供求函数.

首先，生产单位的供给函数 $\psi_k(p)$ 与利润函数 $\pi_k(p)$，对于每一组各个 k，是由 S_n 上的下列式子

$$\psi_k(p) = \{y^k \mid y \in Y_k \cap E \text{ 之下有 } \max py = py^k\} \tag{15}$$

$$\pi_k(p) = \max py \quad (\text{在限制条件 } y \in Y_k \cap E \text{ 之下}) \tag{16}$$

来定义的. 容易证明，(16)是单值连续函数.

其次，同样，消费单位的需求函数 $\varphi_i(p)$，对每一组各个 i，是由 S_n 上的

$$\varphi_i(p) = \{x^i \mid x \in X_i \cap E, \text{在 } px \leqslant p\zeta^i + \sum_{k=1}^{m} \alpha_{ik}\pi_k(p) \text{ 之下有 } \max u_i(x) = u_i(x^i)\} \tag{17}$$

来定义的. 故总的供求函数是

$$\psi(p) = \zeta + \sum_{k=1}^{m} \psi_k(p) \tag{18}$$

$$\varphi(p) = \sum_{i=1}^{l} \varphi_i(p) \tag{19}$$

以上这些函数是对一切的 $p \in S_n$ 来定义的，它的象都是非空的、紧的凸集. 此外，$\varphi_i(p), \psi_k(p) \subseteq E$ 自不待言.

Walras **法则**　设 $x^i \in \varphi_i(p), y^k \in \psi_k(p)$，则由预算制约式可得

$$px^i \leqslant p\zeta^i + \sum_{k=1}^{m} \alpha_{ik}\pi_k(p)$$

对 i 求和，于是有

$$p\sum_{i=1}^{l}x^i \leqslant p\sum_{i=1}^{m}\zeta^i+\sum_{i=1}^{l}\sum_{k=1}^{m}\alpha_{ik}\pi_k(p)$$
$$=p\zeta+\sum_{k=1}^{m}\pi_k(p)\sum_{i=1}^{l}\alpha_{ik}$$
$$=p\zeta+\sum_{k=1}^{m}\pi_k(p)$$
$$=p\zeta+p\sum_{k=1}^{m}y^k$$

因而,对于 $x\in\varphi(p)$,$y\in\psi(p)$,有 $px\leqslant py$,即广义 Walras 法则成立.

6.4 原型的平衡与供求函数的平衡,其等价性

在前节中,由于规定了适当的超立方体 E,因而能够构成供求函数. 然而,这些函数不一定与原来模型的经济学的意义相适应. 例如在 6. 3 节式(15)中,点 $y^k\in\psi_k(p)$虽然在变域 $Y_k\cap E$ 中是利润最大点,但在变域 Y_k 中却不一定是利润最大点. 虽然这一点初看起来是不合适的,然而在平衡点上,这个不合适的情况可以巧妙地回避过去. 将原型中的效用,利润最大值问题的变域限定在超立方体 E 之内,所得的是 6. 3 节的供求函数. 因此,显然原型的平衡解就是供求函数的平衡解. 本节将证明反面的事情也成立,就是说,供求函数的平衡解实际上就是原型的平衡解.

1. 单纯交换模型的情况

如对于把 6. 3 节式(2)的 $\varphi_i(p)$ 累计而得的总需求函数 $\varphi(p)$,有平衡价格$\hat{p}\in S_n$ 存在,设 $\zeta\in\varphi(\hat{p})$,则

$\zeta = \sum_{i=1}^{m} \hat{x}^i$，$\hat{x}^i \in \varphi_i(\hat{p})$ 与由分解而得的 $[\hat{x}^1, \hat{x}^2, \cdots, \hat{x}^m, \hat{p}]$ 是原型的平衡解. 为此，只需证明 $\hat{p} > 0$ 与在限制条件 $x \geqslant 0$，$\hat{p}x \leqslant \hat{p}\zeta^i$ 下 $\hat{x}^i$ 使 $u_i(x)$ 为最大.

设有某种财货 j 的价格是 $\hat{p}_j = 0$，则由 u_i 的严格单调增加性，以及 6.3 节式(2)中 φ_i 的定义，必须有 $\hat{x}_j^i = a_j$，而这是与 $\hat{x}^i \leqslant \sum_{i=1}^{l} \hat{x}^i = \zeta < a$ 相矛盾的，因而 $\hat{p} > 0$. 此外，假使有满足 $w \geqslant 0$，$\hat{p}w \leqslant \hat{p}\zeta^i$ 并且 $u_i(w) > u_i(\hat{x}^i)$ 的 w 存在，那么，显然必须 $w \notin E$. 其次，由于 $0 \leqslant \hat{x}^i < a$，所以线段 $[\hat{x}^i, w]$ 与 E 的公共部分必须含有 $\hat{x}^i$ 以外的点 y. 一方面，由于 $u_i(x)$ 是连续的，$u_i(w) > u_i(\hat{x}^i)$，所以适当地选取 $z \in (0, w)$，能够使

$$u_i(z) \geqslant u_i(\hat{x}^i)$$

其次，由于两条线段 $[z, \hat{x}^i]$，$(y, 0]$ 必定相交，设其公共点为 b，则根据决定 z 的方法，$b \in [z, \hat{x}^i]$ 以及 u_i 的拟凹性，有

$$u_i(b) \geqslant u_i(\hat{x}^i)$$

此外，由于 $b \in (y, 0]$，故 $y \geqslant b$. 因而，利用 u_i 的严格单调递增性，得到

$$u_i(y) > u_i(b) \geqslant u_i(\hat{x}^i)$$

然而，因为 $y \in E$，$\hat{p}y \leqslant \hat{p}\zeta^i$，而这是与 $\hat{x}^i \in \varphi_i(\hat{p})$ 相矛盾的. 如此，证明了 $u_i(\hat{x}^i)$ 是在 $\hat{p}x \leqslant \hat{p}\zeta^i$ 下不只是 E，而且是在 $\mathbf{R}_+^n$ 的全部区域上的最大值.

2. A-D **模型的情况**

现在来证明，上述事实在这种情况下也成立. 就是说，对于$\hat{x}^i \in \varphi_i(\hat{p})$，$\hat{y}^k \in \psi_k(\hat{p})$，若平衡条件(iii)

$$\zeta + \sum_{k=1}^{m} \hat{y}^k \geqslant \sum_{i=1}^{l} \hat{x}^i$$

成立，则可以证明

$$[\hat{x}^1, \hat{x}^2, \cdots, \hat{x}^l, \hat{y}^1, \hat{y}^2, \cdots, \hat{y}^m, \hat{p}]$$

是原型的平衡解. 证明的要点本质上与上例是相同的. 以下把平衡条件就不同条件分别加以证明.

(i)的证明 假如有使$\hat{p}y > \hat{p}\hat{y}^k$ 的点 $y \in Y_k$，则对于任意的 $z \in [y, \hat{y}^k)$，有$\hat{p}z > \hat{p}\hat{y}^k$. 但是，由于$\hat{y}^k \in \widetilde{Y}_k$，所以$\hat{y}^k$ 是 E 的内点. 因而，凡是$[y, \hat{y}^k)$的点 z，而且充分接近$\hat{y}^k$ 的都处于 $Y_k \cap E$. 但这是与$\hat{y}^k$ 是利润最大点这一事实相矛盾的. 因而，$\hat{y}^k$ 是在全部变域 Y_k 上的$\hat{p}y$ 的最大点①.

(ii)的证明 假定存在着能使 $u_i(w) > u_i(\hat{x}^i)$，$\hat{p}w \leqslant \hat{p}\zeta^i + \sum \alpha_{ik}\pi_k(\hat{p})$的点 $w \in X_i$，则由假定Ⅲ. c，对于线段$[w, \hat{x}^i)$上的点 y，有

$$u_i(y) > u_i(\hat{x}^i)$$

但是，因为$\hat{x}^i \in \widetilde{X}_i$，所以$\hat{x}^i$ 是 E 的内点. 因而，如果把前述的 y 取成充分地接近$\hat{x}^i$，则 y 含于 $X_i \cap E$，同时，由于

---

① 因此，需要注意$\hat{y} = \sum_{k=1}^{m} \hat{y}^k$ 是在 $Y = \sum_{k=1}^{m} Y_k$ 上成为$\hat{p}y$ 的最大点.

$$\hat{p}y \leqslant \hat{p}\zeta^i + \sum_{k=1}^{m} \alpha_{ik}\pi_k(\hat{p})$$

的成立也是显然的，所以这是与 $\hat{x}^i$ 为效用最大点相矛盾的. 因而，$\hat{x}^i$ 是预算制约下，在全变域 X_i 的效用最大点.

(iii)的后半部分的证明　对于 $\hat{x}^i$，等式

$$\hat{p}\hat{x}^i = \hat{p}\zeta^i + \sum_{k=1}^{m} \alpha_{ik}\pi_k(\hat{p})$$

成立. 假若设严格不等号作为成立了，则若取根据非饱和假定而存在着的使 $u_i(x) > u_i(\hat{x}^i)$ 成立的 $x \in X_i$ 时，则对于任意的 $y \in [x, \hat{x}^i)$，有 $u_i(y) > u_i(\hat{x}^i)$，同时，若 y 与 $\hat{x}^i$ 充分接近，则也满足预算制约式，但这是与 $\hat{x}^i$ 为效用最大点相矛盾的. 因而，预算制约式中等号应当成立，将这些对 i 求和，则有

$$\hat{p}\sum_{i=1}^{l} \hat{x}^i = \hat{p}\zeta + \hat{p}\sum_{k=1}^{m} \hat{y}^k \tag{1}$$

因而，根据(iii)的前半部分与式(1)，(iii)的后半部分是容易得到的.

以上就两个例子讨论了一般平衡模型与对应于它的供求函数的构成，证明了这些是能满足 Walras 法则的，又论述了模型的平衡与供求函数的关系. 其结果是问题被变换为供求函数的平衡问题. 因而，为了了解平衡解的实际存在与否，必须详细地了解价格与这些函数值(集合)及其对应状况，特别是从拓扑的观点来加以研究. 以下的 6.5 ~ 6.7 节就是为了这样而做的准备.

6.5 布劳维不动点定理

作为凸集的主要性质,以及为了证明平衡存在定理的准备,必须叙述并证明不动点存在定理(即布劳维定理),然后将这个定理推广到多值映象的情况(角谷定理).

布劳维不动点定理 设 X 为 $\mathbf{R}^n$ 的紧的凸集,$f(x)$为把 X 中点 x 对应到 X 中点 $f(x)$ 的连续映象,则存在着不动点

$$\hat{x}=f(\hat{x})$$

由前文知,X 是与 m(对适当的 $m(0\leqslant m\leqslant n)$)维单纯形 S 同胚的. 设 S 与 X 之间的一一且双方连续的映象为 g,则连续映象

$$h(p)=g^{-1}[f\{g(p)\}]$$

是把 S 的点 p 映射为 S 的点 $h(p)$ 的映象. 如果 $h(p)$ 有不动点 $\hat{p}$,则 $\hat{x}=g(\hat{p})$ 是 f 的不动点. 因此,只要就 X 为单纯形的情况来证明就行了.

为了证明定理,首先就单纯形做一些考察,虽然以下所述的补充命题对任意的单纯形分划都成立,但这里只限于讨论重心分划的情形.

施佩纳补充命题 设对于单纯形 $S=\overline{x^0x^1\cdots x^n}$ 已施行了几次重心分划. 利用服从下述规则的方法,这个单纯形分划的各个顶点 y,可以对应于 S 的顶点 x^0, $x^1,\cdots,x^n$ 中的一个 $\sigma(y)$. 就是说,$\sigma(y)$ 对应于包含 y 的最小维数的(未作分划的,原来 S 的)边单纯形的顶

点. 这时,对于由 S 的分划而得的 n 维小单纯形 $S'=\overline{y^0y^1\cdots y^n}$(一般地,$\sigma(y^0),\sigma(y^1),\cdots,\sigma(y^n)$里面有着一致的东西,但特别也有 $\sigma(y^i)\neq\sigma(y^j)(i\neq j)$的那种 S')来说,至少存在着一个这样的 S',更正确些说,存在着奇数个.

证明　用归纳法来证. 当 $n=0$ 时是显然的. 在 $n=1$的情况下,$S=\overline{x_0x_1}$是线段$[x^0,x^1]$,分划是在这个线段上设置的分点. 根据顶点对应 $y\to\sigma(y)$的规则,有 $\sigma(x^0)=x^0,\sigma(x^1)=x^1$. 这里,含有 x^0,x^1 的 S 的最低维数的边单纯形分别是 x^0,x^1 本身. 因为包含着由分划而设立的新的其他顶点 y 的 S 的最低维数的边单纯形是S 自身,所以 $\sigma(y)$是 x^0 或 x^1. 如图 2,从左向右移动时,去研究 $\sigma(y)$,只要 $\sigma(y)=x^0$ 的操作继续进行,既然$f(x^1)=x^1$,就会在一个地方遇到初次是 $\sigma(y)=x^1$ 的顶点. 设这个顶点为 b,与其很靠近的左方的顶点为 a,则小单纯形$\overline{ab}$就是要求的. 结果,如上所述,这种小单纯形的个数,当自左向右移动时,$\sigma(y)$的值从 x^0 到 x^1,或从 x^1 到 x^0 的变化次数是相等的. 这很明显是奇数.

图 2

假定维数低于 n 的情况下定理结论是正确的,现在来证明维数为 n 的情况. 由 $S=\overline{x^0x^1\cdots x^n}$的分划而产生的 n 维小单纯形 $S'=\overline{y^0y^1\cdots y^n}$的顶点,由对应 $y\to\sigma(y)$,对应于 $x^0,x^1,\cdots,x^n$ 的全部时,则 S'叫作正则小单纯形,由同样的分划所产生的 $n-1$ 维小单纯形

$T'=\overline{z^0z^1\cdots z^{n-1}}$的顶点对应着顶点 $x^0,x^1,\cdots,x^{n-1}$ 的全部时,则 T'叫作正则的小边单纯形. 这里,设 λ 为正则小单纯形的个数,μ 为在 S 的境界上所有的正则的小边单纯形的个数,$\mu(S')$为小单纯形 S'的正则的小边单纯形的个数,则可以证明 λ 是奇数.

首先来看看$\mu(S')$的值. 若 S'是正则的,则 S'的只有一个边单纯形的顶点映成 $x^0,x^1,\cdots,x^{n-1}$. 这是因为其他的边单纯形的顶点必包含着对应于 x^n 的顶点之故. 因而,在这种情况下,$\mu(S')=1$. 若 S'不是正则的,则在 $n+1$ 个顶点 $x^0,x^1,\cdots,x^n$ 之中,必定有不是 S'的顶点的象. 而假使 $x^0,x^1,\cdots,x^{n-1}$中有不是 S'的顶点的象,则显然$\mu(S')=0$. 在其他的情况下,则只要把 S'的顶点安上适当的号码,则因

$$S'=\overline{y^0y^1\cdots y^n}$$

$$\sigma(y^i)=x^i \quad (i=0,1,\cdots,n-1)$$

$$\sigma(y^n)=x^j \quad (\text{对于某种 } 0\leqslant j\leqslant n-1 \text{ 的 } j)$$

故正则的小边单纯形是$\overline{y^0y^1\cdots y^{n-1}}$与把这个单纯形的顶点 y^j 易以 y^n 后的一个小边单纯形合计两个. 故在这种情况下,$\mu(S')=2$. 因此

$$\lambda\equiv\sum\mu(S')\pmod 2 \qquad (1)$$

(关于一切小单纯形 S'的和). 式(1)从一方面看来,虽然是正则的小边单纯形的个数之和,却是有着若干重复的. 一个正则的小边单纯形,如果它是附着于 S 的境界上的,则正好是一个小单纯形的边单纯形,如果它不是完全在境界上的,则恰巧是两个小单纯形的边单纯形. 因而

$$\mu\equiv\sum\mu(S')\pmod 2 \qquad (2)$$

于是 $\lambda\equiv\mu\pmod 2$成立.

其次,设 T' 是在 S 的境界上的正则小边单纯形,则 S 的边单纯形 T 必须是 $\overline{x^0x^1\cdots x^{n-1}}$. 这是根据顶点对应规则 $y\to\sigma(y)$ 显而易见的. 就是说,若其他边单纯形有 T',则 $x^0,x^1,\cdots,x^{n-1}$ 之中至少有一个不是 T' 的顶点的象. 其次,在这里,若把对应 $y\to\sigma(y)$ 限定在 $n-1$ 维单纯形 $T=\overline{x^0x^1\cdots x^{n-1}}$ 上来考察,当然满足前述规则,故由归纳法的假设,μ 是奇数. 因此,λ 也是奇数.

不动点定理的证明　只要把 S 在基本单纯形

$$S_{n+1}=\left\{p \mid p\geqslant 0,\sum_{i=0}^{n} p_i=1\right\}$$

的情况下加以证明就好了. 设 f 是将 S_{n+1} 的点 p 映射成 S_{n+1} 的点

$$f(p)=(f_0(p),f_1(p),f_2(p),\cdots,f_n(p))\geqslant 0$$

$$\sum_{i=0}^{n} f_i(p)=1$$

的连续映象. 作如下的 $n+1$ 个闭集

$$F_i=\{p \mid p\in S_{n+1},p_i\geqslant f_i(p)\} \tag{3}$$

这是因为形成闭集的 f_i 是连续函数的缘故. 这个闭集合族 $\{F_i\}$ 具有以下的性质. 首先,S_{n+1} 的 $n+1$ 个顶点是

$$e^i=(\overbrace{0,\cdots,0,1}^{i+1},0,\cdots,0)$$

设 S_{n+1} 的任意的边单纯形为 $T=\overline{e^{i_0}e^{i_1}\cdots e^{i_k}}$,则

$$T\subseteq F_{i_0}\cup F_{i_1}\cup\cdots\cup F_{i_k}$$

这里,关于 T 的点 p,因为 $p_{i_0}+p_{i_1}+\cdots+p_{i_k}=1$,假如,设 $p\notin F_{i_t}(t=0,1,\cdots,k)$,则关于一切 t,有 $p_{i_t}<f_{i_t}(p)$,将其合计起来,可得

$$1<\sum_{t=0}^{k} f_{i_t}(p)\leqslant\sum_{i=0}^{n} f_i(p)$$

这是矛盾的. 因此

$$T \subseteq \bigcup_{t=0}^{k} F_{i_t}$$

成立. 特别地,S_{n+1}的各顶点 $e^i \in F_i$.

其次,将 S_{n+1}作任意次的重心分划,用小单纯形的网来遮盖. 设包含小单纯形的顶点 y 的最低次维数的边单纯形为

$$T = \overline{e^{i_0} e^{i_1} \cdots e^{i_k}}$$

则由前述的结果,由于 $F_{i_0}, F_{i_1}, \cdots, F_{i_k}$之中必定有包含 y 的,选取一个这样的 F_{i_t},作 $\sigma(y) = e^{i_t}$. 这个顶点对应 $y \to \sigma(y)$,从其作出的方法,显然是能满足施佩纳补充命题的条件的,所以至少存在一个正则的小单纯形 S'. 若将 S'的顶点放上适当的号码,则易知

$$S' = \overline{y^0 y^1 \cdots y^n}, y^i \in F_i \quad (i = 0, 1, \cdots, n)$$

现在,设重心分划的次数为 υ,则有

$$\begin{aligned} \max_{0 \leqslant i, j \leqslant n} \rho(y^i, y^j) &= d(S') \\ &\leqslant \left(\frac{n}{n+1}\right)^{\upsilon} \cdot d(S_{n+1}) \to 0 \quad (\upsilon \to \infty) \end{aligned} \tag{4}$$

这里,关于每一组各个 $\upsilon(\upsilon = 1, 2, 3, \cdots)$,若选择正则的小单纯形

$$\overline{y^{0\upsilon} y^{1\upsilon} \cdots y^{n\upsilon}}, y^{i\upsilon} \in F_i \quad (i = 0, 1, \cdots, n)$$

则因 S_{n+1}是紧的,所以 $n+1$ 个点列$\{y^{i\upsilon}\}(i = 0, 1, \cdots, n)$的适当的部分序列$\{y^{i\upsilon'}\}$($\upsilon'$为各点列上公共部分的自然数列)分别收敛于 p^i. 按这样做时,由于 F_i 为闭集,当然,$p^i \in F_i$,由(4),实际上,p^i 的全部必须是同一个点$\hat{p}$. 因而$\hat{p}$是含于一切 $F_i(i = 0, 1, \cdots, n)$的点. 因

此,有

$$\hat{p}_i \geqslant f_i(\hat{p}) \quad (i=0,1,\cdots,n)$$

由此式以及

$$\sum_{i=0}^{n} \hat{p}_i = \sum_{i=0}^{n} f_i(\hat{p}) = 1$$

所以$\hat{p}_i = f_i(\hat{p})$关于一切 i 成立. 这就是说,使$\hat{p} = f(\hat{p})$成立的$\hat{p}$是不动点. 以上,结束了不动点定理的证明. 上述证明是作为布劳维定理的证明的最初等方法,它就是著名的克纳斯特－库拉托夫斯基－马祖尔凯维奇的证明.

布劳维不动点定理是非常重要与有用的定理,从它进一步推广而得的形式在许多问题上应用甚广. 众所周知的重要例子是在微分方程存在定理上的应用. 此外,不动点定理也是在将博弈论基本定理一般化时不可缺少的武器①.

6.6　角谷不动点定理

布劳维定理可以推广到多值映象(即点对集合的映象),给出在应用上非常便利的形式. 这就是本节要讲的角谷定理,其原始形式是由诺伊曼发现的.

闭映象　首先,从关于点对集合映象的连续概念的说明开始. 设 X,Y(同一个或相异的)为欧几里得空间内的两个集合,且 Y 是紧的. 当然,$X,Y \neq \varnothing$,并假设

① 例如,见 H. Nikaidô:On von Neumann's minimax theorem, Pacific J. Math. ,4, No. 1;及 H. Nikaidô and K. Isoda:Note on noncooperative convex games,Pacific J. Math. ,5,Supplement 1.

有把 X 的点 x 对应到 Y 的非空子集 $f(x)$ 的点对集合映象 $f:X\to Y$. 现在把 X 与 Y 的直积空间 $X\times Y$ 中的子集

$$G_f=\{(x,y)\mid y\in f(x),x\in X,y\in Y\}$$

叫作映象 f 的图像. 这是通常单值映象的图像概念的自然推广. 若 G_f 成为 $X\times Y$ 的闭集,换言之,如果

$$\lim_{v\to\infty}x^v=x,\lim_{v\to\infty}y^v=y,y^v\in f(x^v)$$

而必有 $y\in f(x)$,则把映象 $f:X\to Y$ 叫作闭映象(图 3).

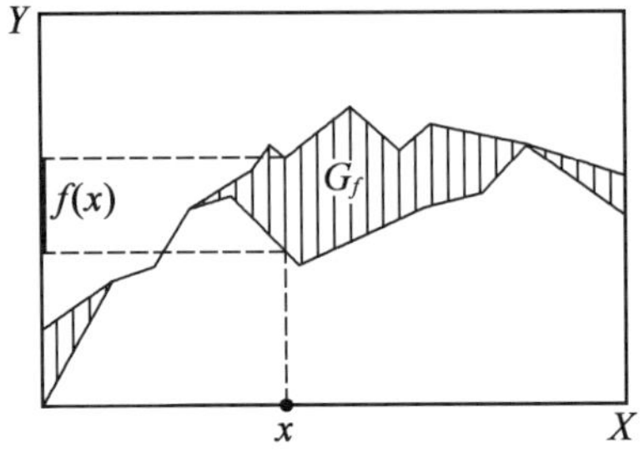

图 3

映象 f 是闭的这件事,是与集合 X,Y 有关系的相对的性质. 因而,在正确叙述的情况下,虽然要像上面那样地说"点对集合映象 $f(x):X\to Y$ 是闭的",但如果定义域等很明显时,这些话也可以省略.

若 f 是闭的,则各点的象 $f(x)$ 是紧的. 在该处,由于 Y 是紧的,所以只要证明 $f(x)$ 是置于 Y 上的闭集就好了. 设 $y^v\in f(x)$, $\lim\limits_{v\to\infty}y^v=y\in Y$. 若取 X 的点列 $x^v=x(v=1,2,\cdots)$,则当然有

$$\lim_{v\to\infty}x^v=x$$

因而由闭映象的定义,有 $y\in f(x)$, $f(x)$ 是闭集.

对于 $a\in X$ 的象 $f(a)$ 的任意 ε 邻域 $U(f(a),\varepsilon)$,当确定出 a 的适当的 δ 邻域 $U(a,\delta)$,若 $x\in U(a,\delta)$ 时有 $f(x)\subseteq U(f(a),\varepsilon)$,则称映象 f 为在 $x=a$ 处是上半

连续的. 在上述的假设之下，若 $f:X\to Y$ 是闭映象，则在各点 $a\in X$ 处是上半连续的. 为了证明这点，现在，设在上半连续性的定义中所提到的 a 的 δ 邻域不存在，则在 a 的 $\frac{1}{v}$ 邻域 $U(a,\frac{1}{v})$ $(v=1,2,3,\cdots)$ 之中，存在着 x^v，使 $f(x^v)\not\subseteq U(f(a),\varepsilon)$. 在这里，可以选定满足 $y^v\in f(x^v)$，$y^v\notin U(f(a),\varepsilon)$ 的点 $y^v\in Y$. 由于 Y 是紧的，所以存在着点列 $\{y^v\}$ 的聚点. 设其中之一为 b，则 (a,b) 成为点列 $\{(x^v,y^v)\}$ 的聚点. 但是，由于 $(x^v,y^v)\in G_f$ $(v=1,2,\cdots)$，G_f 在 $X\times Y$ 上是闭的，所以 $(a,b)\in G_f$，就是说，必须 $b\in f(a)$. 但是，由于 $y^v\notin U(f(a),\varepsilon)$，所以其聚点 $b\notin U(f(a),\varepsilon)$①，就是说，$b\notin f(a)$，而这是矛盾的(图 4).

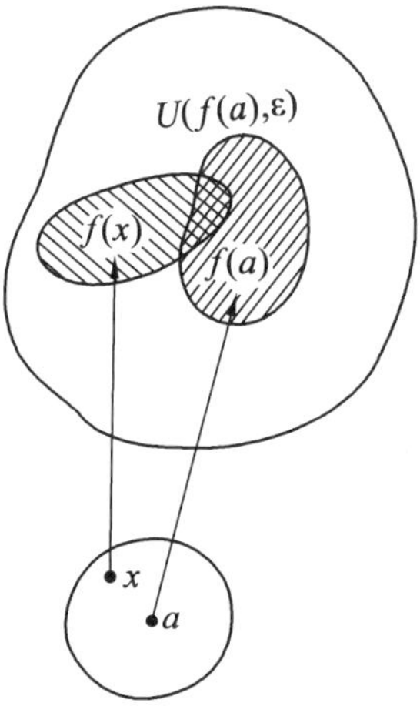

图 4

① 因为 $U(f(a),\varepsilon)$ 是开集，因而 $\{y\mid y\in Y, y\notin U(f(a),\varepsilon)\}$ 是 Y 的闭集.

角谷不动点定理 设 X 为 $\mathbf{R}^n$ 的紧的凸集，$f:X\to X$ 是把 X 的点 x 对应到 X 的非空的凸子集 $f(x)$ 的闭映象，则存在着不动点

$$\hat{x}\in f(\hat{x})$$

证明 由于 X 是紧的，故对于任意的 $\delta>0$，存在着 δ 网.

所谓 δ 网，是说存在 X 的有限个点 a^i $(i=1,2,\cdots,s)$，使在任意点 $x\in X$ 的 δ 邻域，至少存在着一个 a^i. 这是与用有限个 δ 邻域 $U(a^i,\delta)$ $(i=1,2,\cdots,s)$ 来覆盖 X 的全部这件事相当的. 取 X 的点 a 的 δ 邻域 $U(a,\delta)$，如果关于各个点 a 取这种邻域，则显然 $X\subseteq\bigcup\limits_{a\in X}U(a,\delta)$，由于各 $U(a,\delta)$ 是开集，X 是紧的，故由 Heine-Borel 覆盖定理，可以用有限个 $U(a,\delta)$ 来覆盖 X. 这就是 δ 网存在的论据.

对于 $\delta>0$，设把 $\{a^{\delta i}\mid i=1,2,\cdots,s_\delta\}$ 作 δ 网，个数 s_δ 是与 δ 有关的. 若作 s_δ 个连续函数

$$\theta_i^\delta(x)=\max\{0,\delta-\rho(x,a^{\delta i})\}\quad(i=1,2,\cdots,s_\delta)\tag{1}$$

则由 $\theta_i^\delta(x)\geqslant0$ 以及 δ 网的定义，关于某个 i，有 $\rho(x,a^{\delta i})<\delta$，即因为 $\theta_i^\delta(x)>0$，所以到处有 $\sum\limits_{i=1}^{s_\delta}\theta_i^\delta(x)>0$. 故可得 s_δ 个连续函数

$$w_i^\delta(x)=\frac{\theta_i^\delta(x)}{\sum\limits_{j=1}^{s_\delta}\theta_j^\delta(x)}\quad(i=1,2,\cdots,s_\delta)\tag{2}$$

因为 $w_i^\delta(x)\geqslant0$，$\sum\limits_{i=1}^{s_\delta}w_i^\delta(x)=1$，利用这个函数，能够作出把 X 的点 x 映射成为 X 的点 $g_\delta(x)$ 的单值与连续的

映象

$$g_\delta(x) = \sum_{i=1}^{s_\delta} w_i^\delta(x) b^{\delta i} \tag{3}$$

这里 $b^{\delta i}$是就含于$f(a^{\delta i})$的点任意地选定的. 由于$g_\delta(x)$是 $b^{\delta i}$的系数 $w_i^\delta(x)$的凸组合,故易知 $g_\delta(x) \in X$. 式(3)称为库拉托夫斯基映象.

由于 $g_\delta(x)$是把 X 的点连续地映射为 X 的点,故由布劳维定理,存在着使

$$x^\delta = g_\delta(x^\delta) \tag{4}$$

成立的不动点 x^δ(图 5).

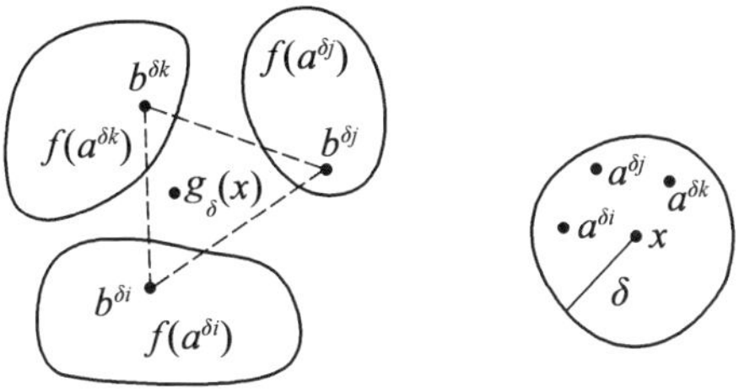

图 5

其次,由于 X 是紧的,故对于适当的正数列$\{\delta_v\}$, $\lim\limits_{v\to\infty}\delta_v = 0$,满足式(4)的点 x^{δ_v}收敛于 X 的点$\hat{x}$. 以下,证明这个$\hat{x}$是f 的不动点.

由于f 是闭映象,故在$\hat{x}$处上半连续,因而,对于$f(\hat{x})$的任意 ε 邻域 $U(f(\hat{x}),\varepsilon)$,存在着$\hat{x}$的 δ 邻域 $U(\hat{x},\delta)$,使得当 $x \in U(\hat{x},\delta)$时

$$f(x) \subseteq U(f(\hat{x}),\varepsilon)$$

其次,将 v 选得充分大,并设 $\delta_v < \dfrac{\delta}{2}$与 $\rho(\hat{x},x^{\delta_v}) < \dfrac{\delta}{2}$都成立. 这时,由 x^{δ_v}的选取方法,有

$$x^{\delta_v}=g_{\delta_v}(x^{\delta_v})=\sum_{i=1}^{s_{\delta_v}}w_i^{\delta_v}(x^{\delta_v})b^{\delta i} \tag{5}$$

若 $w_i^{\delta_v}(x^{\delta_v})>0$，则 $\rho(x^{\delta_v},a^{\delta_v i})<\delta_v<\dfrac{\delta}{2}$，因而

$$\rho(\hat{x},a^{\delta_v i})\leqslant\rho(\hat{x},x^{\delta_v})+\rho(x^{\delta_v},a^{\delta_v i})<\frac{\delta}{2}+\frac{\delta}{2}=\delta$$

即如果 $w_i^{\delta_v}(x^{\delta_v})>0$，则因为 $a^{\delta_v i}\in U(\hat{x},\delta)$，故对于这个号码 i，有

$$b^{\delta_v i}\in f(a^{\delta_v i})\subseteq U(f(\hat{x}),\varepsilon)$$

因此，由于 x^{δ_v}是凸集 $U(f(\hat{x}),\varepsilon)$ 中的点的凸组合，所以

$$x^{\delta_v}\in U(f(\hat{x}),\varepsilon)$$

这里，如果使 $v\to\infty$，则

$$\hat{x}=\lim_{v\to\infty}x^{\delta_v}\in\overline{U}(f(\hat{x}),\varepsilon)$$

由于这个结果对于任意的 $\varepsilon>0$ 成立，所以

$$\hat{x}\in\bigcap_{\varepsilon>0}\overline{U}(f(\hat{x}),\varepsilon)=\overline{f(\hat{x})}=f(\hat{x})$$

这里 $\overline{f(\hat{x})}=f(\hat{x})$ 之所以成立，是因为 $f(\hat{x})$ 为闭集之故.

6.7 关于映象的运算

1. 映象的结合

若 $x\to f(x):X\to Y$ 是闭的点对集合映象，且 $y\to g(y):Y\to Z$ 是单值且连续的映象，则点对集合映象 $x\to g(f(x)):X\to g(Y)$ 也是闭的. 实际上，设

$$x, x^v \in X, \lim_{v\to\infty} x^v = x$$

$$z, z^v \in g(Y), \lim_{v\to\infty} z^v = z, z^v \in g(f(x^v))$$

则由于 Y 是紧的,所以可设

$$z^v = g(y^v), y^v \in f(x^v), \lim_{v\to\infty} y^v = y$$

这样做时,由于 f 为闭的, $y \in f(x)$ 成立,并因 g 是连续的,所以

$$z = \lim_{v\to\infty} z^v = \lim_{v\to\infty} g(y^v) = g(y)$$

因而得到 $z \in g(f(x))$,证明完毕.

2. 映象的直积

设由 s 个闭的点对集合映象 $x \to f^i(x): X \to Y_i$ (Y_i 是紧的)($i = 1, 2, \cdots, s$)来作直积映象

$$x \to f(x): X \to Y = Y_1 \times Y_2 \times \cdots \times Y_s$$

$$f(x) = f^1(x) \times f^2(x) \times \cdots \times f^s(x)$$

则它仍然是闭的. 实际上,设

$$y, y^v \in Y, \lim_{v\to\infty} y^v = y, x, x^v \in X, \lim_{v\to\infty} x^v = x, y^v \in f(x^v)$$

则由于

$$y = (y^1, y^2, \cdots, y^s), y^v = (y^{1v}, y^{2v}, \cdots, y^{sv})$$

$$y^i, y^{iv} \in Y_i, \lim_{v\to\infty} y^{iv} = y^i, y^{iv} \in f^i(x^v)$$

且因各个 f^i 是闭的,所以 $y^i \in f^i(x)$. 因此, $y \in f(x)$.

3. 映象的数乘积

设 $x \to f(x): X \to Y$ 是闭的点对集合映象,则当 α 为实数时,映象 $x \to \alpha f(x): X \to \alpha Y$ 也是闭的. 这是由于考虑到 $g(y) = \alpha y: Y \to \alpha Y$ 为连续函数,所以可适用映象的结合的情况.

4. 映象的矢量和

设把 $x \to f^i(x): X \to Y_i$ (Y_i 是紧的)作为是 s 个闭的点对集合映象,则它们的矢量和

$$x \to f(x) = \sum_{i=1}^{s} f^i(x): X \to Y = \sum_{i=1}^{s} Y_i$$

也是闭的. 如果作这些映象的直积映象

$$x \to f^1(x) \times f^2(x) \times \cdots \times f^s(x): X \to Y_1 \times Y_2 \times \cdots \times Y_s$$

则由映象的直积可知它是闭的. 同时

$$g(y^1, y^2, \cdots, y^s) = \sum_{i=1}^{s} y^i: Y_1 \times Y_2 \times \cdots \times Y_s \to \sum_{i=1}^{s} Y_i$$

是单值连续的. 由于矢量和 f 是

$$f(x) = g(f^1(x), f^2(x), \cdots, f^s(x))$$

故最后,由映象的结合可知,f 是闭的.

4. 映象的扩张

(1)若在两个点对集合映象

$$x \to F(x): X \to Y, x \to g(x): \widetilde{X} \to Y$$

(Y 是紧的)中,$X \subseteq \widetilde{X}$,对于 $x \in X$,使 $f(x) = g(x)$ 成立,则称 g 为 f 的扩张.

以往曾把点对集合映象 $f: X \to Y$ 是闭的这件事,通过图像 G_f 是闭集来定义. 但是,反过来,给定了直积空间 $X \times Y$ 的一个闭集 G,对于任意的 $x \in X$,若使得 $(x, y) \in G$ 的 $y \in Y$ 必定存在,则可定义从 X 到 Y 的点对集合映象

$$f(x) = \{y \mid y \in Y, (x, y) \in G\} \neq \varnothing$$

这时,由于 f 的图像恰好成为 G,所以 f 是闭映象. 这个操作是得到闭映象的便利方法之一,利用这个方法,可以实施映象的闭扩张.

实际上,$f: X \to Y$ 是闭的点对集合映象,进一步,若设 X 是在 $\widetilde{X}$ 上稠密的,则可以把 f 扩张为从 $\widetilde{X}$ 到 Y 的闭映象 g ($g(x) \neq \varnothing$)(Y 照例设为紧的).

证明　虽然f的图像G_f是$X \times Y$上的闭集，但是在$\widetilde{X} \times Y$上却不一定是闭集. 这里，若取它的闭包$\overline{G}_f$，则显然$\overline{G}_f$是$X \times Y$的闭集. 那么，由于X是在$\widetilde{X}$上稠密的，故对于任意的$x \in \widetilde{X}$，可以选取使$x^v \in X$，与$\lim\limits_{v \to \infty} x^v = x$成立的点列$\{x^v\}$. 如果从$f(x^v)$选择一点$y^v$，则由于$Y$是紧的，故由例子可以假定$y^v \to y \in Y(v \to \infty)$. 因而，$(x^v, y^v) \in G_f$，并且因为$(x^v, y^v) \to (x, y) \in \widetilde{X} \times Y$，所以$(x, y) \in \overline{G}_f$. 故按照前述方法，可以定义闭映象

$$g(x) = \{y \mid y \in Y, (x, y) \in \overline{G}_f\}$$

进一步，若$x \in X, y \in f(x)$，则因为$(x, y) \in G_f \subseteq \overline{G}_f$，所以，显然$f(x) \subseteq g(x)$，不仅如此，$g(x) \subseteq f(x)$也是成立的. 实际上，如果取$y \in g(x)$，则$(x, y) \in \overline{G}_f$. 因而，存在着$G_f$的点列$(x^v, y^v)$，$\lim\limits_{v \to \infty}(x^v, y^v) = (x, y)$理当成立，因而$(x, y) \in X \times Y$，并且$G_f$在$X \times Y$上是闭的，所以必定有$(x, y) \in G_f$. 故$y \in f(x)$，即$g(x) \subseteq f(x)$. 如上所述，对于$x \in X$，必有$f(x) = g(x)$.

（2）设$f: X \to Y$为闭映象，这里，设Y是$\mathbf{R}^n$的紧的凸集. 这时，使各个$x \in X$对应于$f(x)$的凸包$C(f(x))$的映象也是闭的.

证明　由已知，$C(f(x))$的点至多是$n+1$个$f(x)$的点的凸组合. 这里，设

$$\lim_{v \to \infty} x^v = x, \lim_{v \to \infty} z^v = z, z^v \in C(f(x^v))$$

则对于某个$y^{sv} \in f(x^v)$，有

$$z^v = \sum_{s=1}^{n+1} \lambda_s^v y^{sv}, \lambda_s^v \geqslant 0, \sum_{s=1}^{n+1} \lambda_s^v = 1 \tag{1}$$

于是

$$y^{sv}\in Y,(\lambda_1^v,\lambda_2^v,\cdots,\lambda_{n+1}^v)\in S_{n+1}$$

由于 Y,S_{n+1} 同时是紧的，照例可以假定

$$\lim_{v\to\infty}(\lambda_1^v,\lambda_2^v,\cdots,\lambda_{n+1}^v)=(\lambda_1,\lambda_2,\cdots,\lambda_{n+1})\in S_{n+1}$$

$$\lim_{v\to\infty}y^{sv}=y^s\in Y\quad(s=1,2,\cdots,n+1)$$

这样做时，由于 f 是闭的，$y^{sv}\in f(x^v)$ 成立，所以 $y^s\in f(x)$. 考虑到这一点，在式(1)中使 $v\to\infty$，则由于

$$z=\sum_{s=1}^{n+1}\lambda_s y^s,\lambda_s\geqslant 0,\ \sum_{s=1}^{n+1}\lambda_s=1$$

所以 $z\in C(f(x))$. 在这里，易知 $x\to C(f(x))$ 是闭的.

(3)综合以上的(1)与(2)，可以得到下列的结果. 设 $X,\widetilde{X},Y$(同一的，或个别的)为欧几里得空间的集合，X 在 $\widetilde{X}$ 上稠密，Y 是紧的凸集. 又设 $f:X\to Y$ 为使 $f(x)\neq\varnothing$ 的闭的点对集合映象，$f(x)$ 恒为凸集. 在这些假定之下，可以把 f 扩张为由 $\widetilde{X}$ 到 Y 的闭映象 h，并且，$h(x)\neq\varnothing$，且恒为凸集.

实际上，由操作(1)，把 f 扩张为 $\widetilde{X}$ 上的闭映象 $x\to g(x)$，并且由操作(2)，作出下列的 $h(x)=C(g(x))$，则 h 成为闭映象，$h(x)\neq\varnothing$ 恒为凸集. 最后，对于 $x\in X$，有 $g(x)=f(x)$，由于 $f(x)$ 本来就是凸的，所以 $C(f(x))=f(x)$. 因而，在 X 上，有 $h(x)=f(x)$，这就做成功了所要求的扩展.

6.8 Walras 法则与经济平衡

为了对以往讲过的两个一般平衡模型以及进而对

与之同系统的模型,统一地来证明平衡解的存在,需要从这些模型中抛弃一些非本质的部分,把一种所谓抽象模型(abstract economic equilibrium model)来定式化,并确立关于这种抽象模型的平衡解存在定理.在这种抽象模型中,仅仅设置着为了达成平衡而起决定性作用的那些重要条件,而在其他点上可以允许做完全自由的解释.所谓重要条件,就是Walras法则的成立与供求函数的连续性这两条.

Gale-Nikaidô 定理[①] 设财货种类为 n 个,并且给定了价格 $p \in S_n$ 的超过供给函数(excess supply function)$\chi(p)$.所谓超过供给的意思,就是供给与需求的差.设 $\chi(p)$ 满足下列条件:

(1)$p \to \chi(p)$ 是把 S_n 的点 p 对应到集合 Γ 的凸子集 $\chi(p) \neq \varnothing$ 的闭映象.但 Γ 是设为 $\mathbf{R}^n$ 的某个超立方体;

(2)广义的Walras法则成立.就是说,若 $x \in \chi(p)$,则

$$px \geqslant 0$$

在以上的假定之下,则在某种适当的价格 $\hat{p} \in S_n$ 下,$\chi(\hat{p})$ 的一切分量是非负的财货组 $\hat{x}$,即包含着正象限 $\mathbf{R}^n_+$ 的点.换言之,$\chi(\hat{p}) \cap \mathbf{R}^n_+ \neq \varnothing$ 成立.

一切财货的超过供给是非负的,在最一般的意义上,就是经济平衡的状态.

---

① 这里的证明是根据后者的.这个定理可以进一步扩张为一般的形式,关于这一点,可参考H. Nikaidô:Existence of equilibrium based on the Walras' law, ISER Discussion Paper No. 2(阪大社研);G. Debreu:Market equilibrium, Proc. Nat. Acad. Sciences(U. S. A.),42, No. 11.

在证明以前,先解释定理的几何意义.

因为通过原点,方向数是 $p\in S_n$ 的超平面 π_p 的方程为

$$px=0$$

故 Walras 法则意味着:集合 $\chi(p)$ 恒在 π_p 的正区域之内. 虽然,在图 6 中,给出了 $n=2$ 情况下的状态,但是相应于 p 的变化,易知集合 $\chi(p)$ 是连续地在 π_p 的正区域内转动的. 假定 $\mathbf{R}_+^n$ 与之不相交,则将被限制在 π_p 与 $\mathbf{R}_+^n$ 之间的范围内移动. 在 $n=2$ 的情况下,也许可以直观地预料 $\chi(p)$ 不能由与 $\mathbf{R}_+^n$ 相交而得. 然而,在 $n\geqslant3$ 的一般情况下,应当注意到定理的结论并不是直观地自明的.

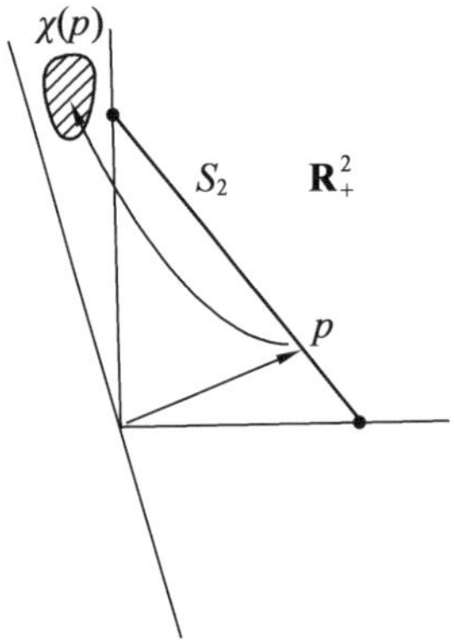

图 6

证明 首先,导入以下的价格操作函数(price manipulating function). 这是对于 $\mathbf{R}^n$ 的点 x,能使价额 px 最小的相应价格 $p\in S_n$,正确地说,就是点对集合映象

$$\theta(x)=\{p\mid \min qx=px, 对于一切的 q\in S_n\} \qquad (1)$$

由于 S_n 是紧的凸集,qx 是 S_n 上线性且连续的,所以

$\theta(x)$是 S_n 的非空凸子集,并且,$\theta(x)$是在 $\mathbf{R}^n$(或 $\mathbf{R}^n$ 的任意子集)上的闭映象. 事实上,若设

$$\lim_{v\to\infty} p^v = p, \lim_{v\to\infty} x^v = x, p^v \in \theta(x^v) \quad (v = 1,2,\cdots)$$

则对于任意的 $q \in S_n$,由于 $p^v x^v \leqslant q x^v$,使 $v\to\infty$,得到 $px \leqslant qx$. 因而,$p \in \theta(x)$成立,于是 $\theta(x)$是闭映象.

虽然 $\theta(x)$是为了证明上的必要而导入的,但是也可以给以经济学的解释. 现在,可以假设有一种假想的拍卖人(auctioneer). 若设超过供给是 x,则使 $p \in \theta(x)$成立的价格是把 x 的价值评价得最低的价格. 于是,期待着供给的增加与需求的减少,这个拍卖人可以解释为叫卖价格 $p \in \theta(x)$.

现在,回到证明的本题. 由于 S_n 是基本单纯形,当然它是紧的凸集,Γ 是超立方体,所以也是紧的凸集. 作直积 $S_n \times \Gamma$,这是 $\mathbf{R}^{2n}$的凸子集,并且是紧的. 所以对于 $S_n \times \Gamma$ 的点(p,x),使对应于 $S_n \times \Gamma$ 的子集

$$f(p,x) = \theta(x) \times \chi(p) \neq \varnothing$$

则由于 $\theta(x)$,$\chi(p)$是凸的,所以这些直积也是凸的. 同时,由于分量的映象

$$x \to \theta(x): \Gamma \to S_n, p \to \chi(p): S_n \to \Gamma$$

同为闭的,所以直积映象

$$(p,x) \to f(p,x) = \theta(x) \times \chi(p): S_n \times \Gamma \to S_n \times \Gamma$$

是闭映象. 这是由于分量映象$(p,x) \to \chi(p): S_n \times \Gamma \to \Gamma$ 以及$(p,x) \to \theta(x): S_n \times \Gamma \to S_n$ 显然为闭的,所以适用 6.7 节的映象的直积,因而可以直接地推得这个结论. 于是,由角谷定理,存在着不动点

$$(\hat{p},\hat{x}) \in f(\hat{p},\hat{x})$$

这个关系式无非是

$$\hat{p} \in \theta(\hat{x}) \tag{2}$$

$$\hat{x} \in \chi(\hat{p}) \tag{3}$$

而已. 这样做时,首先从式(3),再由 Walras 法则,可知 $\hat{p}\hat{x} \geqslant 0$,因而合并式(2),得

$$\min q\hat{x}(\text{对一切 } q \in S_n \text{ 的最小值}) = \hat{p}\hat{x} \geqslant 0$$

就是说,对于任意的 $q \in S_n$,$q\hat{x} \geqslant 0$ 成立. 因而,特别对于 S_n 的顶点

$$e^j = (\overbrace{0,\cdots,0,1}^{j},0,\cdots,0) \quad (j = 1,2,\cdots,n)$$

有 $\hat{x}_j = e^j\hat{x} \geqslant 0$. 这里,易知 $\hat{x} \in \mathbf{R}_+^n$. 于是,证明完毕.

单值映象情况下证明的简化[①] 如果超过供给函数 $\chi(p)$ 是单值函数,即在点对点映象的情况下,则上述的 G-N 定理,可直接用布劳维定理作出证明. 在单值函数情况下,闭映象这件事是与连续性等价的. 因而,在这种情况下,G-N 定理可以叙述如下:

设超过供给函数 $\chi(p)$ 是从 S_n 到 $\mathbf{R}^n$ 的连续映象,并满足广义 Walras 法则 $p\chi(p) \geqslant 0$,则对于某个 $\hat{p}$,$\chi(\hat{p}) \in \mathbf{R}_+^n$ 成立.

证明 设 $\chi(p)$ 的第 j 分量为 $\chi_j(p)$,如果令

$$\theta_j(p) = \max\{-\chi_j(p), 0\} \quad (j = 1,2,\cdots,n) \tag{4}$$

$$\lambda(p) = \frac{1}{1 + \sum_{j=1}^{n} \theta_j(p)} \tag{5}$$

$$\theta(p) = (\theta_1(p), \theta_2(p), \cdots, \theta_n(p)) \tag{6}$$

则映象

---

① 由二阶堂:交换均衡 ζ 不动点定理,东大经济研究会,Note No. 7(1954).

$$p \to \lambda(p)(p+\theta(p)) \tag{7}$$

是从 S_n 到 S_n 的单值连续映象. 故由布劳维定理,存在着不动点 $\hat{p} \in S_n$,使

$$\hat{p} = \lambda(\hat{p})(\hat{p}+\theta(\hat{p}))$$

因而,考虑把(5)放在上面,则由简单的计算可得

$$\sum_{j=1}^{n} \theta_j(\hat{p}) \cdot \hat{p} = \theta(\hat{p}) \tag{8}$$

其次,如果设 $\sum_{j=1}^{n} \theta_j(\hat{p}) > 0$,则由于 $\hat{p}_j > 0$ 与 $\theta_j(\hat{p}) > 0$ 等价,因此 $\hat{p}_j > 0$ 与 $\chi_j(\hat{p}) < 0$ 是等价的. 故得 $\sum_{j=1}^{n} \hat{p}_j \chi_j(\hat{p}) < 0$,而这是与广义 Walras 法则相矛盾的. 因此,由 $\sum_{j=1}^{n} \theta_j(\hat{p}) = 0$ 可得

$$-\chi_j(\hat{p}) \leqslant \theta_j(\hat{p}) = 0$$

就是说

$$\chi_j(\hat{p}) \geqslant 0 \quad (j=1,2,\cdots,n)$$

读者也许会想到,上述的证明在更为一般的情况,即对于 G-N 定理的证明也是可以适用的. 就是说,对于点对集合映象 $\chi(p)$,也可定义(4)~(7). 但是在这种情况下,虽然(7)恰巧是闭映象,但是象 $\lambda(p)(p+\theta(p))$ 为凸集这点却没有保证,因而不能应用角谷定理. 为了克服这个难点,例如应用角谷定理推广的 Eilenberg-Montgomery 定理[①],或 Begle 定理[②],但问

① S. Eilenberg and D. Montgomery: Fixed point theorems for multivalued transformations, Amer. J. Math. Vol. LXVIII, No. 2.

② E. G. Begle: A fixed point theorem, Ann. Math. ,51, No. 3.

题的解决也仍不简单. 因为虽然象的集合 $\lambda(p)(p+\theta(p))$很明显是集合 $\chi(p)$的连续象,但是关于这个集合,要想了解其以上所讲的一些拓扑性质是很难办的事.

以下将就 G-N 定理来叙述两、三件注意事项.

注意 1 设在上述的平衡点$\hat{x}$上,狭义的 Walras 法则可以成立,则由于$\hat{p}\hat{x}=0$,如果结合$\hat{x}\geqslant 0$ 一起考虑,则关于使 $\hat{x}_j>0$ 的分量有$\hat{p}_j=0$,即自由财货的价格为 0.

注意 2 对于 $\chi(p)$,至少有下列的条件成立,即对于 $x\in\chi(p)$,若 $p_j=0$,则第 j 种财货的需求至少要与供给相等,因而 $x_j\leqslant 0$. 在这种的情况下,若设在平衡上的狭义 Walras 法则成立,则关于一切的财货有 $\hat{x}_j=0$,即$\hat{x}=0$. 易知这就是供求完全平衡了.

注意 3 若 $x\in\chi(p)$,$p_j=0$,则在必定使 $x_j<0$ 的那些 $\chi(p)$的情况下,平衡价格$\hat{p}$为正,即$\hat{p}>0$.

以上,如我们以往已举例过的,对于单纯交换模型与 Arrow-Debreu 模型来说,为了证明平衡解的存在而进行的准备工作是完全齐备了.

6.9 平衡解的存在(单纯交换模型的情况)

将由在 6.3 的式(2)所构成的 S_n 上定义的个别需求函数 $\varphi_i(p)$总计得总需求函数

$$\varphi(p)=\sum_{i=1}^{m}\varphi_i(p)$$

对此,在适当的$\hat{p}\in S_n$,能使 $\zeta\in\varphi(\hat{p})$成立就行. 那样,如果作超过供给函数 $\chi(p)=\zeta-\varphi(p)$,则 $\chi(p)\neq\varnothing$

是凸集. 以下,根据 φ_i 的作法,有

$$\varphi_i(p) \subseteq E = \{x \mid 0 \leqslant x \leqslant a\}$$

因此

$$\varphi(p) \subseteq \Delta = \{x \mid 0 \leqslant x \leqslant ma\}$$

因而,若设 $\zeta - \Delta = \Gamma$,那么由于 Γ 是 $\mathbf{R}^n$ 的超立方体,所以

$$\chi(p) \subseteq \Gamma$$

同时,如已经说过的那样,Walras 法则也成立. 但是,对于这个 $\chi(p)$ 不能直接应用 G-N 定理. 这是因为在 S_n 的境界上 $\chi(p)$ 是否为闭映象是件可疑的事情.

例如,当 $n=2$ 时,如图 7 所示,个别需求函数不是闭映象. 现在,若设消费者 i 的第 2 财货的持有量是 0,则当 $p_1=0$ 时,这个消费者的收入是 0,而因 $p_2=1$,对第 2 财货不可能有需求,虽然如此,在 E 的范围内,第 1 财货的需求可以直到最大限度 a_1,故在 $p=(0,1)$ 上,$\varphi_i(p)=(a_1,0)$. 但是,当 $p_1>0$ 时,如果 $x \in \varphi_i(p)$,则由预算制约式,有

$$p_1x_1 \leqslant p_1x_1 + p_2x_2 = p_1 \cdot 1 + p_2 \cdot 0 = p_1$$

将 $p_1>0$ 除上式,就得到

$$x_1 \leqslant 1$$

因此,若设

$$\lim_{v\to\infty} x^v = x, \lim_{v\to\infty} p^v = (0,1), p_1^v > 0, x^v \in \varphi_i(p^v)$$

则

$$x_1 = \lim_{v\to\infty} x_1^v \leqslant 1 < a_1$$

而有 $x \notin \varphi_i(p)$, $p=(0,1)$. 在图 7 中,通过 ζ^i 的直线族分别对应着这些价格的预算制约线 $px = p\zeta^i$,其中虚线表示效用无差别曲线,在中间上下横断的集合把对应于各个 p 的效用最大点联结起来. 这个集合元素中的

一个，点$(a_1,0)$成为孤立点.

因此，直接构成$\chi(p)$的方法多多少少需要做若干修正.

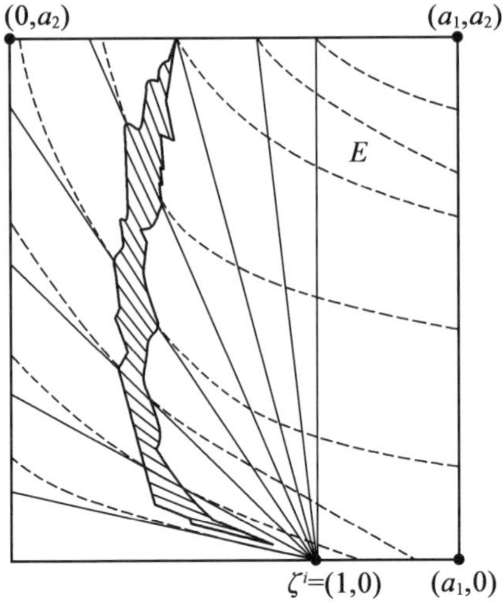

图 7

实际上，用下列手续来构成可以适用于 G-N 定理的$\chi(p)$. 设各个i的收入为$I_i(p)=p\zeta^i$. 进一步，把在S_n的点p上使$I_i(p)>0$的东西的集合记为S_n^i，由于$\zeta^i\geqslant 0$，若$p>0$，则$I_i(p)>0$，于是$p\in S_n^i$. 就是说，若设S_n的开核为S_n^0，则$S_n^0\subseteq S_n^i\subseteq S_n$. 由于$S_n^0$是在$S_n$上稠密的，所以$S_n^i$也在$S_n$上是稠密的. 以下证明作为从$S_n^i$到$E$的点对集合映象的个别需求函数$\varphi_i(p)$，即6.3节式(2)是闭映象.

设

$$\lim_{v\to\infty} p^v=p,p,p^v\in S_n^i,\lim_{v\to\infty} x^v=x,x,x^v\in E,x^v\in\varphi_i(p^v)$$

首先在$p^v x^v\leqslant p^v\zeta^i$中，使$v\to\infty$，则有

$$px\leqslant p\zeta^i$$

这表示 x 反正是能满足对应于 p 的预算制约式的. 以下证明对于使 $py \leqslant p\zeta^i$ 成立的任意的 $y \in E$,必有

$$u_i(x) \geqslant u_i(y)$$

成立. 考虑到 $I_i(p^v) > 0, I_i(p) > 0$,对于上述的 y,若设

$$\lambda_v = \frac{I_i(p^v)}{\max\{I_i(p^v), p^v y\}} \tag{1}$$

则由定义可知 $0 < \lambda_v \leqslant 1$. 此外,由于 $py \leqslant I_i(p)$,所以

$$\lim_{v \to \infty} \max\{I_i(p^v), p^v y\} = \max\{I_i(p), py\} = I_i(p)$$

因此

$$\lim_{v \to \infty} \lambda_v = 1 \tag{2}$$

利用这个 λ_v,如果设 $y^v = \lambda_v y$,则由(2)可知

$$\lim_{v \to \infty} y^v = y \tag{3}$$

并且由简单的计算可知

$$y^v \in E, p^v y^v = \lambda_v p^v y \leqslant I_i(p^v)$$

因此,根据 $x^v \in \varphi_i(p^v)$ 的意义,所以

$$u_i(x^v) \geqslant u_i(y^v)$$

在这里,若使 $v \to \infty$,则由 u_i 的连续性,知

$$u_i(x) \geqslant u_i(y)$$

这样就证明了 x 是在预算制约式 $y \in E, py \leqslant p\zeta^i$ 之下的效用最大点,于是 $x \in \varphi_i(p)$ 成立.

其次,前已叙述象 $\varphi_i(p)$ 是凸集合,所以遵循着 6.7节,(3)的手续,可以作出把 $\varphi_i(p)$ 扩张为闭映象 $\tilde{\varphi}_i(p): S_n \to E$,并且象 $\tilde{\varphi}_i(p) \neq \varnothing$ 的凸集. 关于各个 i,都构成这样的 $\tilde{\varphi}_i(p)$,此时,若设

$$\tilde{\varphi}(p) = \sum_{i=1}^{m} \tilde{\varphi}_i(p) \tag{4}$$

$$\chi(p)=\zeta-\widetilde{\varphi}(p) \tag{5}$$

则这个 $\chi(p)$ 满足了 G-N 定理的一切条件. 但是,超立方体 Γ 是采用了与本节开头同样的内容. 以下来研究为何 G-N 定理的条件能被满足.

由于各 $\widetilde{\varphi}_i(p)$ 的象是凸的,所以 $\chi(p)$ 也是凸的. 此外,由于各个 $\widetilde{\varphi}_i(p)$ 是闭映象,所以 $\chi(p)$ 也是闭映象(6.7 节). 进一步,若设 $x\in\widetilde{\varphi}_i(p)$,则应有

$$x=\sum_{s=1}^{n+1}\lambda_s y^s,\lambda_s\geqslant 0,1=\sum_{s=1}^{n+1}\lambda_s,y^s=\lim_{v\to\infty}y^{sv}$$

$$p=\lim_{v\to\infty}p^v,p^v\in S_n^i,y^{sv}\in\varphi_i(p^v)$$

根据扩张 $\widetilde{\varphi}_i$ 的定义这些是容易理解的. 其次,像以上所叙述过的,由于在 S_n^i 上 $p^v y^{sv}=p^v\zeta^i$ 成立,所以

$$px=\sum_{s=1}^{n+1}\lambda_s\lim_{v\to\infty}(p^v y^{sv})=\sum_{s=1}^{n+1}\lambda_s\lim_{v\to\infty}p^v\zeta^i=p\zeta^i$$

因而,$\chi(p)$ 也满足狭义的 Walras 法则.

在这里,适用 G-N 定理,则对于某个 $\hat{p}\in S_n$,$\chi(\hat{p})$ 必含有某个点 $\hat{x}\geqslant 0$. 将这个 $\hat{x}$ 分解为

$$\hat{x}=\zeta-\sum_{i=1}^{m}\hat{x}^i,\hat{x}^i\in\widetilde{\varphi}_i(\hat{p})$$

现在来证明实际上 $\hat{p}>0$ 是成立的. 假定,关于某种财货设 $\hat{p}_j=0$,于是其他的某种财货,譬如说,第 k 种财货的价格为 $\hat{p}_k>0$. 因为 $\zeta>0$,所以应当存在着第 k 种财货的持有量为正的消费者. 设它为 i,于是

$$I_i(\hat{p})>0$$

因此,由于 $\hat{p}\in S_n^i$,故必须

$$\tilde{\varphi}_i(\hat{p}) = \varphi_i(\hat{p})$$

然而,因为$\hat{p}_j = 0$,所以由 u_i 的严格单调性可知,这位消费者 i 的第 j 种财货的需求量必须是 a_j. 就是说,关于这个 i

$$\hat{x}^i_j = a_j$$

但是,由于$\hat{p}$是平衡价格,所以应当有

$$\hat{x}^i_j \leqslant \sum_{i=1}^{m} \hat{x}^i_j \leqslant \zeta^j < a_j$$

由于产生了这种矛盾,所以关于一切的 j,有$\hat{p}_j > 0$. 于是,因为$\hat{p} \in S^0_n \subseteq S^i_n (i = 1, 2, \cdots, m)$,故关于一切消费者 i,有 $I_i(\hat{p}) > 0$,就是说

$$\tilde{\varphi}_i(\hat{p}) = \varphi_i(\hat{p}) \quad (i = 1, 2, \cdots, m)$$

成立. 实际上是证明了$\hat{x}^i \in \varphi_i(\hat{p})$. 这样做的时候,由 $\sum_{i=1}^{m} \hat{x}^i \leqslant \zeta$,狭义 Walras 法则与$\hat{p} > 0$,如同前节的注意 1,2,3 显然可知

$$\sum_{i=1}^{m} \hat{x}^i \leqslant \zeta$$

成立. 证明完毕.

假设持有量 $\zeta^i > 0 (i = 1, 2, \cdots, m)$,则由于 $S^i_n = S_n$,于是把映象加以扩张的一些步骤是不需要的.

6.10　平衡解的存在(Arrow-Debreu 模型的情况)

6.2 节定理 1 的证明　这种情况与单纯交换模型

中各消费者的持有量为正的模型本质上是相同的. 但是,如前所述,所谓“持有量 ζ^i 为正”的意义,是指一种较广泛的解释,即在 X_i 中使 $\zeta^i > z^i$ 成立的 z^i 是存在的.

关于供求函数的性质,已在6.3节中证明过,它具有紧的凸集为其象,并且满足广义 Walras 法则. 因此,它与超过供给函数具有同样的性质. 所以,剩下来的只要证明它是闭映象就可以了.

关于生产单位 k 的供给函数(6.3节的式(15))是在 S_n 上的闭映象的证明,是与在G-N定理中的价格操作函数是闭映象的证明完全相同的.

以下将可看到证明消费单位 i 的需求函数是在 S_n 上闭的,这与在单纯交换模型中正持有量的情况大体上也相同. 消费单位 i 的收入是

$$p\zeta^i + \sum_{k=1}^{m} \alpha_{ik}\pi_k(p)$$

为了利用上面的 z^i 方便起见,可设

$$I_i(p) = p(\zeta^i - z^i) + \sum_{k=1}^{m} \alpha_{ik}\pi_k(p) \quad (i = 1, 2, \cdots, l) \tag{1}$$

由于 $p(\zeta^i - z^i) > 0$, $\pi_k(p) \geqslant 0$,所以恒有 $I_i(p) > 0$,并且,很明显这是 p 的连续函数. 因此

$$\varphi_i(p) = \{x^i \mid x \in X_i \cap E,\text{在 } p(x - z^i) \leqslant I_i(p) \text{ 之下 } \max u_i(x) = u_i(x^i)\} \tag{2}$$

成立. 由于看到 $\varphi_i(p)$ 是闭映象,若以前节式(1)中的 λ_v 代之(为了作出 $y^v = (1 - \lambda_v)z^i + \lambda_v y$),则除了

$$\lambda_v = \frac{I_i(p^v)}{\max\{I_i(p^v\boldsymbol{v}), p^v(y - z^i)\}} \tag{3}$$

以外,在单纯交换情况下的一些讨论在此仍能适用.因为前节最后一页的注意也是适用的,所以映象的扩张是不需要的.因而,需求函数(6.3节式(17))也成为闭映象,如果参照6.7节,则其结果易于了解超过供给函数

$$\chi(p)=\zeta+\psi(p)-\varphi(p)$$

能满足G-N定理的一切假定.这里,超立方体Γ可以取包含集合

$$\zeta+\overbrace{E+\cdots+E}^{m}-(\overbrace{E+E+\cdots+E}^{l})$$

的任意的超立方体.因而,在适当的$\hat{p}\in S_n$,中,$\chi(\hat{p})$含有非负的点,若将其分解,则可得

$$\sum_{i=1}^{l}\hat{x}^i\leqslant\sum_{k=1}^{m}\hat{y}^k+\zeta$$

由此以下的讨论已经在6.4节中叙述过了.

6.2节定理2的证明 关于供给函数的事情与6.2节定理1是完全同样的.讨论的要点是需求函数的连续性问题.

由假设,虽然各消费单位i的持有量ζ^i是非正的,但是存在着使$\zeta^i\geqslant z^i$成立的$z^i\in X_i$,因此关于至少一个种类的"生产的"财货$j\in P$,成立着$\zeta_j^i>z_j^i$.与6.2节定理1的情况完全相同,可以定义$I_i(p)$,即式(1),遵循前节的讨论,使$I_i(p)>0$成立的p的全体设为S_n^i,则

$$S_n^0\subseteq S_n^i\subseteq S_n$$

并且$\varphi_i(p)$,即式(2)是在S_n^i上的闭映象,且象$\varphi_i(p)$是凸集.故若把这个$\varphi_i(p)$扩张为在S_n全体上的闭映象$\tilde{\varphi}_i(p)$,便可以作出是凸集的象$\tilde{\varphi}_i(p)\neq\varnothing$.利用了这样的$\tilde{\varphi}_i(p)$与$\psi_k(p)$,作出超过供给函数$\chi(p)$,那

么为了证明它能满足 G-N 定理的一切条件，只要重复一下与前节本质上同样的讨论就行了. 故对于$\chi(p)$，平衡解存在. 最后要证明的是，对于平衡价格$\hat{p}\in S_n$，必有$\hat{p}\in S_n^i$ 成立. 因此，关于各个 i

$$\tilde{\varphi}_i(\hat{p})=\varphi_i(\hat{p})$$

为此，置于平衡下的"生产的"财货的价格，只要证明一切都是正的就行了. 以下，我们将证明这一点，然而，由于讨论稍长，所以分成几个阶段来叙述.

第 1 段　设将$\hat{p}$作为 $\chi(p)$的平衡价格，把

$$\hat{x}^i\in\tilde{\varphi}_i(\hat{p}),\hat{y}^k\in\psi_k(\hat{p}),\zeta+\sum_{k=1}^{m}\hat{y}^k\geqslant\sum_{i=1}^{l}\hat{x}^i$$

作平衡的供求量的分解. 由于$\hat{y}^k\in\psi_k(\hat{p})$，并且$\hat{y}^k\in\tilde{Y}_k$，所以 6.4 节(i)的讨论对它还是适用的，故

$$\hat{y}=\sum_{k=1}^{m}\hat{y}^k$$

是在 $Y=\sum_{k=1}^{m}Y_k$ 全域上的$\hat{p}y$ 的最大点. 其次，在这里，对于平衡价格$\hat{p}$，假定某种"生产的"财货 $h\in P$ 的价格是$\hat{p}_h=0$. 可以证明这个假定在证明的最后阶段是会产生矛盾的. 首先，为了叙述的方便，设 $h=1$. 这样，由"生产的"财货的定义，对于$\hat{y}$，存在 $y\in Y$，使 $y_j\geqslant\hat{y}_j(j\neq1)$，并且 $y_d>\hat{y}_d$(对于至少一个 $d\in D$ 来说). 这里 D 是一切消费单位的需求财货的号码的集合. 这样，由于$\hat{y}$是在 Y 上$\hat{p}y$ 的最大点，故对于上面所记的 y，有

$$0 \geqslant \hat{p}(y-\hat{y}) = \sum_{j=1}^{n} \hat{p}_j(y_j-\hat{y}_j) = \sum_{j=2}^{n} \hat{p}_j(y_j-\hat{y}_j)$$
$$\geqslant \hat{p}_d(y_d-\hat{y}_d)$$

但是,由于 $y_d > \hat{y}_d$,因此必须$\hat{p}_d = 0$. 因此,如果在"生产的"财货中有价格为0的东西,那么至少有一个需求财货的价格是0.

第2段 由于$\hat{x}^i \in \tilde{\varphi}_i(\hat{p})$,故按定义应有

$$\hat{x}^i = \sum_{s=1}^{n+1} \lambda_s^i x^{si}, \lambda_s^i \geqslant 0, \sum_{s=1}^{n+1} \lambda_s^i = 1 \tag{4}$$

$$\lim_{v\to\infty} x^{siv} = x^{si}, x^{siv} \in \varphi_i(p^v) \quad (s=1,2,\cdots,n+1) \tag{5}$$

$$\lim_{v\to\infty} p^v = \hat{p}, p^v \in S_n^i \tag{6}$$

首先,从式(5)的右边一式,关于每一组各个 v, $n+1$ 个 $u_i(x^{siv})$ $(s=1,2,\cdots,n+1)$ 的一切值相等,同时,根据 u_i 的连续性, $n+1$ 个极限值

$$\lim_{v\to\infty} u_i(x^{siv}) = u_i(x^{si}) \quad (s=1,2,\cdots,n+1) \tag{7}$$

也相等,然而,因为它的连续性与条件Ⅲ. c,故 u_i 是拟凹函数. 由于 $n+1$ 个 $u_i(x^{si})$ $(s=1,2,\cdots,n+1)$ 都相等以及式(4),故由拟凹性得

$$u_i(\hat{x}^i) \geqslant u_i(x^{si}) \quad (s=1,2,\cdots,n+1) \tag{8}$$

现在,对某个 $x^i \in E \cap X_i$,设 $u_i(x^i) > u_i(\hat{x}^i)$,则由式(8),有

$$u_i(x^i) > u_i(x^{si})$$

因此,关于充分大的 v,由于从式(7)得 $u_i(x^i) > u_i(x^{siv})$,所以

$$p^v(x^i - z^i) > I_i(p^v)$$

就是说, $p^v x^i > p^v x^{siv}$ 成立. 这里,如使 $v\to\infty$,则 $\hat{p} x^i \geqslant$

$\hat{p}x^{si}$. 因而,对于作为 x^{si} 的凸组合的 $\hat{x}^i$ 来说,$\hat{p}x^i \geqslant \hat{p}\hat{x}^i$ 成立. 集中归纳这些结果,若设 $x^i \in E \cap X_i$, $u_i(x^i) > u_i(\hat{x}^i)$,则得到证明

$$\hat{p}x^i \geqslant \hat{p}\hat{x}^i$$

第 3 段 像在第 1 段中证明的那样,关于某个需求财货 $d \in D$,有 $\hat{p}_d = 0$. 由需求财货的定义,可以适当地选取 $\lambda > 0$,并假设 $\hat{x}^i + \lambda e^d \in X_i$,以及

$$u_i(\hat{x}^i + \lambda e^d) > u_i(\hat{x}^i) \tag{9}$$

这里,$e^d = (\overbrace{0,\cdots,0}^{d},1,0,\cdots,0)$. 设式(9)成立,则再按 u_i 的条件Ⅲ. c 可知对于线段$(\hat{x}^i, \hat{x}^i + \lambda e^d]$上的点 w,有

$$u_i(w) > u_i(\hat{x}^i)$$

其次,因为 $\zeta + \sum_{k=1}^{m} \hat{y}^k \geqslant \sum_{i=1}^{l} \hat{x}^i$,所以 $\hat{x}^i \in \widetilde{X}_i$. 因而,$\hat{x}^i$ 是 E 的内点. 如果在上述的线段上把 w 取得与 $\hat{x}^i$ 充分地靠近,则 w 也是 E 的内点. 这里,若考虑到 $w = \hat{x}^i + \mu e^d$, $0 < \mu \leqslant \lambda$,则结果在 $E \cap X_i$ 内有着其形式为 $\hat{x}^i + \mu e^d$ 的点,易知它成为 E 的内点.

其次,取完全任意的 $x^i \in X_i$,作 $\hat{x}^i$ 与 x^i 的凸组合

$$x^i(t) = (1-t)\hat{x}^i + tx^i \quad (0 < t < 1) \tag{10}$$

若把 t 设为充分地小,则可以证明

$$x^i(t) + \mu e^d \in E \cap X_i$$

并且

$$u_i(x^i(t) + \mu e^d) > u_i(\hat{x}^i) \tag{11}$$

因为，在上述的 $w=\hat{x}^i+\mu e^d$ 之中，有一些适当的点成为 E 的内点，同时 u_i 是连续的，并且 $u_i(w)>u_i(\hat{x}^i)$ 成立，所以，把 t 取得充分小时，$x^i(t)+\mu e^d$ 就可与 w 很接近，于是就能获得所需要的结果①.

因而，利用第2段的结果，对于适当的 $t>0$，有

$$\hat{p}(x^i(t)+\mu e^d)\geqslant\hat{p}\hat{x}^i \tag{12}$$

在这里，若考虑到 $\hat{p}_d=0$，由于 $\mu\hat{p}e^d=0$，所以式(12)就是 $\hat{p}x^i(t)\geqslant\hat{p}\hat{x}^i$，即

$$(1-t)\hat{p}\hat{x}^i+t\hat{p}x^i\geqslant\hat{p}\hat{x}^i$$

整理此式，并用 $t>0$ 去除，就有

$$\hat{p}x^i\geqslant\hat{p}\hat{x}^i \tag{13}$$

由以上所述，可知 $\hat{x}^i$ 是对于一切 $x^i\in X_i$ 而言的 $\hat{p}x^i$ 的最小点. 同时，可知这个结论是关于一切消费单位 i 成立的. 所以，$\hat{x}=\sum_{i=1}^{l}\hat{x}^i$ 是在 $X=\sum_{i=1}^{l}X_i$ 上的 $\hat{p}x$ 的最小点.

第4段 关于各个 i，在预算制约式成立时，有

$$\hat{p}\hat{x}^i=\hat{p}\zeta^i+\sum_{k=1}^{m}\alpha_{ik}\pi_k(\hat{p}) \tag{14}$$

成立. 我们用反证法来证. 假设关于某个 i，式(14)不成立，而成立着严格不等号，则由于 $\hat{p}(\hat{x}^i-z^i)<I_i(\hat{p})$，对于第3段中所说的 $w=\hat{x}^i+\mu e^d$，若把 $\mu>0$ 取得充分地小，同时，又把 $\boldsymbol{v}$ 取得充分地大，则由连续性可以使

① 要将 μ 进一步地取得使 $x^i+\mu e^d\in X_i$ 得以成立的那种充分小. 因此，注意

$$x^i(t)+\mu e^d=(1-t)(\hat{x}^i+\mu e^d)+t(x^i+\mu e^d)\in X_i$$

成立.

$$p^v(w-z^i)<I_i(p^v)\text{与 }u_i(w)>u_i(x^{siv})$$

同时成立. 但由于 $w\in E\cap X_i$，这引起了矛盾. 故关于一切 i，式(14)成立. 若取其总和，则易知$\hat{x}$，$\hat{y}$，ζ 之间，狭义 Walras 法则成立.

第 5 段 由 6.2 节第 2 定理的假定，存在着使 $x^0<y^0+\zeta$ 成立的 $x^0\in X$ 与 $y^0\in Y$. 取这些 x^0，y^0，如果作$\hat{p}$与它们的内积，则虽然

$$\hat{p}x^0<\hat{p}y^0+\hat{p}\zeta$$

成立，但像上面(第 1 段)那样，因为$\hat{y}$是在 Y 中$\hat{p}y$ 上的最大点，所以

$$\hat{p}y^0\leqslant\hat{p}\hat{y}$$

同时，由第 3 段的结果，因为$\hat{x}$是在 X 中$\hat{p}x$ 的最小点，所以

$$\hat{p}\hat{x}\leqslant\hat{p}x^0$$

把这些不等式结合起来考虑，则有

$$\hat{p}\hat{x}<\hat{p}\hat{y}+\hat{p}\zeta \tag{15}$$

这与第 4 段中已证明了的狭义 Walras 法则矛盾.

证明最后阶段所产生的矛盾，其根源是在第 1 段中我们假定了某种“生产的”财货的价格是 0 的缘故. 因而，关于一切 $h\in P$，必有$\hat{p}_h>0$. 于是

$$I_i(\hat{p})>0\quad(i=1,2,\cdots,l)$$

就是说，$\hat{p}\in S_n^i(i=1,2,\cdots,l)$成立，关于一切的消费单位 i，有

$$\tilde{\varphi}_i(\hat{p})=\varphi_i(\hat{p})$$

以上 6.2 节定理 2 完全被证明了.

球面上的映射与不动点定理

第7章

复旦大学数学系是我国基础数学研究及数学的重镇. 多年以来该系一直在尝试着对数学专业的教材进行改革. 数学学科与某些别的学科不同,它的基础知识相对来说是比较成熟和稳定的. 其中大量经典的内容,即便是按照现代科学的发展水平来看,也是必不可少的. 这是一个基本事实,以下是从李元熹和张国木梁两位先生所编讲义中选取的内容.

利用同调论可以得到关于球面上映射的一些有用且有趣的结果.

7.1 拓扑度

讨论 n 维球面 S^n 到自身连续映射的同伦类所成的集合 $[S^n, S^n]$ 是映射的同伦分类问题中最基本的. 而且很多几何问题的解决都有赖于对这种集合性质的了解. 研究这种集合结构的一种方法是:对每个映射 $f: S^n \to S^n$ 联系一个整数,建立起对应$[S^n,S^n]\to\mathbf{Z}$. 直观上容易想象,对于映射$f:S^1\to S^1$,点x在S^1上逆时针方向移动一周时,$f(x)$在S^1上逆时针或顺时针方向移动若干周,即可确定一个整数,它刻画了f将S^1缠绕在S^1上的圈数与绕向,事实上它只依赖于f所属的同伦类,这就是拓扑度概念的直观背景.

定义 1 设$f:S^n\to S^n(n\geqslant 1)$是连续映射,$(K,\varphi)$是$S^n$的一个剖分,以$[z]$记$H_n(K)$的母元. 令$\tilde{f}=\varphi^{-1}f\varphi:|K|\to|K|$,则存在整数$\rho$,使得$\tilde{f}_{*n}([z])=\rho[z]$,$\rho$称为$f$的拓扑度(或映射度、布劳维度),记为$\deg f$(图 1).

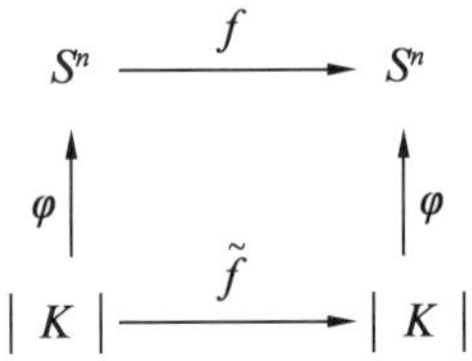

图 1

容易验证拓扑度$\deg f$与S^n的剖分(K,φ)和$H_n(K)$的母元$[z]$的选取无关.

利用映射诱导同态的性质易得:

定理 1 设$f,g:S^n\to S^n$是连续映射,则:

(1)若$f\simeq g:S^n\to S^n$,则$\deg f=\deg g$;

(2)$\deg(fg)=\deg f\cdot\deg g$;

(3)$\deg 1_{S^n}=1$,$\deg c=0$,$\deg h=\pm 1$,其中$c,h:S^n\to S^n$分别是常值映射与同胚.

证明 我们只证明(2),其他留给读者(图 2).

设(K,φ)是S^n的一个剖分,则

$$\tilde{g}=\varphi^{-1}g\varphi,\tilde{f}=\varphi^{-1}f\varphi$$

$$\widetilde{fg}=\varphi^{-1}(fg)\varphi=(\varphi^{-1}f\varphi)(\varphi^{-1}g\varphi)=\tilde{f}\tilde{g}$$

因此

$$\begin{aligned}\widetilde{fg}_{*n}([z])&=(\tilde{f}\tilde{g})_{*n}([z])=\tilde{f}_{*n}\tilde{g}_{*n}([z])\\&=\tilde{f}_{*n}(\deg g[z])=\deg g\,\tilde{f}_{*n}([z])\\&=(\deg g\cdot\deg f)[z]\end{aligned}$$

即

$$\deg(fg)=\deg f\cdot\deg g$$

由定理 1,可以定义对应 $\deg_{\#}:[S^n,S^n]\to\mathbf{Z}$,使得

$$\deg_{\#}([f])=\deg f,[f]\in[S^n,S^n]$$

霍普夫证明了下面的著名结果,它表明 S^n 到自身的连续映射,从同伦的观点来看是由其拓扑度唯一决定的.

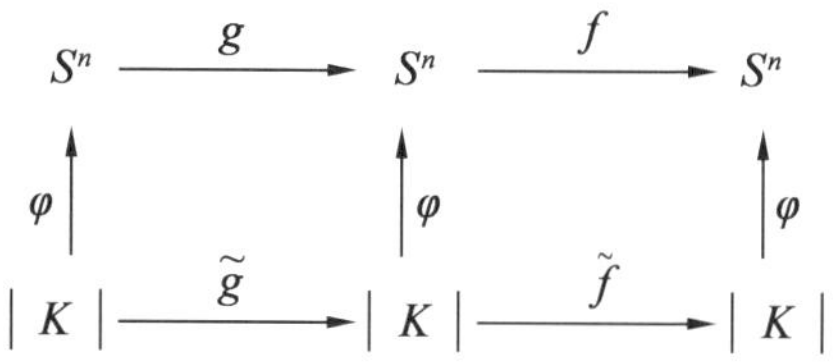

图 2

霍普夫度数定理　$\deg_{\#}:[S^n,S^n]\to\mathbf{Z}$ 是一一对应.

拓扑度的概念是先由布劳维提出,定义如下:设 $f:S^n\to S^n$ 是连续映射,(K,φ) 与 (L,ψ) 是 S^n 的两个剖分,使得 $\hat{f}=\psi^{-1}f\varphi:|K|\to|L|$ 有单纯逼近 $g:K\to L$. K 与 L 是能定向的伪流形,$H_n(K)\cong\mathbf{Z}\cong H_n(L)$. 于是存在 K 与 L 的 n 维基本组 $S_n^+(K)$ 与 $S_n^+(L)$,使得闭链

$$z=\sum_{\sigma\in S_n^+(K)}\sigma,w=\sum_{\tau\in S_n^+(L)}\tau$$

所决定的同调类 $[z]$ 与 $[w]$ 分别是 $H_n(K)$ 与 $H_n(L)$ 的母元,且 $(\psi^{-1}\varphi)_{*n}([z])=[w]$. 设 $g_n:C_n(K)\to C_n(L)$ 是 g 决定的链映射,τ 是 L 的一个 n 维有向单

形. 以 $p(\tau)$ 与 $q(\tau)$ 分别记使得 $g_n(\sigma)=\tau$ 与 $g_n(\sigma)=-\tau$ 的 K 中 n 维有向单形 σ 的个数.

定理 2 $\deg f=p(\tau)-q(\tau)$.

证明 因为 g 的单纯映射,按 g_n 的性质,存在整数 ρ,使得 $g_n(z)=\rho w$,所以 $p(\tau)-q(\tau)=\rho$,且有

$$\hat{f}_{*n}([z])=g_{*n}([z])=\rho[w]$$

另一方面

$$\begin{aligned}\tilde{f}_{*n}([z])&=(\varphi^{-1}f\varphi)_{*n}([z])\\&=(\varphi^{-1}\psi)_{*n}\hat{f}_{*n}([z])\\&=(\varphi^{-1}\psi)_{*n}(\rho[w])=\rho[z]\end{aligned}$$

根据拓扑度的定义即得

$$\deg f=\rho=p(\tau)-q(\tau)$$

作为拓扑度理论的一个简单应用,我们证明广义介值定理. 数学分析中的介值定理是说,对于连续函数 $f:[-1,1]\to\mathbf{R}$,若 $f(-1)\cdot f(1)<0$,则必定存在 $x^*\in(-1,1)$,使得 $f(x^*)=0$. 注意到 $D^1=[-1,1]$,$S^0=\{-1,1\}$,连接函数 f 给出映射 $\varphi:S^0\to S^0$,定义为 $\varphi(x)=\dfrac{f(x)}{|f(x)|}$. 推广拓扑度的概念到零维,令

$$\deg\varphi=\begin{cases}1,当\ \varphi=1_{S^0}\\0,当\ \varphi=常值映射\\-1,当\ \varphi=-1_{S^0}\end{cases}$$

于是介值定理可表述为:当 $\deg\varphi\neq0$ 时,必存在 $x^*\in D^1-S^0$,使得 $f(x^*)=0$. 这个定理的高维形式即为:

定理 3 设 $f:D^n\to\mathbf{R}^n$ 是连续映射,$\mathbf{0}\notin f(S^{n-1})$. 令 $\varphi:S^{n-1}\to S^{n-1}$ 为 $\varphi(\boldsymbol{x})=\dfrac{f(\boldsymbol{x})}{\|f(\boldsymbol{x})\|}$,$\boldsymbol{x}\in S^{n-1}$. 那么当 $\deg\varphi\neq0$ 时,必定存在 $\boldsymbol{x}^*\in D^n-S^{n-1}$,满足 $f(\boldsymbol{x}^*)=\mathbf{0}$.

证明　若对所有 $\boldsymbol{x}\in D^n$，$f(\boldsymbol{x})\neq\boldsymbol{0}$，则可以定义连续映射 $H:S^{n-1}\times I\to S^{n-1}$，由

$$H(\boldsymbol{x},t)=\frac{f(t\boldsymbol{x})}{\|f(t\boldsymbol{x})\|}$$

给出. 易见

$$H(\boldsymbol{x},0)=\frac{f(\boldsymbol{0})}{\|f(\boldsymbol{0})\|}$$

是常值映射，且

$$H(\boldsymbol{x},1)=\frac{f(\boldsymbol{x})}{\|f(\boldsymbol{x})\|}=\varphi(\boldsymbol{x})$$

于是 φ 零伦，由拓扑度的性质得 $\deg\varphi=0$，与假设矛盾(图 3).

由定理 1 可知，S^n 上的恒同映射不零伦，因此 S^n 不是可缩空间.

为了后面的需要，再计算两个特殊映射的拓扑度.

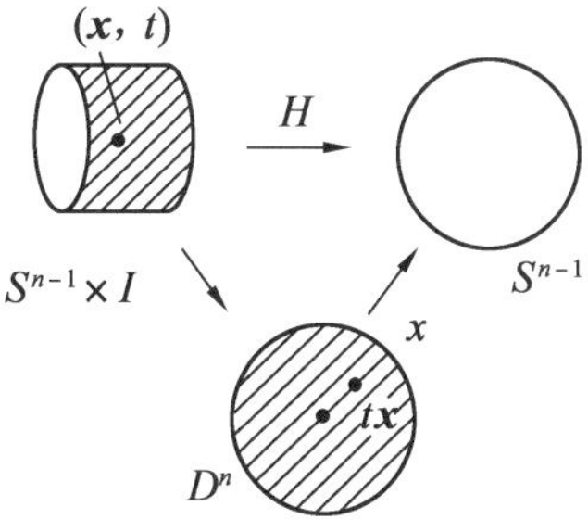

图 3

定义 2　映射 $r,r_i:S^n\to S^n$ 分别定义如下：对 $\boldsymbol{x}=(x_1,\cdots,x_{n+1})\in S^n$，令

$$r(\boldsymbol{x})=-\boldsymbol{x}$$

$$r_i(\boldsymbol{x})=(x_1,\cdots,-x_i,\cdots,x_{n+1})$$

r_i 称为关于第 i 个坐标平面的反射，ρ_r 称为对径映射，$\boldsymbol{x}$ 与 $-\boldsymbol{x}$ 称为一对对径点(图 4).

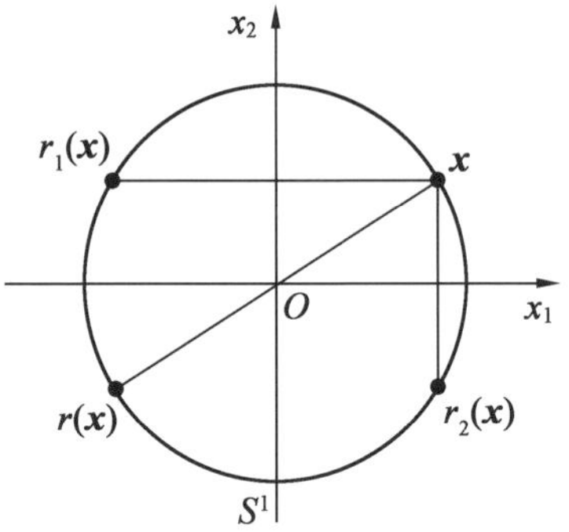

图 4

我们也用 $r, r_i: \mathbf{R}^{n+1} \to \mathbf{R}^{n+1}$ 表示用上面两式定义的映射,冠以同样的名称.

显然,$r = r_1 \cdots r_{n+1}$.

为计算 $\deg r_i$,我们取 S^n 的一种特殊剖分——八面形剖分如下:如图 5,令 $\boldsymbol{e}_i = (0, \cdots, 0, \overset{i}{1}, 0, \cdots, 0) \in \mathbf{R}^{n+1}$ 是第 i 个坐标向量,$\boldsymbol{e}_{-i} = -\boldsymbol{e}_i$. 当 $|i_0| < |i_1| < \cdots < |i_p|$ 时,$\boldsymbol{e}_{i_0}, \cdots, \boldsymbol{e}_{i_p}$ 几何独立,因而张成 $\mathbf{R}^{n+1}$ 中的单形. 所有这些单形组成复形 Σ,它的伴随多面体为

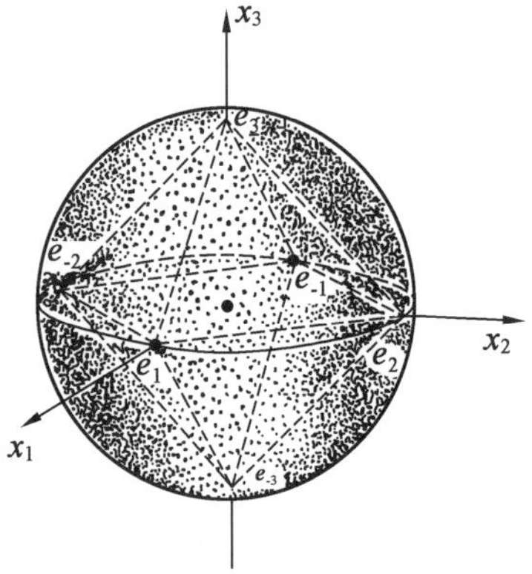

图 5

$$|\Sigma| = \{(x_1,\cdots,x_{n+1}) \in \mathbf{R}^{n+1} | \sum_{i=1}^{n+1} |x_i| = 1\}$$

中心辐射 $\varphi: |\Sigma| \to S^n$ 给出 S^n 的剖分. 设 S_n^+ 是 Σ 的满足能定向性条件的一个 n 维基本组，且 $\langle \boldsymbol{e}_1, \boldsymbol{e}_2, \cdots, \boldsymbol{e}_{n+1} \rangle \in S_n^+$，则它与 $-\langle \boldsymbol{e}_{-1}, \boldsymbol{e}_2, \cdots, \boldsymbol{e}_{n+1} \rangle$ 对 $\langle \boldsymbol{e}_2, \cdots, \boldsymbol{e}_{n+1} \rangle$ 的关联系数恰反号，故 $-\langle \boldsymbol{e}_{-1}, \boldsymbol{e}_2, \cdots, \boldsymbol{e}_{n+1} \rangle \in S_n^+$. 现在设

$$\boldsymbol{z} = \langle \boldsymbol{e}_1, \boldsymbol{e}_2, \cdots, \boldsymbol{e}_{n+1} \rangle + \cdots - \langle \boldsymbol{e}_{-1}, \boldsymbol{e}_2, \cdots, \boldsymbol{e}_{n+1} \rangle + \cdots$$

则 $[\boldsymbol{z}]$ 是 $H_n(K)$ 的母元. $\tilde{r}_1 = \phi^{-1} r_1 \varphi: |\Sigma| \to |\Sigma|$ 实际上也是关于第 1 个坐标平面的反射，它是单纯映射，$\tilde{r}_1$ 决定的链映射 $(\tilde{r}_1)_n$ 满足

$$(\tilde{r}_1)_n(\langle \boldsymbol{e}_1, \boldsymbol{e}_2, \cdots, \boldsymbol{e}_{n+1} \rangle) = \langle \boldsymbol{e}_{-1}, \boldsymbol{e}_2, \cdots, \boldsymbol{e}_{n+1} \rangle$$
$$\vdots$$
$$(\tilde{r}_1)_n(\langle \boldsymbol{e}_{-1}, \boldsymbol{e}_2, \cdots, \boldsymbol{e}_{n+1} \rangle) = \langle \boldsymbol{e}_1, \boldsymbol{e}_2, \cdots, \boldsymbol{e}_{n+1} \rangle$$
$$\vdots$$

从而

$$(\tilde{r}_1)_n(\boldsymbol{z}) = -\boldsymbol{z}, (\tilde{r}_1)_{*n}([\boldsymbol{z}]) = -[\boldsymbol{z}]$$

即得 $\deg r_1 = -1$. 这样就证明了：

定理 4　$\deg r_i = -1, \deg r = (-1)^{n+1}$.

当 $f: S^n \to S^n$ 满足某些光滑性条件时，$\deg f$ 可用积分来表示. 特别地，若 $f: S^1 \to S^1$ 由 $f(\theta) = (x(\theta), y(\theta))$ 给出，其中 $\theta \in [0, 2\pi]$，且 $x(0) = x(2\pi)$，$y(0) = y(2\pi)$，$x^2(\theta) + y^2(\theta) = 1$. 根据拓扑度刻画了 f

将 S^1 绕在 S^1 上层数的直观想法,可以想到下述表达式

$$\deg f=\frac{1}{2\pi}\int_0^{2\pi}\varphi'(\theta)\,\mathrm{d}\theta$$

其中 $\varphi(\theta)=\tan^{-1}\frac{y(\theta)}{x(\theta)}$,$\varphi'(\theta)=xy'-x'y$. 因此

$$\deg f=\frac{1}{2\pi}\int_0^{2\pi}(xy'-x'y)\,\mathrm{d}\theta$$

这里不给出它的严格证明.

设 $q_n:S^1\to S^1$ 是 n 次幂函数,q_n 的分量形式为 $x(\theta)=\cos n\theta$,$y(\theta)=\sin n\theta$,于是 $\deg q_n=n$.

7.2 球面的向量场

下面利用拓扑度的理论来讨论球面上向量场的问题.

定义 设 X 是 $\mathbf{R}^{n+1}$ 中的可剖空间,连续映射 $v:X\to\mathbf{R}^{n+1}$ 称为 X 上的 $\mathbf{R}^{n+1}$ - 向量场. 若对所有 $\boldsymbol{x}\in X$,$v(\boldsymbol{x})\neq\mathbf{0}$,则称 v 是非零的 $\mathbf{R}^{n+1}$ - 向量场. 设 $v:S^n\to\mathbf{R}^{n+1}$ 是 S^n 上的 $\mathbf{R}^{n+1}$ - 向量场,若对所有 $\boldsymbol{x}\in S^n$,$\boldsymbol{x}\cdot v(\boldsymbol{x})=0$,即 $\boldsymbol{x}$ 与 $v(\boldsymbol{x})$ 正交,则称 v 是 S^n 的切向量场. S^n 的非零切向量场简称为 S^n 的向量场.

当我们把 $v(\boldsymbol{x})$ 的起点移到 $\boldsymbol{x}$,则非零的 $\mathbf{R}^{n+1}$ - 向量场直观上就是 X 上的一族连续变化的"箭头";对于 S^n 的向量场来说,这些箭头都在相应的切平面中.

定理 1(布劳维 - 庞加莱) S^n 上存在向量场的

充要条件为 n 是奇数.

证明　充分性. 设 n 是奇数,表示成 $n=2k-1$,则由

$$v(x_1,x_2,\cdots,x_{2k-1},x_{2k})=(-x_2,x_1,\cdots,-x_{2k},x_{2k-1})$$

给出的映射

$$v:S^{2k-1}\to\mathbf{R}^{2k}$$

显然满足

$$\|v(\boldsymbol{x})\|\equiv1\neq0,\boldsymbol{x}\cdot v(\boldsymbol{x})=0$$

因此 v 是 S^{2k-1}的向量场(图 6).

必要性. 设存在 S^n 的向量场 $v:S^n\to\mathbf{R}^{n+1}$,则对所有 $\boldsymbol{x}\in S^n$,$v(\boldsymbol{x})\neq\mathbf{0}$ 且 $\boldsymbol{x}\cdot v(\boldsymbol{x})=0$. 不妨设 $\|v(\boldsymbol{x})\|\equiv1$,从而有连续映射 $v:S^n\to S^n$. 令 $H:S^n\times I\to S^n$ 为

$$H(\boldsymbol{x},t)=\boldsymbol{x}\cos\pi t+v(\boldsymbol{x})\sin\pi t$$

(图 7)易验证 H 的定义合理且连续

$$H(\boldsymbol{x},0)=\boldsymbol{x}=1_{S^n}(\boldsymbol{x}),H(\boldsymbol{x},1)=-\boldsymbol{x}=r(\boldsymbol{x})$$

即 $1_{S^n}\simeq r:S^n\to S^n$,其中 r 是对径映射. 因此 $\deg r=(-1)^{n+1}=1$,n 必为奇数.

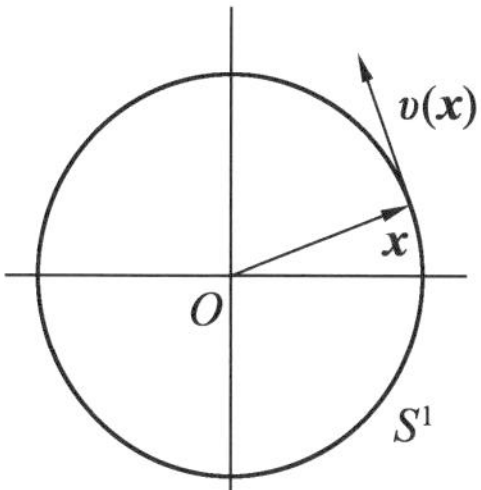

图 6

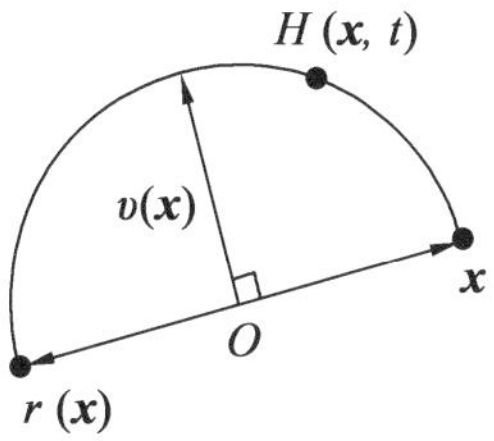

图 7

例　设 $v:S^2\to\mathbf{R}^3$是 S^2 上的 $\mathbf{R}^3$ - 向量场,则必定存在 $\boldsymbol{x}^*\in S^2$,使得 $v(\boldsymbol{x}^*)$与 S^2 在 $\boldsymbol{x}^*$ 处的切平面垂直.

证明 将 $v(\boldsymbol{x})$ 向 S^2 在 $\boldsymbol{x}$ 处的切平面投影得 $u(\boldsymbol{x})$（图 8），即

$$u(\boldsymbol{x})=v(\boldsymbol{x})-(\boldsymbol{x}\cdot v(\boldsymbol{x}))\boldsymbol{x}$$

易见 $\boldsymbol{x}\cdot u(\boldsymbol{x})=0$. 于是 $u:S^2\to\mathbf{R}^3$ 是 S^2 上的切向量场，由定理 1，必存在 $\boldsymbol{x}^*\in S^2$，使得 $u(\boldsymbol{x}^*)=\mathbf{0}$，即 $v(\boldsymbol{x}^*)=(\boldsymbol{x}^*\cdot v(\boldsymbol{x}^*))\boldsymbol{x}^*$. 这就表明 $v(\boldsymbol{x}^*)$ 与 S^2 在 $\boldsymbol{x}^*$ 处的切平面垂直.

为了直观地理解定理 1 与上例，设想在一个篮球上布满了"头发"，则不可能梳这些"头发"，使得它们连续地贴在篮球上（定理 1），或者无论如何梳，只要这些"头发"连续地变化，那么至少有一处的"头发"与篮球垂直（例）.

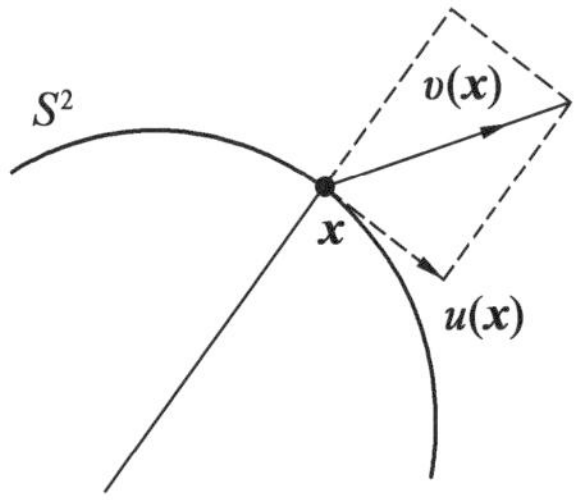

图 8

关于球面上向量场的更精致的结果由下面定理给出.

设 $v_1,\cdots,v_k$ 是 S^n 上的向量场，如果对所有 $\boldsymbol{x}\in S^n$，向量 $v_1(\boldsymbol{x}),\cdots,v_k(\boldsymbol{x})$ 都线性无关，那么称这 k 个向量场是线性无关的.

对于正整数 n，将 n 表示为 $n=(2a+1)2^b$，并将 b 表示为 $b=c+4d$，其中 a,b,c,d 是非负整数，$0\leqslant c\leqslant 3$. 令 $\rho(n)=2^c+8d$.

定理 2（Hurwitz-Radon-Eckman-Adams） S^{n-1} 上存在 $\rho(n)-1$ 个线性无关的向量场，但不存在 $\rho(n)$ 个.

7.3　布劳维度:历史及数值计算①

1. 引言

非线性分析中存在性证明的主要工具之一是布劳维度:如果一个映射不是局部满的,则它的布劳维度等于零.

现在,布劳维度通常是首先对光滑映射 F(按照 Sard 定理[19])定义为 F 的一个正则值的原象点的代数数目. 然后,运用若干逼近步骤,这个概念可以推广到连续映射的情形(例如,参看[20-23]). 当然,这种定义对于用计算机对度数进行数值探讨没有提供什么依据和启示. 结果,以往所有关于布劳维度的计算公式实质上都是基于度数的某些较老的定义的.

2. 高斯(Gauss)的作用

度数的思想,或者类似于度数的思想,至少可以追溯到高斯的工作. 高斯在他证明代数基本定理的论文"Demonstratio nova theorematis omnem functionem algebraicam rationalem integram unius variabilis in factores reales primi vel secundi gradus resolvi posse"②中. 打开了度数理论的大门.

---

① 原题:Brouwer Degree, History and Numerical Computation. 译自 Numerical Solution of Highly Nonlinear Problems, W. Forster(ed), North-Holland, 1980:389-411.

② 拉丁文:关于单变数有理代数整函数可分为一次和二次不可约实因子的定理的新证明. ——译者注

高斯对代数基本定理发表过四个证明①. 把他的第一个和最后一个证明的共同核心,可以粗略叙述如下:

设 $P:C\to C$ 是一个多项式

$$P(z)=z^n+a_1z^{n-1}+\cdots+a_{n-1}z+a_n\quad(a_n\neq 0)$$

为简单起见,我们设系数均为实数. 把 P 分解为实部及虚部

$$P(z)=U(z)+\mathrm{i}T(z)$$

如果 B 是一个球体,中心为原点,半径充分大,那么集合 $U^{-1}(0)$,$T^{-1}(0)$ 都和 $S=\partial B$ 横截相交,并且交点 $U^{-1}(0)\cap S=\{q_1,\cdots,q_{2n}\}$ 和 $T^{-1}(0)\cap S=\{p_1,\cdots,p_{2n}\}$ 在 S 上交替出现,见图 9.

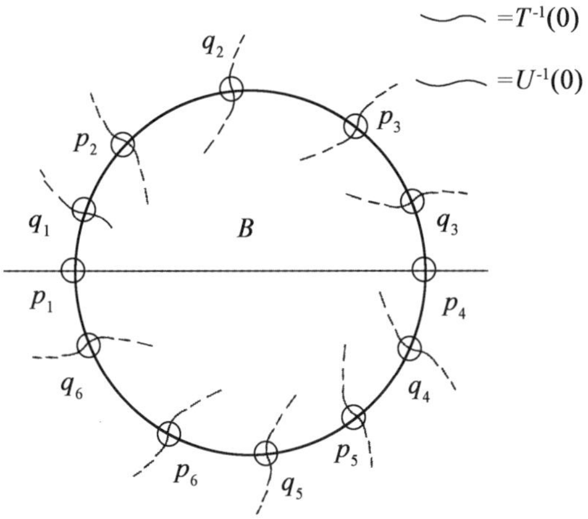

图 9

① C. F. Gauss, Gesammelte Werke, Gesellschaft der Wissenschaften zu Göttingen, Band Ⅲ,1799:1-31;Band Ⅲ,1815:33-56;Band Ⅲ,1816:57-64;Band Ⅲ,1850:72-103.

可以证明，每一点 $p_j \in T^{-1}(0) \cap S$（或 $q_k \in U^{-1}(0) \cap S$）都由 $T^{-1}(0)$（或 $U^{-1}(0)$）的一个含于 B 中的连通区联结到一点 $p_{\hat{j}} \in T^{-1}(0) \cap S$（或 $g_{\hat{j}} \in U^{-1}(0) \cap S$），$j \neq \hat{j}$（$k \neq \hat{k}$）.（在高斯的证明中，这一部分是不完善的.）然后，通过组合论证就得到所要的结果 $T^{-1}(0) \cap U^{-1}(0) \neq \varnothing$.

同样的思路对更一般的情形也行得通. 这是 Ostrowski 指出的[24]，他也弥补了上述高斯证明中的缺陷①.

定理 1（Ostrowski，1934）　设 $B = \{\boldsymbol{x} \in \mathbf{R}^2 \mid \|\boldsymbol{x}\| \leq r\}$ 是 $\mathbf{R}^2$ 中的一个球体，$S = \partial B$，并设

$$F = (F_1, F_2): (B, S) \to (\mathbf{R}^2, \mathbf{R}^2 - \{\mathbf{0}\})$$

是一个连续映射，具有下述性质：F_1 在 S 上只有有限多个零点，比如 $p_1, \cdots, p_{2n}$（假定是按 S 的一个固定的定向编号，参看图 9），并且 F_1 在每个点 p_j 处改变符号，$1 \leqslant j \leqslant 2n$，对 $p_1, \cdots, p_{2n}$ 诸点各赋予一个标号如下

$$l(p_j) = \begin{cases} 1(-1), \text{若 } F_2(p_j) > 0 \text{ 且 } j \text{ 为偶数(奇数)} \\ -1(1), \text{若 } F_2(p_j) < 0 \text{ 且 } j \text{ 为偶数(奇数)} \end{cases}$$

若 $\sum\limits_{j=1}^{2n} l(p_j) \neq 0$，那么 F 有零点.

证明概要（见[24]）　每个 p_j 都由 $F^{-1}(0)$ 的一个连通区联结到一点 $p_{\hat{j}}$，使得 $j \neq \hat{j} \pmod 2$，因为 $\sum\limits_{j=1}^{2n} l(p_j) \neq 0$，可知 F_2 至少在 $F_1^{-1}(0)$ 的一个连通区上至少有一个零点.

---

① Über den ersten und vierten Gaußschen Beweis des Fundamental-Satzes der Algebra.

注意 1 在 F 是 n 阶多项式的情形下,如果充分大,就有 $\left|\sum_{j=1}^{2n} l(p_j)\right| = 2 \cdot |W(F_{1S},0)|$,见注意 2.

注意 2 此外,易知 $\left|\sum_{j=1}^{2n} l(p_j)\right|$ 正是 $F(S)$ 与 $\{0\} \times R$ 相交数的绝对值. 所以 $\sum_{j=1}^{2n} l(p_j)$ 是复变函数论中的分枝数的"离散形式"

$$\left|\sum_{j=1}^{2n} l(p_j)\right| = 2 \cdot | W(F_{1S},0) |$$

这里,W 表示环绕原点的分枝数.(关于分枝数和相交数的关系,可看[25].)

从高斯和贝塞尔(Bessel)的通信中可知,早在 1811 年 12 月,他已经掌握了复变函数论的基础并且发现了复对数. 所以,人们可以猜想高斯也对辐角原理有所了解,而这个原理是蕴涵基本定理的. 在 1816 年,他运用某些积分论述,发表了代数基本定理的一个简短证明. 然而,在这个证明中,小心地回避了复变函数理论,只有辐角原理的思想到处闪烁可见. 但是,据[26]所述,高斯后来(1840)曾经提到,他 1816 年的证明来源于他在 1799 年给出的第一个证明,从而对辐角原理做了实质性的说明. 所以,人们有理由相信,高斯是知道辐角原理的,见[26].

Briot 和 Bouguet 的著作"Théorie des fonctions elliptiques"①(卷Ⅰ,Paris,1873,第二版,第 20 页)是最早明确运用辐角原理来证明代数基本定理的,见[26]. 文[27]说明柯西也知道辐角原理.

① 法文:"椭圆函数论".——译者注

注意 近来,建立了运用辐角原理来计算分枝数和球零点的若干算法. 例如,Delves 和 Lyness[28] 给出了基本求积公式的计算分枝数的算法

$$W(F_{1s},0) = (2\pi i)^{-1}\int_s \frac{F'(z)}{F(z)}dz$$

这里假定 F 解析. 另一个由 Erdelsky 引进的算法,计算(李普希兹)连续映射的分枝数,实质上是利用了 Ostrowski 的定理(即计算相交数):F 换成了一个分片线性逼近("PL 逼近"),以便可以应用 Ostrowski 定理.

3. 克罗内克(Kronecker)积分

在高斯证明了任一多项式都存在一个(复)根之后,自然就提出了查明实根数目的问题. 对于这个问题,第一个满意的回答是 Sturm 在 1829 ~ 1835① 年给出的. 老的方法("笛卡儿 - 傅里叶方法")只给出实根个数的界. 而 Sturm 提出了确定准确数目的方法. Sturm 定理曾经得到若干作者的推广,其中包括雅可比(Jacobi)、埃尔米特(Hermite)和西尔维斯特(Sylvester). 所有这些推广都受到(1869 年前的)代数工具的影响. 克罗内克吸取西尔维斯特的论文[29] 中定性(拓扑)思想的精华,在 1869 年提出并研究了"函数系的特征"这一概念. 这个概念可以解释为 Sturm 定理的 n 维推广. 这里不讨论克罗内克如何定义所谓"克罗内克特征"了. 我们只是指出,它与高斯对代数基本定理的证明有紧密的联系. 对于拓扑学家来说,克罗内克所用的技巧是定向相交理论的早期例子,后来在庞加莱

① Analyse d'un memoire sur la resolution des equations numeriques. Memoire sur la resolution des equations numeriques.

和莱夫谢茨的工作中得到升华.

着眼于数值计算,我们必须提到克罗内克特征的积分表示,这里是由克罗内克给出的.采用"克罗内克积分",著名的克罗内克存在定理可以陈述如下(我们采用微分形式的记号):

克罗内克存在定理 设 M 是一个 $n+1$ 维紧致、定向、光滑流形,边界 $\partial M\neq\varnothing$,且

$$F:(M,\partial M)\to(\mathbf{R}^{n+1},\mathbf{R}^{n+1}-\{\mathbf{0}\})$$

是一个光滑映射,再设映射 $r:\mathbf{R}^{n+1}-\{\mathbf{0}\}\to S^n$ 是 $r(\boldsymbol{x})=\dfrac{\boldsymbol{x}}{\|\boldsymbol{x}\|}$. 令

$$\sigma=\sum_{i=1}^{n+1}(-1)^{i+1}x_i\mathrm{d}x_1\wedge\cdots\wedge\widehat{\mathrm{d}x_i}\wedge\cdots\wedge\mathrm{d}x_{n+1}\mid S^n$$

是单位球 S^n 的体积形式. 如果

$$K(\boldsymbol{F})=(\mathrm{vol}\ S^n)^{-1}\int_{\partial M}\left(r\circ\boldsymbol{F}\Big|_{\partial M}\right)^*\sigma\neq0$$

那么 $\boldsymbol{F}$ 在 M 中至少有一个零点.

证明 用斯托克斯定理(参看[30]).

克罗内克是对 $M=F_0^{-1}((-\infty,0])$ 来证明本定理的,这里 $F_0:\mathbf{R}^{n+1}\to\mathbf{R}$ 是一光滑映射,以 0 为一个正则值. 此时,$K(\boldsymbol{F})$(这里 $\boldsymbol{F}=(F_1,\cdots,F_{n+1})$)就是 $(F_0,\cdots,F_{n+1})$ 的克罗内克特征,只要 $(F_0,\cdots,F_{n+1})$ 是一(正则)函数系. 注意,当 M 是 $\mathbf{R}^2$ 中一个球体时,克罗内克积分 $K(\boldsymbol{F})$ 正好就是分枝数,所以,克罗内克存在定理是类似于辐角原理的一种高维结果.

注意 如果我们只讨论光滑映射

$$\boldsymbol{F}:(M,\partial M)\to(\mathbf{R}^{n+1},\mathbf{R}^{n+1}-\{\mathbf{0}\})$$

这里 $M\subseteq\mathbf{R}^{n+1}$ 是 $n+1$ 维紧致、光滑子流形,边界是 ∂M,那么令

$$\deg(\boldsymbol{F},M,y)=(\mathrm{vol}\,S^n)^{-1}\int_{\partial M}(r\circ \boldsymbol{F}y\Big|_{\partial M})*\sigma\in Z$$
$$(\boldsymbol{F}y=F-y)$$

就可以推演出一套完整的度数理论(例如,按[31]的意义.

除了分枝数以外,1869 年以前的文献中——甚至高斯的工作中,关于克罗内克积分还有好些萌芽形式.高斯环绕数就是一个突出的例子,这是高斯在电动力学的研究中对 $\mathbf{R}^3$ 的两条回路定义的.

回到计算问题上来,最早试图计算 $\mathbf{R}^n(n>2)$ 中的布劳维度的工作,O′Neil 和 Thomas 的[32]应该算是一个,他们用的就是克罗内克积分:

如果 M 是 $\mathbf{R}^{n+1}$ 中的一个闭球,例如 $M=\{\boldsymbol{x}\in\mathbf{R}^{n+1}\mid \|\boldsymbol{x}\|\leqslant r\}$. 这时,空间极坐标的积分给出克罗内克积分或 $\deg(\boldsymbol{F},M,O)$ 的下述表达式

$$\deg(\boldsymbol{F},M,O)=(\mathrm{vol}\ S^n)^{n-1}\int_{-\frac{\pi}{2}}^{\frac{\pi}{2}}\cdots\int_{-\frac{\pi}{2}}^{\frac{\pi}{2}}\int_{-\pi}^{\pi}\|\boldsymbol{F}\circ g(\boldsymbol{t})\|^{-(n+1)}\det A(\boldsymbol{F}(\boldsymbol{t}))\,\mathrm{d}\boldsymbol{t}$$
$$(\boldsymbol{t}=(t_1,\cdots,t_n))$$

其中

$$g(\boldsymbol{t})=(r\cos t_n\cdots\cos t_1,r\cos t_n\cdots\cos t_2\sin t_1,\cdots,r\cos t_n\sin t_{n-1},r\sin t_n)$$
$$(|t_1|\leqslant\pi,|t_i|\leqslant\frac{\pi}{2},i=2,\cdots,n)$$

是空间极坐标,$A(\boldsymbol{F})$是矩阵

$$A(\boldsymbol{F})=\begin{vmatrix} F_1\circ g & \dfrac{\partial(F_1\circ g)}{\partial t_1} & \cdots & \dfrac{\partial(F_1\circ g)}{\partial t_n}\\ \vdots & \vdots & & \vdots\\ F_{n+1}\circ g & \dfrac{\partial(F_{n+1}\circ g)}{\partial t_1} & \cdots & \dfrac{\partial(F_{n+1}\circ g)}{\partial t_n}\end{vmatrix}$$

O'Neil 和 Thomas 对上述积分应用高斯 - 勒让德求积法,对几个维数(3,6 和 10)计算了度数(要求 $\boldsymbol{F}$ 解析). 注意,这一过程推广了 Delves 和 Lyness 的算法[28].

大约同时,出现了计算度数的另一个公式,这就是 Stenger 公式[33]. 这里,克罗内克积分仍然是一种主要工具[33],使 Stenger 能够导出一个递推的度数关系,从而据以得到他的计算公式. 我们将在后面更加细致地讨论 Stenger 公式.

4. 通向度数理论

在克罗内克的开创性工作以后,有许多文章讨论克罗内克特征或克罗内克积分,这就使得克罗内克特征可以成功地用来解决一些几何拓扑问题. 例如庞加莱用克罗内克积分探讨自治常微分方程的定性理论,又如 Dyck,他运用克罗内克积分对 n 维高斯-Bonnet 定理做出了重要的贡献.

关于克罗内克积分或度数理论,阿达玛有一篇文章①非常重要,至今仍值得推荐. 在这篇论文中,阿达玛收集了(到 1910 年为止的)关于克罗内克特征的事实,使之升华为一种度数理论.(我们应当说,阿达玛是用逼近过程来定义连续映射的度数的)虽然他颇有粗线条风格,但度数理论的许多重要性质(例如同偏不变性)实际上他是证明了的. 此外,这篇文章还证明了布劳维不动点定理:设 B 是中心在原点的闭球体,$F:B\to B$ 是一个连续映射,在边界 ∂B 上没有不动点,则对所有 $x\in\partial B$ 有 $(x,x-F(x))>0$. 所以,庞加莱 -

① Sur quelques applications de L'indice de Kronecker.

博尔原理(度数同偏不变性的特殊情况)蕴涵

$$\deg(Id-F,B,O)=\deg(Id,B,O)=1$$

从而得到不动点定理.

读者不要因为布劳维一年以后才发表了他的不动点定理而感到糊涂,阿达玛是从布劳维 1910 年 4 月 1 日的一封信上知道不动点定理的(没有证明). 关于这一点以及其他与布劳维有关的非常有趣的历史材料,可参阅 Freudenthal 出版的阐述性文章[34].

度数的同偏不变性来源于庞加莱和博尔[35]的工作,但是,克罗内克也证明了他的特征在某些形变之下的不变性. 博尔的文章从另一角度来看也是很有趣的:博尔首次证明了方体的边界不是实心方体的 C' 收缩核,这是与布劳维不动点定理等价的.

在回到计算问题之前,让我们提一下霍普夫[36]指出有关阿达玛文章的一件逸事. 阿达玛的文章在 41 章和 42 章包含了庞加莱 - 霍普夫关于向量场奇点的著名定理,但是没有证明. 所以,人们可能猜想阿达玛就是该定理的作者. 实际上,当时是没有证明的. 援引该定理是由于阿达玛和布劳维之间的一次误会引起的:布劳维是在球面这种特殊情况下证明了他的定理的. 有兴趣的读者可以从[37]了解到阿达玛在布劳维关于度数理论的工作中所起的"接生婆"的作用.

5. 相交理论

提醒一下复变函数论中的分枝数 $w(F_{1s},0)$ 可以表为 $F(s)$ 与从原点出发的一条半射线(它与 $F(s)$ 横截相交)的相交数. 在高维的情况,克罗内克积分也是这样:

$K(F)=F(\partial M)$ 与从原点出发的一条半射线(它

与 $F(\partial M)$ 横截相交)的"相交数".

这一关系的证明包含在阿达玛的一个论断中,它说,度数或 $K(F)$ 总是整数,说得更准确些,阿达玛推演出 $K(F)$ 和某些 $n-1$ 维克罗内克积分之间的一种关系,即这些 $n-1$ 维克罗内克积分的和相当于上述相交数. 于是,由于复变函数论中的分枝数总是整数,可见 $K(F)$ 是一个整数. 特别地,我们有

$$2(n+1)K(F)=F(\partial M)$$

与 $\mathbf{R}^{n+1}$ 的坐标轴的"相交数".

回头看看据以推出 Stenger 度数公式的那个"递推的度数关系"[33],可知它描述了同样的性质. 因此,粗略地说来,可以认为,Stenger 度数公式起源于阿达玛的先前的工作,这一点首先是 Steynes 发现的.

现在,让我们概述一下,相交数性质怎样才能以不同方式用来对度数进行数值计算.

设 $P\subseteq\mathbf{R}^n$ 是一齐次 n 维多面体(即存在 P 的有限剖分 T,把 P 分成一些 n 维单形)

$$F:(P,\partial P)\to(\mathbf{R}^n,\mathbf{R}^n-\{\mathbf{0}\})$$

是一连续映射,F_T 是 F 关于 P 的这个剖分 T 的 PL 逼近,如果该剖分在 ∂P 上足够精细,则度数的同伦不变性蕴涵

$$\deg(F,P,O)=\deg(F_T,P,O)$$

为了计算 $\deg(F_T,P,O)$,我们用上面谈到的相交数性质,它对 PL 的情况也是对的,参看[38].

定理 2 设 $C_v(F;\partial T)$ 是 ∂P 上的 $n-1$ 维单形 $\tau(\tau\in T)$ 的集合,使得 $\mathrm{co}\{0,F_T(\tau)\}$ 是一个 PL 基底(即存在 $\varepsilon_0>0$,使得对所有 $0\leqslant\varepsilon\leqslant\varepsilon_0$ 有

$$0(\varepsilon)=(\varepsilon,\varepsilon^2,\cdots,\varepsilon^n)\in\mathrm{co}\{0,F_T(\tau)\}$$

这时,度数 $\deg(F_T,P,O)$ 可以计算如下

$$\deg(F_T,P,O)=\sum_{\tau\in C_v(F;\partial T)}\operatorname{or}(F_T;\tau)$$

其中

$$\operatorname{or}(F_T;\tau)=\operatorname{sign}\det\begin{vmatrix}1 & 1 & \cdots & 1\\ \boldsymbol{a} & \boldsymbol{t}^0 & \cdots & \boldsymbol{t}^{n-1}\end{vmatrix}\cdot \det(F_T(\boldsymbol{t}^0),\cdots,F_T(\boldsymbol{t}^{n-1}))$$

($\operatorname{co}\{\boldsymbol{a},\boldsymbol{t}^0,\cdots,\boldsymbol{t}^{n-1}\}$ 是在 P 的剖分 T 中唯一以 $\tau=\operatorname{co}\{\boldsymbol{t}^0,\cdots,\boldsymbol{t}^{n-1}\}$ 为一个面的 n 维单形.)

证明概要　对于适当的 $\varepsilon>0$, $\sum\limits_{\tau\in C_v(F;\partial T)}\operatorname{or}(F_T;\tau)$ 正好是 $F_T(\partial P)$ 和 $R+o(\varepsilon)$ 的相交数(等于 $\deg(F_T,P,O)$(参看[38])).

注意　利用下面将讨论的另一个度数公式,还有一个不用相交理论的简单证明.此外,上述度数公式也可解释为 Prüfer 度数公式的一种"向量标号法形式".

6. 拓扑工具

1910 年左右,布劳维[37]对度数理论创立了一种崭新的处理,完全不用解析工具.布劳维使用的方法开创了代数拓扑的一个新时代.让我们粗略地介绍一下,布劳维在证明"维数不变性"[39]时怎样(隐含地)引起了度数概念(准确地说,是局部度数 $\deg(F,P,p)$).

设 $P\subseteq\mathbf{R}^n$ 是一个齐次 n 维多面体,并且假定 P 的剖分 T 的 n 维单形都具有正的定向:

(1)若 P 是 PL 映射

$$L:(P,\partial P)\to(\mathbf{R}^n,\mathbf{R}^n-\{P\})$$

的"常点"(即 $P\notin L(T^{n-1})$,这里 T^{n-1} 是 T 的 $n-1$ 维骨架),定义度数为

$$\deg(L,P,p)=\mathscr{A}-\mathscr{B}$$

这里$\mathscr{A}$($\mathscr{B}$)是 T 中满足下述条件的 n 维单形 $\sigma = \langle s^0,\cdots,s^n\rangle$的数目:$p\in L(\sigma)$,而

$$L(\sigma)=\langle L(s^0),\cdots,L(s^n)\rangle$$

具有正的定向(负的定向).

于是,对于 $\mathbf{R}^n - L(\partial P)$的同一连通区中的两个常点 p 和 p',等式

$$\deg(L,P,p)=\deg(L,P,p')$$

成立. 此外,若 PL 映射 L'接近 L,则有

$$\deg(L,P,p)=\deg(L',P,p)$$

再者,当 P 的剖分加细时,度数不改变.

(2)用 PL 映射来逼近连续映射

$$F:(P,\partial P)\to(\mathbf{R}^n,\mathbf{R}^n-\{\mathbf{0}\})$$

可以把度数概念推广到连续的情形.

注意,布劳维这样得到的度数与克罗内克以来通用的度数是一致的,然而布劳维的定义比老的定义容易掌握得多. 此外,布劳维似乎是头一个认识到度数理论全部威力的人,这一点从他的维数不变性证明[39]中可以看出. 由于康托和 Peano 的(反)例,维数不变性问题已经成为 19 世纪末 20 世纪初数学的一个基本问题. 在[39]中,布劳维对维数 n 的不变性给出了头一个正确(而且很简短)的证明($n\leqslant 3$ 的特殊情况先前已有证明). 布劳维证明中一个关键思想是:一个映射 F 如果同伦于恒同映射,则其度数$\deg(K,F,0)$等于 1(这里 $0\in \operatorname{int} K$,$K$ 是方体),所以 F 在零点的某一整个邻域上是满映射.

在同一时候(说得更准确些,在 Math. Ann. 的同一卷上),勒贝格基于“铺筑原理”发表了维数不变性的另一个证明(概要)[40]. 这个铺筑原理后来在维数理

论中变得十分重要，通过简单的论证直接推出维数不变性. 然而，勒贝格的证明概要“错误如此严重，以致人们很难理解，这样的稿子怎么能投出去而且发表出来”[37].

铺筑引理的头一个正确证明是布劳维在[41]中（用度数论证）给出的，后来勒贝格也给出了正确的证明[42].

铺筑引理的头一个非常简单的证明是施佩纳在 1928 年发表的[43]，其证明的核心是著名的“施佩纳引理”.

施佩纳引理(1928,[43]) 设 $\sigma = \mathrm{co}\{\boldsymbol{s}^0, \cdots, \boldsymbol{s}^n\}$ 是 $\mathbf{R}^n$ 中一个 n 维单纯形，$l:\sigma \to \{0, \cdots, n\}$ 是一个函数（“适当标号法”），满足：

(1) $\{l(\boldsymbol{s}^0), \cdots, l(\boldsymbol{s}^n)\} = \{0, \cdots, n\}$;

(2) $x \in \mathrm{co}\{s^{i0}, \cdots, s^{ik}\} \Rightarrow l(x) \in \{l(s^{i0}), \cdots, l(s^{ik})\}, 0 \leqslant k \leqslant n$.

那么 σ 的任一剖分都有奇数个标号完全单形（“施佩纳单形”）.

（考虑到定向的话，施佩纳单形的代数数目等于 1.）

尽管施佩纳引理有其组合上的特征，可以用组合的论证来证明，但施佩纳引理也可以（或者说应当）看作度数理论的一个结果：

适当标号法 l 诱导出一个单纯映射 $L:\sigma \to \sigma$，它把 σ 的剖分的每一顶点 p 映成 $s^{l}(p)$. 这时，条件(1)和(2)意味着，L 是恒同映射 $\sigma \to \sigma$ 的单纯逼近，于是由度数就得出所要的结果.

众所周知，克纳斯特、库拉托夫斯基和马祖尔凯维齐在 1928 年运用施佩纳引理对布劳维定理给出一个简单证明[44]，并不明显地用到度数理论（然而，支撑这个证明的“哲理”则可以（或应该）称为度数理论）.

计算布劳维不动点，现在已有多种“单纯方法”，本质上都是基于施佩纳引理和克纳斯特-库拉托夫斯基-马祖尔凯维齐的论证. 其中许多算法行之有效（对于比布劳维不动点定理更一般的情形也有效），这一点可以从 Prüfer 公式，整数称号法的形式将在下一小节介绍.

定理 3 设 $P\subseteq\mathbf{R}^n$ 是一个齐次 n 维多面体

$$F:(P,\partial P)\to(\mathbf{R}^n,\mathbf{R}^n-\{\mathbf{0}\})$$

是一连续映射，P 的剖分 T（在 ∂P 上）足够精细，使得

$$\deg(F,P,O)=\deg(F_T,P,O)$$

令 $c_v(F;T)$ 是 T 中满足下述条件的 n 维单形 σ 的集合，$F_T(\sigma)$ 是一个 PL 基底（即 $c_v(F;T)$ 是 T 中向量标号完全的 n 维单形的集合）. 于是，度数 $\deg(F,P,O)=\deg(F_T,P,O)$ 可以计算如下

$$\deg(F_T,P,O)=\sum_{\sigma\in c_v(F;T)}\operatorname{or}(F_T;\sigma)$$

这里

$$\operatorname{or}(F_r;\sigma)=\operatorname{sign}\det\begin{bmatrix}1&\cdots&1\\ \boldsymbol{s}^0&\cdots&\boldsymbol{s}^n\end{bmatrix}\begin{bmatrix}1&\cdots&1\\ F_T(\boldsymbol{s}^0)&\cdots&F_T(\boldsymbol{s}^n)\end{bmatrix}$$

其中 $\sigma=\operatorname{co}\{\boldsymbol{s}^0,\cdots,\boldsymbol{s}^n\}$.

证明 断言存在适当的 $\varepsilon>0$，使 $\sum_{\sigma\in c_v(F;T)}\operatorname{or}(F_T;\sigma)$ 等于 $\deg(F_T,P,o(\varepsilon))$（$o(\varepsilon)$ 是 F_T 的一个常点）.

注意 1 这个度数公式是和上述布劳维在[39]中的定义很接近的.

注意 2 因为度数已由 $F|_{\partial P}$ 或 $F_T|_{\partial P}$ 确定，所以有

$$\deg(F,P,o)=\deg(\widetilde{F}_T,P,o)$$

这里 $\widetilde{F}_T$ 是 PL 映射在边界 ∂P 与 F_T 上重合，把剖分 T 中在 P 的内部的每个顶点映成原点，由此同样可得上面给出的度数公式.

注意 3　上一小节叙述的度数公式也可以从上面用“进门—出门”的轮回论证得出.

7. 单纯逼近

可能有人猜想，布劳维在度数理论方面的工作是想解决不变性问题引起的. 然而，看来并不是这样. 不变性问题大概不是问题的根源，而是向量场及其奇点的研究把布劳维带到度数理论方面来的（见[37]）. 最近 Freudenthal[34,37] 披露的一本“练习册”说明，维数不变性的证明“不过是更为丰富的材料的派生物，是一个合理的副产品[37]”. 在[39]之后不久，布劳维发表了他最著名的论文“Über Abbildungen von Mannigfaltigkeiten”①. 把度数理论推广到连通、定向、紧致的 n 维（有剖分）流形之间的映射，同时给出了若干应用，例如不动点定理.（应当指出，布劳维对不动点定理的证明与阿达玛的证明是不同的.）

对度数的这种推广是借助单纯逼近定理完成的，该定理说，每个连续映射都同伦于一个单纯映射，只要所论区域的剖分足够精细.

对于一个单纯映射 $F:M\to M'$（M 和 M' 是连通、定向、紧致的 n 维有剖分流形），度数的定义如前

① 德文：“关于流形上的映射”. ——译者注

$$\deg(F)=\deg(F,M,p)$$
$$=\mathscr{A}-\mathscr{B}\quad(p\in M'\text{是 }F\text{ 的常点})$$

这里 $\mathscr{A}(\mathscr{B})$ 是 M 的剖分 T 中满足下述条件的 n 维单形 σ 的数目：$p\in F(\sigma)$ 且 $F(\sigma)$ 具有正的(负的)定向. 利用单纯逼近定理,度数甚至可以对连续映射来定义.

这里,让我们概述一下,单纯逼近怎样才能成为一种构造性的工具. 下述定义与布劳维的定义不同,但比较容易使用. 这个定义似乎起源于 Alexander[45].

定义 设 P 和 P' 为任意多面体,各有剖分 T 和 T',$F:P\to P'$ 是一连续映射,单纯映射 $G:P\to P'$ 称为 F 的一个单纯逼近,如果下面条件成立:

对所有 $p\in T^0$,$F(\mathrm{st}_T(p))\subseteq \mathrm{st}_{T'}(G(p))$.

这里 $\mathrm{st}(x)$ 等于剖分中的所有包含顶点 x 的开单形的集合.

我们把 F 的单纯逼近记作 $F_{T,T'}$.

注意 上一小节所用的 PL 逼近"F_T"和这里的单纯逼近"$F_{T,T'}$"是不同的. 为了定义单纯逼近,目标空间必须是单纯复合形.

为了叙述我们的定理,我们利用整数标号法①(其他标号法当然也可以用).

对 $0\leqslant j\leqslant n$,令 B^j 是 $\mathbf{R}^n$ 中的下述集合

$$B^0=\{\boldsymbol{x}\in\mathbf{R}^n\mid x_1\leqslant 0\}$$
$$B^j=\{\boldsymbol{x}\in\mathbf{R}^n\mid x_1,\cdots,x_j>0,x_{j+1}\leqslant 0\}\quad(0<j<n)$$
$$B^n=\{\boldsymbol{x}\in\mathbf{R}^n\mid x_1,\cdots,x_n>0\}$$

定义 $l(\boldsymbol{x})=j\Leftrightarrow \boldsymbol{x}\in B^j$.

设 $s_n\subseteq\mathbf{R}^n$ 是 n 维单形 $s_n=\mathrm{co}\{\boldsymbol{b}^0,\cdots,\boldsymbol{b}^n\}$,其中

① Simpliziale Topologie und globale Verzweigung.

$$\boldsymbol{b}^0=(-1,0,\cdots,0)$$
$$\boldsymbol{b}^j=(1,\cdots,1,-1,0,\cdots,0),\text{对 } 0<j<n$$
↑第 j 个分量
$$\boldsymbol{b}^n=(1,\cdots,1)$$
注意,顶点集为 $T^0=\{p^0,\cdots,p^n\}$ 的任何紧致多面体 P 都可看作 s_n 的子多面体,只要把 p^j 与 $\boldsymbol{b}^j$ 等同起来即可.

定理 4　设 P 和 P' 为紧致多面体,各有剖分 T 和 T',P' 是 s_n 的子多面体,$F:P\to P'$ 是连续映射. 定义顶点映射 $f:T^0\to(T')^0$ 为①
$$f(p)=\boldsymbol{b}^j\Leftrightarrow l(F(p))=j$$
如果 P 的剖分 T 足够精细,则 f 的分片线性扩张是 F 的一个单纯逼近 $F_{T,T'}:P\to P'$.

这里,我们略去技术性的证明.

例 1(Prüfer)　设 $P\subseteq\mathbf{R}^n$ 是齐次 n 维多面体
$$F:(P,\partial P)\to(\mathbf{R}^n,\mathbf{R}^n-\{\mathbf{0}\})$$
是连续映射. 设 $\varepsilon>0$ 足够小,使得
$$\hat{S}_n\cap F(\partial P)=\varnothing,\ \hat{S}_n=\varepsilon s_n$$
于是
$$\deg(F,P,o)=\deg(R\circ F,P,o)$$
这里 $R:\mathbf{R}^n\to\hat{S}_n$ 是映成 $\hat{S}_n$ 的径向收缩. 如果 P 的剖分 T 足够精细,那么由标号法 l 诱导的顶点映射 f
$$f(p)=\varepsilon\boldsymbol{b}^j\Leftrightarrow l(F(p))=l(R\circ F(p))=j$$
导出 $R\circ F$ 的一个单纯逼近 $(R\circ F)T,T'$(这里 T' 是 $\hat{S}_n$ 标准剖分).

由于 $R\circ F$ 和 $(R\circ F)_{T,T'}:(P,\partial P)\to(\hat{S}_n,\partial\hat{S}_n)$

① 这里及下面 f 原文为 F. ——译者注

作为空间偶的映射是同伦的,我们有

$$\deg(R\circ F,P,o)=\deg((R\circ F)_{T,T'},P,o)$$

所以,度数可以计算如下

$$\deg(F,P,o)=\sum_{\sigma\in c_l(F;T)}\operatorname{or}((R\circ F)_{T,T'};\sigma)$$

这里 $\operatorname{or}((R\circ F)_{T,T'};\sigma)$ 可如上定义,而 $c_l(F;T)$ 是 T 中整数标号完全的 n 维单形的集合.

注意 1 有些例子说明,在上述论述中,P 的剖分 T(更一般来说,∂P 的剖分 $T|_{\partial P}$)必须相当精细. Prüfer 用稍为不同的方法导出上述公式,而剖分的精细度条件要求较弱.

注意 2 讨论度数与整数标号法(与上面所用的标号法不同)关系的第一个文献,看来是 Krasnoselskii 的经典著作[46].

注意 3 利用与 P. 212 中的注意 1,2 中所述完全一样的论述,上述度数公式可以换成另一公式,计算 P 的边界 ∂P 上某个余维数为 1 的、整数标号完全的单形数目. 这一公式还可从 Stenger 公式导出,只要剖分足够精细. 这是 Kearfott 的工作,其论证是组合性的.

利用上述单纯逼近定理,对更一般的情况,例如对剖分(伪)流形之间的映射,不难导出度数计算公式. 我们不列举这些公式了,只给出一个应用——用“整数标号完全的单形”来计算莱夫谢茨数的公式.

例 2 如果 P 是 $\mathbf{R}^n$ 中一个齐次 n 维多面体 F: $P\to P$是连续映射,$F(P)\subseteq \operatorname{int} P$,则计算 F 的莱夫谢茨数是一件“容易的”事情:只需计算 $\deg(Id-F,P,o)$(见[20]).

很明显,在这种情况下,莱夫谢茨不动点定理是构造性的. 当 P 是任意紧致多面体时,情况要困难得多.

下面,我们扼要介绍一般情况下莱夫谢茨数的计算公式,所有技术上的说明就不细说了.

设 P 是任一紧致多面体,其剖分为 T,并且 P 是 s_n 的一个子多面体,$F:P\to P$ 是一连续映射,如果 P 的剖分足够精细,记作 T_1(只需在 F 的定义域内把剖分加细),则由标号法 l 诱导的顶点映射 f 导出 F 的一个单纯逼近 $F_{T_1,T}$. 于是,莱夫谢茨数 $L(F)$ 和 $L(F_{T_1,T})$ 相等.

设 τ_1 是 P 的剖分 T_1 中的一个单形. τ_1 称为"不动单形",如果 $\tau_1\subseteq F_{T_1,T}(\tau_1)$(见[38]). 视 $F_{T_1,T}|\tau_1$ 的定向行为而定义 $\mathrm{or}(\tau)=1$ 或 $=-1$.

对 $0\leqslant i\leqslant n$ 令 $S_p(i)=\mathscr{A}_i-\mathscr{B}_i$,这里 $\mathscr{A}_i(\mathscr{B}_i)$ 是 P 的剖分 T_1 中满足下述条件的 i 维单形 τ_1 的个数:τ_1 是不动单形,且 $\mathrm{or}(\tau_1)=1(\mathrm{or}(\tau_1)=-1)$.

定理 5　在上述假设下,F 的莱夫谢茨数 $L(F)$ 可以计算如下

$$L(F)=\sum_{i=0}^{n}(-1)^iS_p(i)$$

7.4　Borsuk-Ulam 定理

关于球面上映射的另一个著名结果是 Borsuk-Ulam定理. 对 $n=2$ 的情形,已用覆盖空间理论予以证明. 下面利用模 2 同调论和度数理论对一般的 n 给出一个较初等的证明.

设 X 和 Y 是欧氏空间的子空间,且对任意 $\boldsymbol{x}\in X$,$-\boldsymbol{x}$ 也属于 X. 设 $f:X\to Y$ 是连续映射,如果对任意 $\boldsymbol{x}\in X$

$$f(-\boldsymbol{x})=-f(\boldsymbol{x})$$

则称 f 为保径映射. 设 $r:\mathbf{R}^n\to\mathbf{R}^n$ 是对径映射, 即 $r(-\boldsymbol{x})=-\boldsymbol{x}$. 显然 f 是保径映射的充要条件为

$$r|_Y f=f\,r|_X$$

为讨论球面到自身保径映射 $f:S^n\to S^n$ 的拓扑度, 我们将用 S^n 的八面形剖分 (Σ,φ). Σ 关于原点对称, 因此 $\tilde{f}=\varphi^{-1}f\varphi:|\Sigma|\to|\Sigma|$ 也是保径的且 $\mathrm{st}\ r(a)=r(\mathrm{st}\ a)$, $a\in\Sigma^0$. 下面我们将利用布劳维关于拓扑度的定义. 显然 Σ 的重心重分 $\Sigma^{(m)}$ 也关于原点对称, 但一般说来, $\tilde{f}:|\Sigma^{(m)}|\to|\Sigma|$ 的单纯逼近不一定保径, 这时就失去了原来映射 f 保径的特点. 然而我们有:

引理 设 $f,\tilde{f},(\Sigma,\varphi)$ 如上, 则存在非负整数 m 和 $\tilde{f}$ 的单纯逼近 $g:\Sigma^{(m)}\to\Sigma$, 使得 g 也是保径的.

证明 由单纯逼近定理, 存在非负整数 m 和 $\tilde{f}$ 的单纯逼近 $g_1:\Sigma^{(m)}\to\Sigma$. 于是 $\Sigma^{(m)}$ 的任意顶点 a, 必满足

$$\tilde{f}(\mathrm{st}\ a)\subseteq \mathrm{st}\ g_1(a)$$

注意到 $r\tilde{f}=\tilde{f}r:|\Sigma^{(m)}|\to|\Sigma|$, 又由剖分 $\Sigma^{(m)}$ 关于原点的对称性, 仍可得 $\mathrm{st}\ r(a)=r(\mathrm{st}\ a)$, 于是

$$\begin{aligned}\tilde{f}(\mathrm{st}\ r(a))&=\tilde{f}r(\mathrm{st}\ a)=r\tilde{f}(\mathrm{st}\ a)\subseteq r(\mathrm{st}\ g_1(a))\\&=\mathrm{st}\ rg_1(a)\end{aligned}$$

我们来修改 g_1 成 g, 使之具有所要求的性质. 因为一个保径单纯映射在 $\Sigma^{(m)}$ 的一半顶点(其中不包含对径点)上的值由另一半顶点(前者的对径点)上的值按保径的要求完全决定, 因此作分解 $(\Sigma^{(m)})^0=V\cup r(V)$, 使得 $V\cap r(V)=\varnothing$. 定义顶点映射 $g^0:(\Sigma^{(m)})^0\to\Sigma^0$ 为

$$g^0(a)=\begin{cases}g_1(a),a\in V\\ rg_1(r(a)),a\in r(V)\end{cases}$$

则 g^0 是保径的. 因为对 $a\in V$,有

$$\tilde{f}(\mathrm{st}\ a)\subseteq \mathrm{st}\ g_1(a)=\mathrm{st}\ g^0(a)$$

对 $a\in r(V)$,令 $b=r(a)$,有

$$\begin{aligned}\tilde{f}(\mathrm{st}\ a)&=\tilde{f}(\mathrm{st}\ r(b))\subseteq \mathrm{st}\ rg_1(r(a))\\ &=\mathrm{st}\ g^0(a)\quad (a\in r(V))\end{aligned}$$

由单纯逼近的充要条件推得,g^0 决定 $\tilde{f}$的单纯逼近 $g:\Sigma^{(m)}\to\Sigma$,且是保径的.

现在可以证明关于保径映射 $f:S^n\to S^n$ 的映射度的一个定理.

定理 1(Borsuk 定理)　设 $f:S^n\to S^n$ 是保径映射,则 f 的拓扑度是奇数.

证明　按照拓扑度的等价定义,可用 $\tilde{f}$的单纯逼近来计算 $\deg f=p(\tau)-q(\tau)$(参见 8.1 节定理 2). 由于 $p(\tau)-q(\tau)$ 和 $p(\tau)+q(\tau)$ 有相同的奇偶性,因此为证明 $\deg f$ 是奇数,只要证明在 $\tilde{f}$的单纯逼近 $g:\Sigma^{(m)}\to\Sigma$ 下(不妨设 g 保径),$\Sigma^{(m)}$ 中恰有奇数个 n 维(无向)单形映成 K 中同一个 n 维(无向)单形. 利用模 2 同调论,这个条件可重述如下:(注意下面的系数和运算都是在 $\mathbf{Z}_2$ 中)设 w_n 和 z_n 分别是 $\Sigma^{(m)}$ 和 Σ 中所有 n 维单形之和,它们分别是 $Z_n(\Sigma^{(m)};\mathbf{Z}_2)\cong\mathbf{Z}_2$ 和 $Z_n(\Sigma;\mathbf{Z}_2)\cong\mathbf{Z}_2$ 中唯一的非零元素,于是 $\deg f$ 是奇数的充要条件为 $g_n(w_n)=z_n$. 注意到 $sd_n^m(z_n)=w_n$,我们只要证明 $g_n sd_n^m(z_n)=z_n$. 先注意下面两个事实:

1° 如图 10,对 $p=0,1,\cdots,n$,设 $c_p=\sum\limits_{\varepsilon_i=\pm i}(e_{\varepsilon_1},\cdots,$

$e_{\varepsilon_p}, e_{p+1})$，则

$$r_p(c_p) = \sum_{\varepsilon_i = \pm i} (e_{\varepsilon_1}, \cdots, e_{\varepsilon_p}, e_{-(p+1)})$$

令 $z_p = c_p + r_p(c_p)$，则有

$$\partial c_p = \partial r_p(c_p) = z_{p-1}, \partial z_p = 0$$

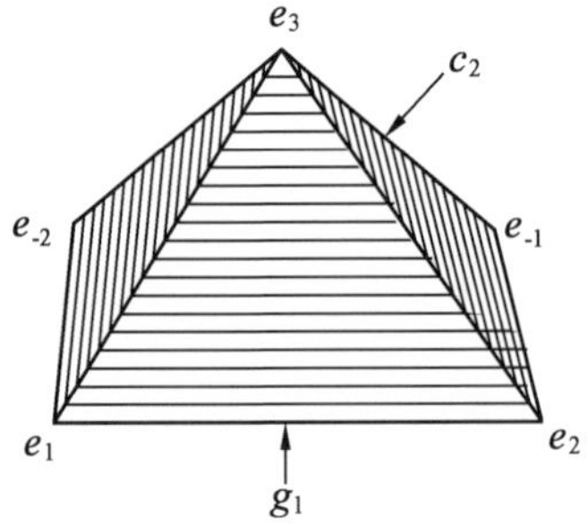

图 10

2° 对任意 p 维链 $b_p \in C_p(\Sigma;\mathbf{Z}_2)$，若 $b_p = r_p(b_p)$，则 b_p 必可表示为

$$b_p = d_p + r_p(d_p), d_p \in C_p(\Sigma;\mathbf{Z}_2)$$

若 $g_n sd_n^m(z_n) \neq z_n$，则 $g_n sd_n^m(z_n) = 0$. 由 1°，$z_n = c_n + r_n(c_n)$，可得

$$g_n sd_n^m(c_n) = g_n sd_n^m r_n(c_n) = r_n g_n sd_n^m(c_n)$$

（因为 $\Sigma^{(m)}$ 关于原点对称而 g 保径）. 由 2°，$g_n sd_n^m(c_n) = d_n + r_n(d_n)$，$d_n \in C_n(\Sigma;\mathbf{Z}_2)$. 求边缘得

$$\begin{aligned} g_{n-1} sd_{n-1}^m(z_{n-1}) &= g_{n-1} sd_{n-1}^m \partial c_n \\ &= \partial g_n sd_n^m(c_n) \quad (g_n sd_n^m \text{ 都是链映射}) \\ &= \partial d_n + \partial r_n(d_n) \\ &= \partial d_n + r_{n-1}\partial d_n \quad (r_n \text{ 是链映射}) \end{aligned}$$

再由 1°并以 $z_{n-1} = c_{n-1} + r_{n-1}(c_{n-1})$ 代入，得

$$g_{n-1} sd_{n-1}^m(c_{n-1}) + \partial d_n = r_{n-1}(g_{n-1} sd_{n-1}^m(c_{n-1}) + \partial d_n)$$

再由 2°可得

$$g_{n-1}sd_{n-1}^{m}(c_{n-1})+\partial d_n=d_{n-1}+r_{n-1}(d_{n-1})$$

再求边缘又得

$$g_{n-2}sd_{n-2}^{m}(z_{n-2})=\partial(d_{n-1}+r_{n-1}(d_{n-1}))$$

反复进行最后可得

$$g_0 sd_0^m(z_0)=\partial(d_1+r_1(d_1))$$

但上式左端是一对对径点 $g(e_1)$ 和 $g(e_{-1})$ 之和，而右端是偶数对对径点之和，产生矛盾，这就完成了定理的证明.

由此易得：

定理 2（Borsuk-Ulam 定理）　不存在保径映射 $f: S^n\to S^{n-1}$.

证明　若存在这样的保径映射 f，令 $i: S^{n-1}\to S^n$ 是包含映射（S^{n-1} 作为 S^n 的"赤道"），则 $if: S^n\to S^n$ 是保径映射，$\deg(if)$ 是奇数. 另一方面 $if(S^n)=S^{n-1}\neq S^n$，故 if 零伦，$\deg(if)=0$，产生矛盾，因此不存在 S^n 到 S^{n-1} 的保径映射.

推论 1　设 $g: S^n\to \mathbf{R}^n$ 是保径映射，则必定存在 $\boldsymbol{x}_0\in S^n$，使得 $g(\boldsymbol{x}_0)=\mathbf{0}$.

证明　若不然，令 $f: S^n\to S^{n-1}$ 为 $f(\boldsymbol{x})=\dfrac{g(\boldsymbol{x})}{\|g(\boldsymbol{x})\|}$，则 f 连续且保径，与上面定理矛盾，因此推论成立.

推论 2　设 $h: S^n\to \mathbf{R}^n$ 是连续映射，则必定存在一对对径点 $\boldsymbol{x}_0$ 与 $-\boldsymbol{x}_0$，使得 $h(\boldsymbol{x}_0)=h(-\boldsymbol{x}_0)$.

证明　令 $g: S^n\to\mathbf{R}^n$ 为 $g(\boldsymbol{x})=h(\boldsymbol{x})-h(-\boldsymbol{x})$，则 g 连续，且对所有 $\boldsymbol{x}\in S^n$，$g(-\boldsymbol{x})=-g(\boldsymbol{x})$. 由上面推论可知，存在 $\boldsymbol{x}_0\in S^n$，使得 $g(\boldsymbol{x}_0)=\mathbf{0}$，即 $h(\boldsymbol{x}_0)=h(-\boldsymbol{x}_0)$.

易见这个推论蕴涵 Borsuk-Ulam 定理，即 Borsuk-Ulam 定理及其两个推论是等价的. 利用推论 2 易得：

推论 3 S^n 与 $\mathbf{R}^n$ 的任意子集都不同胚.

推论 2 有一个有趣的物理解释：设 $\boldsymbol{x}$ 是地球（假设为球形）表面一点，以 $p(\boldsymbol{x})$ 与 $t(\boldsymbol{x})$ 记该点处的气压与气温，从而给出映射 $f: S^2 \to \mathbf{R}^2$ 为 $f(\boldsymbol{x}) = (p(\boldsymbol{x}), t(\boldsymbol{x}))$. 假设气压与气温连续变化，即 f 是连续映射. 由推论 2 可知，在地球上有一对对径点，它们有相同的气压与气温.

下面再利用推论 2 解决所谓三明治问题：对于一个两片面包夹一片肉的三明治，总可以切一刀，将这两片面包与肉都等分.

定理 3（三明治定理） 设 $A_1, \cdots, A_n$ 是 $\mathbf{R}^n$ 中 n 个有界的可测集，则存在 $\mathbf{R}^n$ 中的超平面 π，同时将所有 A_i 平分.

证明 如图 11，设 $\mathbf{R}^n$ 是 $\mathbf{R}^{n+1}$ 中的超平面 $\mathbf{R}^n = \{\boldsymbol{x} = (x_1, \cdots, x_{n+1}) \in \mathbf{R}^{n+1} \mid x_{n+1} = 0\}$，$S^n$ 是 $\mathbf{R}^{n+1}$ 中的单位球面，$\boldsymbol{p} = (0, \cdots, 0, 1)$ 是“北极”. 定义 $f_i: S^n \to \mathbf{R}$ 如下：对任意 $\boldsymbol{x} \in S^n$，若 $\boldsymbol{x} \neq \pm\boldsymbol{p}$，过 $\boldsymbol{p}$ 作与 $\boldsymbol{x}$ 垂直的超平面 $\pi_{\boldsymbol{x}}$，则 $\boldsymbol{x} \notin \pi_{\boldsymbol{x}}$，$\pi_{\boldsymbol{x}}$ 与 $\mathbf{R}^n$ 相交，交集是 $\mathbf{R}^n$ 中的超平面，它分 A_i 为两部分，其中与 $\boldsymbol{x}$ 在 $\pi_{\boldsymbol{x}}$ 同一侧的那部分的测度取为 $f_i(\boldsymbol{x})$. 补充定义 $f_i(\boldsymbol{p})$ 为 0，$f_i(-\boldsymbol{p})$ 为 A_i 的测度. 不难验证 f_i 连续，且 $f_i(-\boldsymbol{x})$ 为 A_i 被 $\pi_{\boldsymbol{x}}$ 所分两部分中与 $\boldsymbol{x}$ 异侧那部分的测度. 令 $f: S^n \to \mathbf{R}^n$ 为 $f(\boldsymbol{x}) = (f_1(\boldsymbol{x}), \cdots, f_n(\boldsymbol{x}))$，则 f 连续. 由推论 2，存在 $\boldsymbol{x}_0 \in S^n$，使得 $f(\boldsymbol{x}_0) = f(-\boldsymbol{x}_0)$. $\boldsymbol{x}_0$ 必不是 $\boldsymbol{p}$ 与 $-\boldsymbol{p}$，因此 $\pi_{\boldsymbol{x}_0}$ 和 $\mathbf{R}^n$ 交得的 $\mathbf{R}^n$ 的超平面将所有 A_i 平分，即所求的 π.

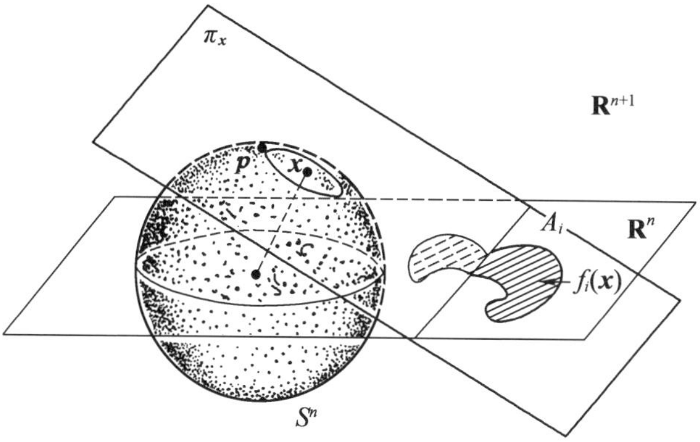

图 11

7.5　布劳维不动点定理

我们曾证明了 2 维时的布劳维不动点定理，现在用同调论来处理任意维的情形，还要证明更广泛的莱夫谢茨不动点定理.

先证明一个命题，它本身也是有用的.

命题　设 K 与 L 是复形，且 $|L|$ 是 $|K|$ 的收缩核，则对所有 p，$H_p(K)$ 存在一个与 $H_p(L)$ 同构的子群. 特别地

$$\operatorname{rank} H_p(K) \geqslant \operatorname{rank} H_p(L)$$

证明　如图 12，设 $i:|L|\to|K|$ 与 $r:|K|\to|L|$ 分别为包含映射与收缩映射，则 $ri=1_{|L|}:|L|\to|L|$. 它们的诱导同态 $i_{*p}:H_p(L)\to H_p(K)$ 与 $r_{*p}:H_p(K)\to H_p(L)$ 满足

$$r_{*p}i_{*p}=1_{H_p(K)}:H_p(L)\to H_p(L)$$

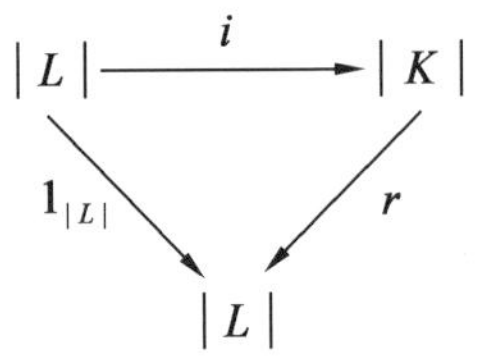

图 12

因此 i_{*v} 是单同态，$i_{*p}(H_p(L))$ 就是 $H_p(K)$ 的同构于 $H_p(L)$ 的子群. 显然

$$\text{rank } H_p(K) \geqslant \text{rank } i_{*p}(H_p(L)) = \text{rank } H_p(L)$$

这个命题对可剖空间的情形自然也成立.

推论（布劳维不可收缩定理） S^{n-1} 不是 D^n 的收缩核.

证明 由 $D^n \cong |\text{Cl } \sigma^n|$ 与 $S^{n-1} \cong |\text{Bd } \sigma^n|$，如果 S^{n-1} 是 D^n 的收缩核，那么 $|\text{Bd } \sigma^n|$ 是 $|\text{Cl } \sigma^n|$ 的收缩核. 由上面的命题得

$$0 = \text{rank } H_{n-1}(\text{Cl } \sigma^n) \geqslant \text{rank } H_{n-1}(\text{Bd } \sigma^n) = 1$$

但这是不可能的.

上述命题与推论体现了代数拓扑学处理问题的这样一种方式：命题断言，存在收缩映射（拓扑学的研究对象）蕴涵包含映射诱导出单同态，这反映了群 $H_p(K)$ 与 $H_p(L)$ 的结构之间的某种关系（代数学的研究对象）. 推论则对所考虑的特定场合，由 $H_p(K)$ 与 $H_p(L)$ 的结构断言收缩映射不存在. 这是将拓扑问题转化为代数问题的一个简单而典型的例子. 利用代数拓扑学研究某些问题时，往往是将所讨论的问题归结成某种映射的问题，进而转化成某种同态的问题.

由推论并利用已知方法可得：

定理（布劳维不动点定理） 设 $f: D^n \to D^n$ 是连续映射，则必定存在不动点 $\boldsymbol{x}^* \in D^n$，即 $\boldsymbol{x}^*$ 满足

$f(\boldsymbol{x}^*)=\boldsymbol{x}^*$.

推论也容易利用映射度来证明.

7.6　莱夫谢茨不动点定理

对于一般可剖空间,到自身的连续映射不一定有不动点,必须对映射加以限制. 莱夫谢茨不动点定理给出了一个映射存在不动点的充分条件,是利用诱导同态来描述的. 作为推论立即可得布劳维不动点定理.

先证明线性代数中的两个结果.

命题 1(迹的可加性)　设 V 是 n 维线性空间,$\varphi: V\to V$ 是线性变换,W 是关于 φ 的不变子空间. φ 导出商空间的线性变换 $\overline{\varphi}: V/W\to V/W$,令 $\varphi_W=\varphi|_W: W\to W$,则 $\operatorname{tr}\varphi=\operatorname{tr}\overline{\varphi}+\operatorname{tr}\varphi|_W$,其中 $\operatorname{tr}(\cdot)$ 表示线性变换的迹. 当 $W=V$ 时,V/W 是零空间,规定 $\operatorname{tr}\overline{\varphi}=0$.

证明　取 $\{\boldsymbol{\xi}_1,\cdots,\boldsymbol{\xi}_r\}$ 为 W 的一组基,添加 $\boldsymbol{\xi}_{r+1},\cdots,\boldsymbol{\xi}_n$ 使之成为 V 的一组基,则 $\{\overline{\boldsymbol{\xi}}_{r+1},\cdots,\overline{\boldsymbol{\xi}}_n\}$ 是 V/W 的一组基,其中 $\overline{\boldsymbol{\xi}}_i=\boldsymbol{\xi}_i+W\in V/W$. 设 φ_W,φ 与 $\overline{\varphi}$ 在上面所取基下的矩阵分别为 $\boldsymbol{A}_W,\boldsymbol{A}$ 与 $\overline{\boldsymbol{A}}$,则易见有

$$\boldsymbol{A}=\left(\begin{array}{c|c}\boldsymbol{A}_W & *\\ \hline \boldsymbol{0} & \overline{\boldsymbol{A}}\end{array}\right)$$

因此 $\operatorname{tr}\varphi=\operatorname{tr}\overline{\varphi}+\operatorname{tr}\varphi_W$.

命题 2　如图 13,设 V 与 V' 是 n 维线性空间,$\varphi: V\to V$ 与 $\varphi': V'\to V'$ 是线性变换,$\theta: V\to V'$ 是同构,且满足 $\theta\varphi=\varphi'\theta$,则 $\operatorname{tr}\varphi=\operatorname{tr}\varphi'$.

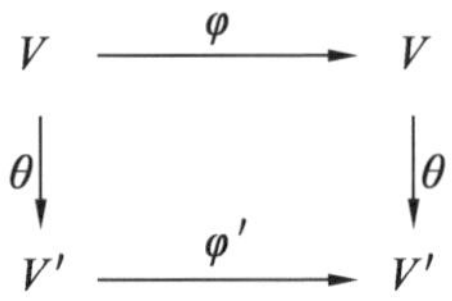

图 13

证明 只需任取 V 的一组基 $\{\boldsymbol{\xi}_1,\cdots,\boldsymbol{\xi}_n\}$，$V'$ 的基取 $\{\theta(\boldsymbol{\xi}_1),\cdots,\theta(\boldsymbol{\xi}_n)\}$，结论是明显的.

下面讨论中系数群都取有理数域 $\mathbf{Q}$，莱夫谢茨不动点定理也可以看作有理同调论的一个应用.

设 K 是复形，$f:|K|\to|K|$ 是连续映射，则 $H_p(K;\mathbf{Q})$ 是 $\mathbf{Q}$ 上的有限维线性空间，诱导同态

$$f_{*p}:H_p(K;\mathbf{Q})\to H_p(K;\mathbf{Q})$$

是线性变换.

定义 设 $f:|K|\to|K|$ 是连续映射，整数

$$\Lambda(f)=\sum_{p=0}^{\dim R}(-1)^p \operatorname{tr} f_{*p}$$

称为 f 的莱夫谢茨数.

莱夫谢茨不动点定理是说，当 $\Lambda(f)\neq 0$ 时，f 必存在不动点. 为了理解下面的证明，先考察当 $f:K\to K$ 是单纯映射时的简单情形. 若 f 没有不动点，则对 K 的任意单形 σ，必有 $f(\sigma)\neq\sigma$（否则重心 $\check{\sigma}$ 是不动点），因此 f 决定的链映射 $f_p:C_p(K;\mathbf{Q})\to C_p(K;\mathbf{Q})$ 的迹必为零，当我们证明了 $\Lambda(f)=\sum_{p=0}^{\dim K}(-1)^p\operatorname{tr} f_p$ 后，就得到了单纯映射时的莱夫谢茨不动点定理. 对于一般连续映射，像通常那样利用单纯逼近等技巧就可以了. 为此先证明：

引理（霍普夫迹数定理） 设 $f_p:C_p(K;\mathbf{Q})\to C_p(K;\mathbf{Q})$ 是链映射，它诱导出同态 $f_{*p}:H_p(K;\mathbf{Q})\to$

$H_p(K;\mathbf{Q})$，则

$$\Lambda(f)=\sum_{p=0}^{\dim K}(-1)^p \operatorname{tr} f_p$$

证明　如图 14，以 C_p,Z_p,B_p 与 H_p 分别简记 $C_p(K;\mathbf{Q}),Z_p(K;\mathbf{Q}),B_p(K;\mathbf{Q})$ 与 $H_p(K;\mathbf{Q})$，令 $f'_p=f_p|_{Z_p},f''_p=f_p|_{B_p}$. 设 $\bar{f}_p:C_p/Z_p\to C_p/Z_p$ 是 f_p 导出的商空间之间的线性变换. 线性变换 $\tilde{\partial}_p:C_p/Z_p\to B_{p-1}$ 由 $\tilde{\partial}_p(c_p+Z_p)=\partial_p c_p$ 定义.

由迹的可加性与 $H_p=Z_p/B_p$，得 $\operatorname{tr} f'_p=\operatorname{tr} f''_p+\operatorname{tr} f_{*p}$. 仍由迹的可加性得 $\operatorname{tr} f_p=\operatorname{tr} f'_p+\operatorname{tr}\bar{f}_p$，但 $\tilde{\partial}_p\bar{f}_p=f''_{p-1}\tilde{\partial}_p$，$\tilde{\partial}_p$ 是同构的，由命题 2 得 $\operatorname{tr}\bar{f}_p=\operatorname{tr} f''_{p-1}$，因此

$$\operatorname{tr} f_p=\operatorname{tr} f_{*p}+\operatorname{tr} f''_p+\operatorname{tr} f''_{p-1}\quad(p>0)$$

$$\operatorname{tr} f_0=\operatorname{tr} f'_0=\operatorname{tr} f_{*0}+\operatorname{tr} f''_0$$

设 $n=\operatorname{din} K$，则

$$\operatorname{tr} f''_n=0,\operatorname{tr} f_n=\operatorname{tr} f_{*n}+\operatorname{tr} f''_{n-1}$$

于是有

$$\Lambda(f)=\sum_{p=0}^{\dim K}(-1)^p \operatorname{tr} f_p$$

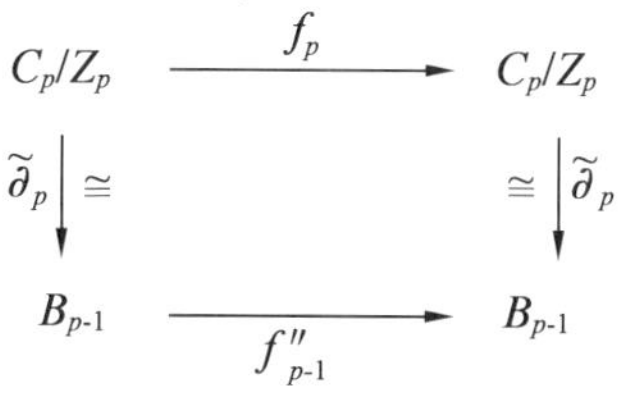

图 14

特别地，对于恒同映射 $1_{|K|}:|K|\to|K|$，设 K 的 p 维基本组为 $S_p^+=\{\sigma_i^p|i=1,\cdots,\alpha_p\}$，则

$$(1_{|K|})_p(\sigma_i^p)=\sigma_i^p,\operatorname{tr}(1_{|K|})_p=\alpha_p$$

上面引理给出

$$\Lambda(1_{|K|}) = \sum_{p=0}^{\dim K}(-1)^p\alpha_p = \chi(K)$$

就是说,莱夫谢茨数是欧拉示性数的推广.

定理(莱夫谢茨不动点定理) 设连续映射 f: $|K|\to|K|$ 的莱夫谢茨数 $\Lambda(f)\neq 0$,则 f 必存在不动点.

证明 假设 f 没有不动点. 令 $\varphi:|K|\to\mathbf{R}$ 由 $\varphi(\boldsymbol{x}) = \|\boldsymbol{x}-f(\boldsymbol{x})\|$ 给出,φ 是紧度量空间 $|K|$ 上的连续函数. 又因为 $f(\boldsymbol{x})\neq\boldsymbol{x}$,得 $\min\limits_{\boldsymbol{x}\in|K|}\varphi(\boldsymbol{x}) = \varepsilon > 0$,不妨设 $\operatorname{mesh} K<\frac{\varepsilon}{2}$. 又设 m 是非负整数,使得 f 有单纯逼近 $g:K^{(m)}\to K$. 这时,对任意 $\boldsymbol{x}\in|K|$,有

$$\|f(\boldsymbol{x})-g(\boldsymbol{x})\|\leqslant\operatorname{mesh} K<\frac{\varepsilon}{2}$$

所以

$$\begin{aligned}\|\boldsymbol{x}-g(\boldsymbol{x})\| &\geqslant \|\boldsymbol{x}-f(\boldsymbol{x})\| - \|f(\boldsymbol{x})-g(\boldsymbol{x})\|\\ &> \varepsilon-\frac{\varepsilon}{2}=\frac{\varepsilon}{2}\end{aligned}$$

我们断言,对任意 p,链映射 $f_p = g_p sd_p^m$: $C_p(K;\mathbf{Q})\to C_p(K;\mathbf{Q})$ 的迹 $\operatorname{tr} f_p=0$. 事实上,对任意 p 维有向单形 $\boldsymbol{\sigma}\in K$,$g_p sd_p^m(\sigma)$ 是 K 中 p 维有向单形的线性组合. 如果 $\operatorname{tr} f_p\neq 0$,那么必定存在一个 p 维有向单形 σ,使得 $g_p sd_p^m\sigma$ 中相应于 σ 的系数不为零. 这时 $sd_p^m\sigma$ 中至少有一个 p 维单形 τ 在 g 下的象为 σ,于是对 τ 中的点 $\boldsymbol{x}$,有 $g(\boldsymbol{x})\in\sigma$,又由 $\tau\subseteq\sigma$,有 $\boldsymbol{x}\in\sigma$. 因此

$$\frac{\varepsilon}{2}<\|\boldsymbol{x}-g(\boldsymbol{x})\|\leqslant\operatorname{diam}\sigma\leqslant\operatorname{mesh} K<\frac{\varepsilon}{2}$$

产生矛盾. 既然对所有 p,$\operatorname{tr} f_p=0$,因此

$$\Lambda(f)=\sum_{p=0}^{\dim K}(-1)^p \operatorname{tr} f_p=0$$

与假设矛盾. 也就是说 f 必定存在不动点(图 15、图 16).

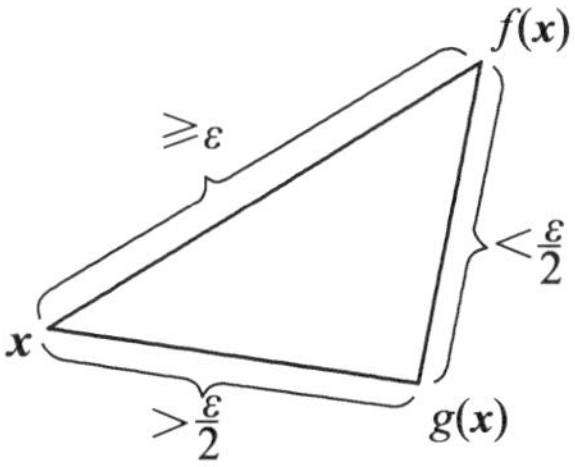

图 15

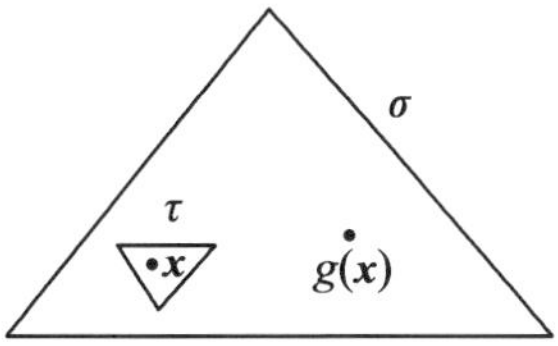

图 16

莱夫谢茨不动点定理有一系列有趣的推论.

推论 1　设复形 K 满足

$$H_p(K;\mathbf{Q})\cong\begin{cases}\mathbf{Q}, p=0\\0, p\neq 0\end{cases}$$

则 $|K|$ 具有不动点性质. 特别地, 当 $|K|\cong D^n$ 时, 即布劳维不动点定理.

证明　设 $f:|K|\to|K|$ 是任意连续映射, 取 $a\in K^0$, 由 $f_{*0}([a])=[a]$ 可知 $\operatorname{tr} f_{*0}=1$, 又因 $H_p(K;\mathbf{Q})=0$, 得 $\operatorname{tr} f_{*p}=0(p>0)$. 因此 $\Lambda(f)=1\neq 0$, f 有不动点.

推论 2　设复形 K 的欧拉示性数 $\chi(K)\neq 0$, 则与恒同映射 $1_{|K|}$ 同伦的任意映射 $f:|K|\to|K|$ 必有不动点.

证明　由 $f_{*p}=(1_{|K|})_{*p}$ 得

$$\Lambda(f)=\Lambda(1_{|K|})=\chi(K)\neq 0$$

因此 f 必有不动点.

容易验证, $H_p(K;\mathbf{Q})$ 的维数是 K 的 p 维贝蒂数. 因此射影平面 P^2 有不动点性质.

可以构造例子, 使得 $f:|K|\to|K|$ 的莱夫谢茨数

$\Lambda(f)=0$,但f存在不动点.

不动点定理已成为解决各种非线性问题的有力工具.微分方程与泛函分析中很多存在性定理实质上都是某种不动点定理的具体应用.例如考虑微分方程

$$\begin{cases}\dfrac{dy}{dx}=f(x,y)\\ y(0)=0\end{cases}\quad (x\in[0,1])$$

的解的存在性,显然它的解集就是下面积分方程

$$y(x)=\int_0^x f(t,y(t))\,dt$$

的解集.设$C^1(I)$是$I=[0,1]$上全体连续可微函数的空间.定义映射$T:C^1(I)\to C^1(I)$为

$$Ty(x)=\int_0^x f(t,y(t))\,dt\quad (y\in C^1(I))$$

这时原来微分方程的解就是映射T的不动点.

7.7 局部同调群与维数不变性

前面我们对整个复形(多面体)定义了同调群,它反映了整个图形的某些拓扑性质.为了刻画多面体在一点附近的性态,下面可引进局部同调群的概念.借此可以证明某些不变性定理.本节也体现了拓扑学处理局部问题与不变性问题的一般步骤.

局部同调群

先给出多面体在一点处的单纯邻域的概念,容易看到它的同调群不能给出有用的信息,而这邻域的边界则不然,因此引进环绕复形的概念.

定义 设K是复形.对任意$x\in|K|$,x的单纯邻

域 $N(x)$ 是由 K 中包含 x 的单形及其面组成的子复形

$$N(x)=\{\sigma \mid \exists \tau \in K, x \in \tau, \sigma < \tau\}$$

x 的环绕复形 $L_k(x)$ 是 $N(x)$ 中不含 x 的单形组成的子复形

$$L_k(x)=\{\sigma \in N(x) \mid x \notin \sigma\}$$

容易验证 $N(x)$ 与 $L_k(x)$ 都是 K 的子复形.

我们指出下列事实,请读者予以验证:

1° $|N(x)|$ 是 $x \in |K|$ 的有界邻域(点集拓扑意义下);

2° 对 $\lambda \in (0,1)$,令

$$\lambda |N(x)| = \{z=(1-\lambda)x+\lambda y \mid y \in |N(x)|\}$$

则 $|N(x)|$ 与 $\lambda|N(x)|$ 同胚. 类似地,定义 $\lambda|L_k(x)|$,且有相应的同胚;

3° $|N(x)|$ 是以 x 为顶点、$|L_k(x)|$ 上的锥形. 因此对每个 $y \in |N(x)|-\{x\}$,存在唯一的 $z \in |L_k(x)|$,使得

$$y=(1-t)x+tz \quad (t \in (0,1])$$

从而可定义辐射射影 $p_\lambda: |N(x)|-\{x\} \to \lambda|L_k(x)|$ 为

$$p_\lambda(y)=(1-\lambda)x+\lambda z$$

由 3°,多面体上任意点的单纯邻域都是锥形. 其同调群为

$$H_p(N(x)) \cong \begin{cases} \mathbf{Z}, p=0 \\ 0, p \neq 0 \end{cases}$$

环绕复形 $L_k(x)$ 却不然. 为了能用 $L_k(x)$ 的同调群来定义 $|K|$ 在 x 处的局部同调群,先必须证明 $H_p(L_k(x))$ 与剖分无关(图17、图18).

定理　设 K 和 L 是复形,$f: |K| \to |L|$ 是同胚映射,则对任意 $x \in |K|$,$|L_k(x)|$ 与 $|L_k(f(x))|$ 同伦等价.

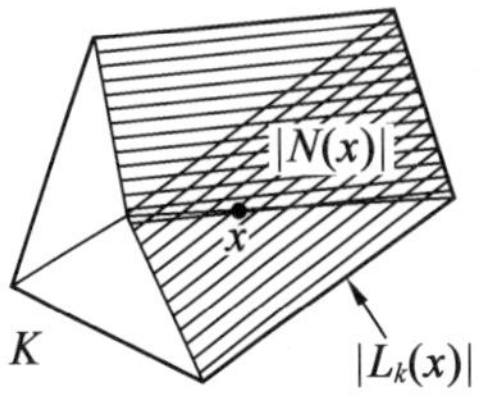

图 17

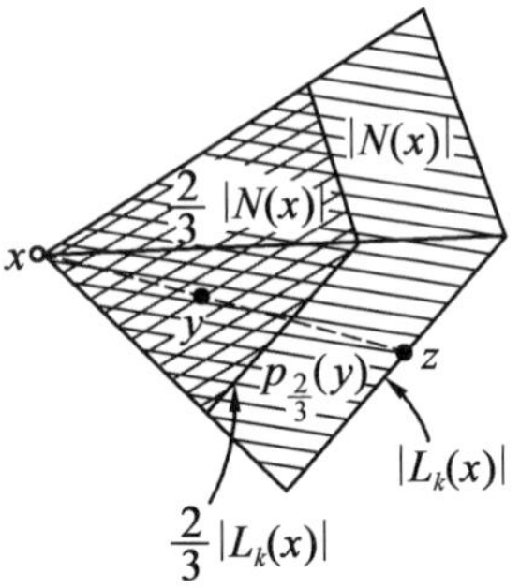

图 18

证明 如图 19,由上面指出的 $|N(x)|$ 的性质 1° 和 f 是同胚,必存在 $\lambda,\mu,v\in(0,1]$,使得

$$
\begin{aligned}
f(v|N(x)|) &\subseteq \mu|N(f(x))| \\
&\subseteq f(\lambda|N(x)|) \\
&\subseteq |N(f(x))|
\end{aligned}
$$

记

$$
B_1=|L_k(f(x))|, B_2=\mu|L_k(f(x))|
$$
$$
B_1'=f(\lambda|L_k(x)|), B_2'=f(v|L_k(x)|)
$$

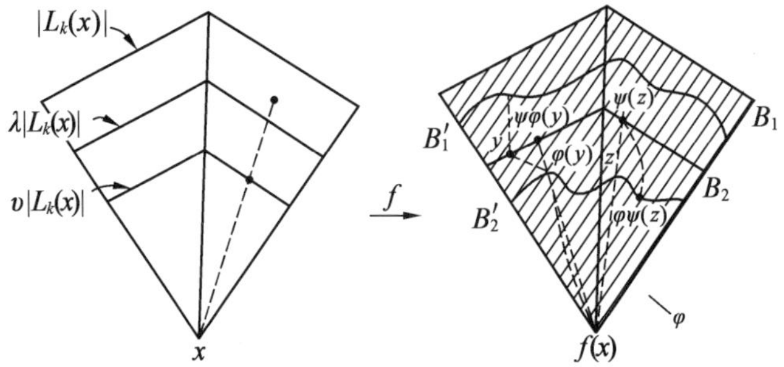

图 19

第8章

拓扑学中的不动点理论前沿介绍

北京大学数学系的姜伯驹先生在展望21世纪中国数学发展时谈道：

1. 不动点问题

不动点问题是解方程问题的一种典型形式，许多解方程问题可以化成不动点问题.

设 X 是一个空间，$f:X\to X$ 是一个映射

$$\mathrm{Fix}(f):=\{\boldsymbol{x}\in X\mid \boldsymbol{x}=f(\boldsymbol{x})\}$$

称为 f 的不动点集. 不动点问题包括不动点的有无、性质、求法等.

在拓扑学中，主要讨论映射的变形对不动点的影响，或者说，研究与不动点有关的同伦不变量.

为避免枝节，以下假定空间 X 是紧的光滑流形（闭的或有边的），映射 f 也是光滑映射. 问与 f 同伦的映射最少有多少不动点，即求

$$MF[f]:=\mathrm{Min}\{\#\mathrm{Fix}(g)\mid g\simeq f:X\to X\}$$

2. 莱夫谢茨的不动点指数和 Nielsen 的不动点类

我们不妨假定 $f:X\to X$ 的不动点都

是孤立的，且都不在流形 X 的边上（通过小扰动总能实现）.

不动点指数：把孤立不动点 $\boldsymbol{x}_0$ 的邻域看成欧氏空间，$\boldsymbol{x}_0$ 的指数就是向量场 $\boldsymbol{x}-f(\boldsymbol{x})$ 在其孤立零点 $\boldsymbol{x}_0$ 处的指数；或者说，当动点 $\boldsymbol{x}$ 绕 $\boldsymbol{x}_0$ 一周时，向量 $\boldsymbol{x}-f(\boldsymbol{x})$ 绕 0 多少周. 这是多项式的根的重数概念的推广（图 1）.

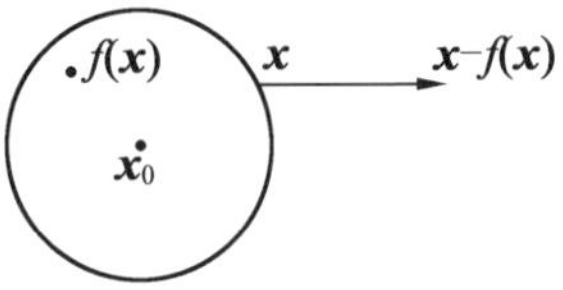

图 1

莱夫谢茨（1923）：f 的全体不动点的指数的代数和是 f 的同伦不变量，可用简单公式算出

$$L(f)=\sum_q(-1)^q\operatorname{trace}(f_*:H_q(X)\to H_q(X))$$

因此 $L(f)\neq 0$ 推出与 f 同伦的映射都有不动点.

例 对于环面 T^2，$f_*:H_1(T^2)\to H_1(T^2)$ 由一个整数矩阵

$$\boldsymbol{A}=\begin{pmatrix}a & b\\ c & d\end{pmatrix}$$

所刻画. 这时 $L(f)=\det(\boldsymbol{E}-\boldsymbol{A})$，这里 $\boldsymbol{E}$ 是单位矩阵.

对于“一般的”（generic）光滑映射来说，每个不动点的指数是 ± 1，因而与 f 同伦的光滑映射“一般说来”至少有 $|L(f)|$ 个不动点.

Nielsen（1921）与布劳维（1921）：对于 $f:T^2\to T^2$，与 f 同伦而不动点最少的映射，恰有 $|\det(\boldsymbol{E}-\boldsymbol{A})|$ 个不动点.

不动点类：f 的不动点 $\boldsymbol{x}_0$ 与 $\boldsymbol{x}_1$ 同类，如果在 X 中

有从 $\boldsymbol{x}_0$ 到 $\boldsymbol{x}_1$ 的道路 $\boldsymbol{c}$，使 $\boldsymbol{c}$ 与 $f(\boldsymbol{c})$ 同伦（图 2）（指保持端点不动的同伦）.

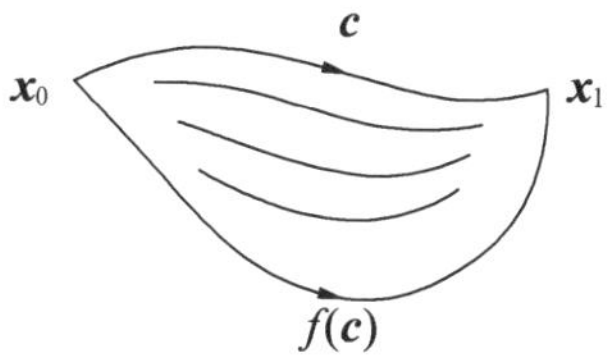

图 2

等价说法

$$f\text{ 的映射环}:=\frac{X\times[0,1]}{((\boldsymbol{x},1)\sim(f(\boldsymbol{x},0)),\ \forall\boldsymbol{x})}$$

不动点对应于闭轨线；同类的不动点对应于同伦的闭轨线（图 3）.

不动点类的指数：该类中诸不动点的指数之和.

Nielsen 数 $N(f)$：= 指数非零的不动点类的个数.

Nielsen（1927）与 Wecken（1940）：$N(f)$ 是 f 的同伦不变量. 与 f 同伦的映射至少有 $N(f)$ 个不动点，即 $N(f)\leqslant MF[f]$.

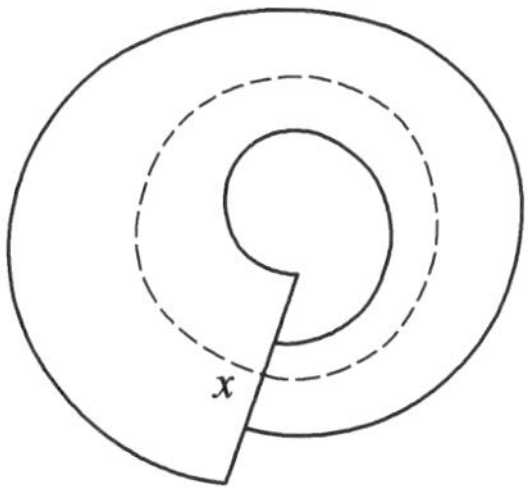

图 3

于是，问题分成两个方面. 代数方面——怎样计算 $N(f)$？几何方面——何时有 $N(f)=MF[f]$？不等时，如何计算 $MF[f]$？

3. Nielsen **数的计算简况**

在环面 T^2 上 $N(f)=|L(f)|$,这并非普遍规律,$N(f)$ 可以大于也可以小于 $|L(f)|$. $N(f)$ 的计算相当困难,因为基本群的同态

$$f_*:\pi_1(X)\to\pi_1(X)$$

起着关键性的作用,而 $\pi_1(X)$ 一般是非交换群,不易处理.

二十年来,对某些常见的流形(如李群、齐性空间、基本群为有限群的流形等)或常见的映射(如纤维映射等)已找到一些相当有效的办法. 姜伯驹先生和尤承业的工作[47][48]有重要的影响. 有兴趣者请参看江泽涵先生的书[49]及姜伯驹的讲义[50].

当前重要的课题:(i)同伦幂等映射. Geoghegan 猜想,若 $f\cdot f\simeq f$ 必 $N(f)\leqslant 1$. 这个问题从 Shape Theory 来,与代数 K 理论有密切关系;(ii)曲面的伪 Anosov 自同胚. 其 Nielsen 数计算与动力系统的研究有关,主要困难在于其映射环(它是 3 维双曲流形)的基本群中,共轭问题不知如何解.

4. Nielsen **数等于最少不动点数吗**

Wecken(1941):设 X 是紧流形,维数 $n>2$. 则对任意 $f:X\to X$,有 $N(f)=MF[f]$.

这个定理确立了 Neilsen 数在不动点理论中的重要性.

较好的证法:不动点就是积流形 $X\times X$ 中对角线 Δ 与 f 的图像 Γ 的交点. 用微分拓扑中处理子流形相交问题的所谓"Whitney 技巧"尽量减少 Δ 与 Γ 交点的个数,就得到 $MF=N$.

对于曲面,$X\times X$ 是 4 维流形,Whitney 技巧失灵,

问题就落入低维拓扑学的范围(图 4).

姜[51]:对紧曲面的自同胚,$N = MF$ 成立.

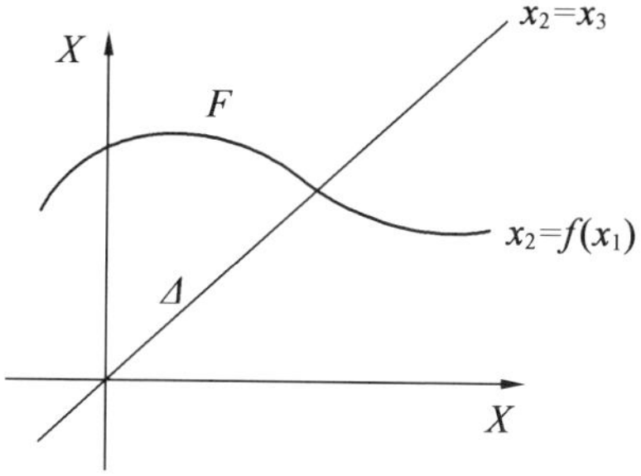

图 4

Nielsen 在 1927 年正是就闭曲面的自同胚提出不动点类理论的,并猜测 $MF = N$,至此才得证明. 证法用 Thurston 的曲面论.

姜[52]:设 X 是欧拉示性数小于 0 的紧曲面. 则存在一个映射 $f:X\to X$ 使 $N(f) = 0 < MF[f]$.(欧拉示性数不小于 0 的七个紧曲面上 $N = MF$ 是早已知道的.)

以下介绍这个新的领域:曲面的不动点理论,作为低维拓扑学课题之一例.

5. 辫群

曲面 M 的 m 股辫群:从柱形 $X\times[0,1]$ 的上底中相异的 m 点 $x_1,x_2,\cdots,x_m$ 垂下 m 股线,可互相缠绕但不可相交,到达下底时分别回到 $x_1,x_2,\cdots,x_m$ 诸点. 在这些限制下可互相变形的辫看成相同的. 乘法运算是辫的相接.

双股辫群其实就是基本群 $\pi_1(M\times M-\Delta)$(图 5).

我们以示性数小于 0 的曲面中最简单的一个——

挖去两个洞的圆盘 P,作为例子.

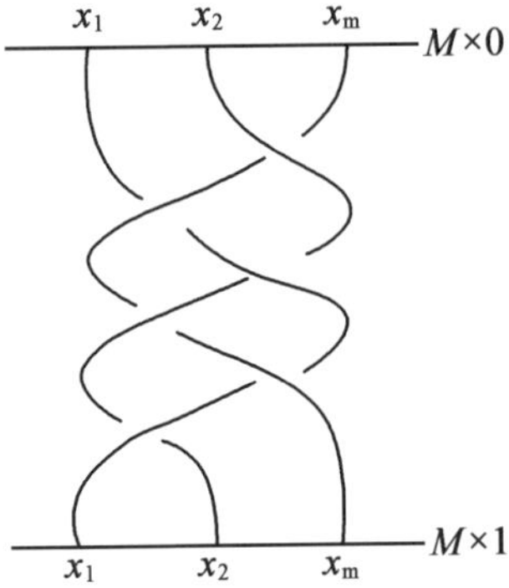

图 5

命题 1 曲面 P 的双股辫群是 Artin 的四股辫群的子群,由以下母元和关系决定.

母元:$\rho_{11},\rho_{12},\rho_{21},\rho_{22},B$(图 6);

关系

$$\rho_{21}^{-1}\rho_{11}\rho_{21}=\rho_{11}B^{-1}\rho_{11}B\rho_{11}^{-1}$$

$$\rho_{21}^{-1}\rho_{12}\rho_{21}=\rho_{11}B^{-1}\rho_{11}^{-1}B\rho_{12}B^{-1}\rho_{11}B\rho_{11}^{-1}$$

$$\rho_{21}^{-1}B\rho_{21}=\rho_{11}B\rho_{11}^{-1}$$

$$\rho_{22}^{-1}\rho_{11}\rho_{22}=\rho_{11}$$

$$\rho_{22}^{-1}\rho_{12}\rho_{22}=\rho_{12}B^{-1}\rho_{12}B\rho_{12}^{-1}$$

$$\rho_{22}^{-1}B\rho_{22}=\rho_{12}B\rho_{12}^{-1}$$

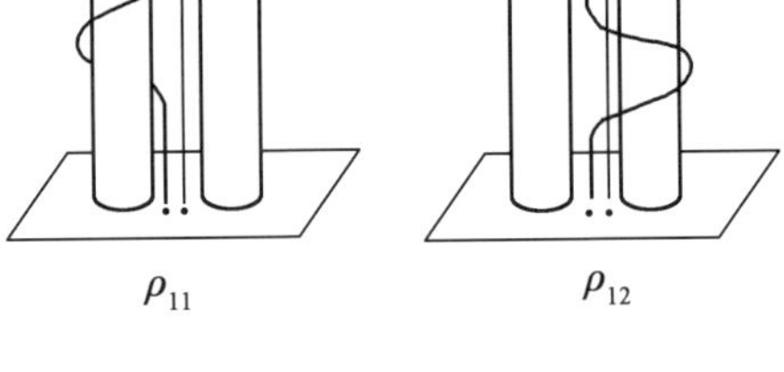

ρ_{11} ρ_{12}

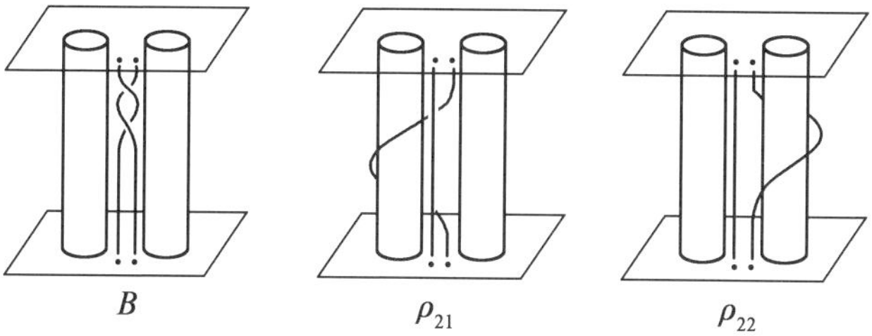

图 6

6. 不动点与辫方程

设 $f:P\to P,x_1\neq f(x_1)=x_2$. 当动点 x 在 $P-\mathrm{Fix}(f)$ 中描出一条闭路时,点 $(x,f(x))\in P\times P-\Delta$ 描出 P 上一个双股辫. 若两闭路在 $P-\mathrm{Fix}(f)$ 中同伦,它们所对应的辫相同.

设 f 在 $\Sigma=S_0\cup S_1\cup S_2\cup a_0\cup a_1\cup a_2$ 上无不动点. 考虑闭路 $w_i=a_iS_ia_i^{-1},i=0,1,2$(图 7);它们对应的辫记作 $\sigma_i,i=0,1,2$. 假如 f 在整个 P 上无不动点,则由 $w_0=w_1w_2$ 知 $\sigma_0=\sigma_1\sigma_2$.

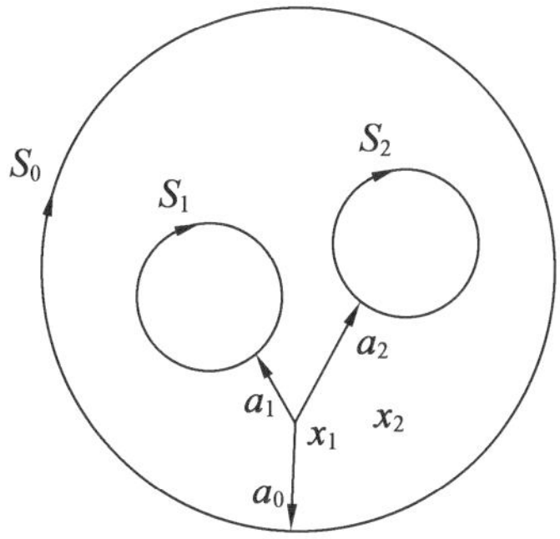

图 7

命题 2　设 $f:P\to P$ 在 Σ 上无不动点. 则 f 同伦于无不动点的映射$\Leftrightarrow$有辫 $u_0,u_1,u_2\in\mathrm{Ker}\ p_{1*}\cap\mathrm{Ker}\ p_{2*}$(这里的 $p_1,p_2:P\times P-\Delta\to P$ 分别是到两个因子的投

影),使得

$$u_0\sigma_0u_0^{-1}=u_1\sigma_1u_1^{-1}u_2\sigma_2u_2^{-1} \qquad (1)$$

给定一个映射f之后,辫σ_i容易算出.我们找到了一个f,$N(f)=0$,而且能够证明方程(1)无解,这样就对P证明了上节末的定理.利用P上的f再设法构造出其他曲面上的f.难点一是找适当的f,二是证方程(1)无解.

命题3 设$f:P\to P$在Σ上无不动点.f同伦于一个有k个不动点,其指数分别为$i_1,i_2,\cdots,i_k$的映射$\Leftrightarrow$有辫$u_0,u_1,u_2\in \mathrm{Ker}\ p_{1*}\cap \mathrm{Ker}\ p_{2*}$以及$w_1,\cdots,w_k\in \mathrm{Ker}\ p_{1*}$,使得

$$u_0\sigma_0u_0^{-1}w_1B^{i1}w_1^{-1}\cdots w_kB^{ik}w_k^{-1}=u_1\sigma_1u_1^{-1}u_2\sigma_2u_2^{-1} \qquad (2)$$

章兴国在[53]中提出了上述命题,后来又提出了对方程(2)作"先验估计"的一种方法,对给定的σ_i估计k的下界.这样,他找到了一族映射$f_n:P\to P$使$N(f_n)=1$,但$MF[f]>n$.这说明,在P上$MF-N$可任意地大.

稍后,Kelly在[54]中用极其繁复的几何讨论(不用辫),算出了P的每个映射类的MF.但章兴国的方法的优点是可以推广到其他曲面,至少可用于挖去多个洞的圆盘(所谓"平曲面").

对于不同的曲面,除辫群不同外,方程(1)与(2)的形状也改变.如对于挖去一个洞的环面,(1)形如

$$u_0\sigma_0u_0^{-1}=[u_1\sigma_1,u_2\sigma_2]$$

σ_i已知,[,]表示换位子.代数上的困难增加.

对本节内容有兴趣者请参看[52],[55].

7. 几个问题

在曲面上,Nielsen的不动点理论是否能进一步精

细化?

从不动点类到周期点类?

在有有限群 G 作用的空间上,等变(equivariant)映射的不动点问题?

怎样将不动点类理论应用于分析?

莱夫谢茨论布劳维不动点

附录 1

1. 为了适当发展指标的理论，我们需要由若尔当曲线的变形所提供的自由. 这种变形最好通过回路的概念来提供.

空间$\mathfrak{R}$中的回路 Γ 是定向的若尔当曲线 J 与连续映射 $f:J\to\mathfrak{R}$所组成的一对(f,J). 我们约定：如果 J' 是另一若尔当曲线，而 φ 是保持定向的拓扑映射 $J'\to J$，则回路$(f\varphi,J')$仍是 Γ. 注意 J 就是回路$(1,J)$. 我们亦把集 fJ 简记为 Γ.

设三条弧 λ,μ,ν 构成公共端点为 a,b 的 θ 曲线（形如字母 θ 的曲线），并设它们都是从 a 到 b 定向的. 这样，$J_1=\lambda-\nu$，$J_2=-\mu+\nu$，$J=\lambda-\mu$ 是三条定向的若尔当曲线. 设 f 把这个图形映入$\mathfrak{R}$，产生回路 Γ_1,Γ_2,Γ. 于是定义 $\Gamma=\Gamma_1+\Gamma_2$，并类似地定义 $\Gamma=\Gamma_1+\cdots+\Gamma_s$.

设 Γ_0,Γ_1 是$\mathfrak{R}$中的两回路. 考虑柱面 $J\times l$，这里 l 是线段 $0\leqslant u\leqslant 1$. 如果存在连续映射 $\Phi:J\times l\to\mathfrak{R}$，使得

$$\Gamma_0=(\Phi,0\times J),\Gamma_1=(\Phi,1\times J)$$

则称 Γ_0 与 Γ_1 在$\mathfrak{R}$中为同伦的，而称 Φ 为同伦映射. $(\Phi, J\times l)$ 就是同伦柱面，如果 $M\in J$，则 $\Phi(l\times M)$ 便是 M 在此同伦映射中的路线. 如果 $\Gamma_0=(1,J)$，则同伦映射称为变形，如果 Γ_1 是一点，则称 Γ_0 在$\mathfrak{R}$中同伦于一点或可变形为一点. 因此：

(1.1)2 维胞腔 E^2 中的若尔当曲线可变形为 E^2 的一点.

当每条路线的直径小于 ε 时，我们得到 ε－同伦映射或 ε－变形.

显然有：

(1.2)在$\mathfrak{R}$中取两回路 $\Gamma_0=(f_0,J)$ 及 $\Gamma_1=(f_1,J)$. 假设对于不论怎样的 $M\in J$，点 f_0M 与 f_1M 都可用$\mathfrak{R}$中连续变化的线段相连，且当 f_0M，f_1M 重合时此线段退化为一点. 那么 Γ_0 与 Γ_1 在$\mathfrak{R}$内是同伦的.

2. 上述的考虑可以应用于欧几里得平面 Π 和它的若尔当曲线的定向. 一般说来，Π 是靠着对其一切圆规定一致的指向来定向的. 设 J 是 Π 上一若尔当曲线，Ω 是它的内部. 在 Ω 内取一圆周 C 并引若尔当曲线 H，由图1 充分清楚地表示. 现在这样来定向 J，使得在对 C 所得的定向中，这个圆周是按负向描画的. 这一过程给出 J 的唯一的正定向. 反之，给 J 以一个预先指定的正定向作为正向后，这个过程给出 C 的正定向，从而也就给出 Π 的正定向. 定向曲线 J 称为平面的指示曲线(图1).

这一过程也可应用于：(a)2 维胞腔 E^2. 把 E^2 拓扑映射到定向的 Π 上，并规定 E^2 的各若尔当曲线的定向为它们在 Π 的象的定向；(b)可定向微分流形

M^2. 直接把 M^2 的基本覆盖的一个胞腔中的若尔当曲线定向,然后从这个胞腔进行到相交的胞腔,逐步将其他胞腔的若尔当曲线定向.

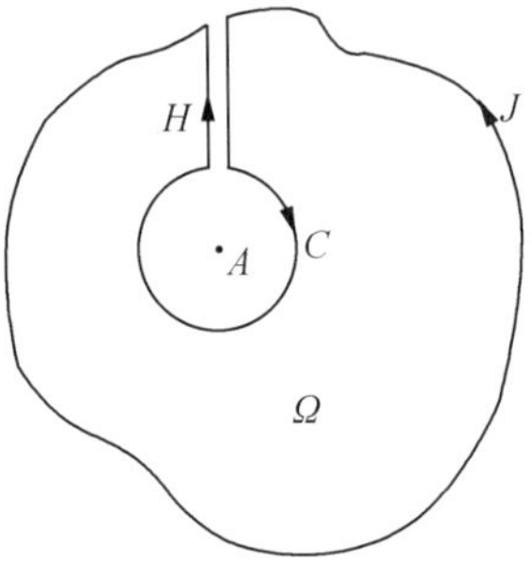

图 1

3. 现在考虑向量场$\mathfrak{V}$,它定义于欧几里得平面 Π 中的回路 $\Gamma=(f,J)$ 的所有点上且在 Γ 上无奇点. 当 $M\in J$ 沿 J 走一周时,在点 fM 上的向量 $\boldsymbol{V}(M)$ 与一固定方向的交角改变 $m\cdot 2\pi$. 数 m 就是 Γ 关于$\mathfrak{V}$的指标,记作 $\operatorname{Ind}(\Gamma,\mathfrak{V})$ 或简记为 $\operatorname{Ind}\Gamma$. 特别地,可以定义 $\operatorname{Ind}(J,\mathfrak{V})$.

(3.1)给定了定义在 Γ 上的两个向量场$\mathfrak{V}$,$\mathfrak{V}'$,且在 Γ 上无奇点,如果它们的向量 $\boldsymbol{V}(M)$,$\boldsymbol{V}'(M)$ 永不处于相反方向,则 $\operatorname{Ind}(\Gamma,\mathfrak{V})=\operatorname{Ind}(\Gamma,\mathfrak{V}')$.

设 α 是此两向量的最大交角,$|\alpha|<\pi$. 由于$|\alpha|<\pi$,所以它们的角改变量之差小于2π. 由于它等于 $m\cdot 2\pi$,故 $m=0$,因此(3.1)成立. 另一方面,显然有:

(3.2)如果 $\boldsymbol{V}(M)$ 与 $\boldsymbol{V}'(M)$ 恒反向,则

$$\operatorname{Ind}(\Gamma,\mathfrak{V})=\operatorname{Ind}(\Gamma,\mathfrak{V}')$$

回路的指标的主要性质是:

(3.3)设$\mathfrak{V}$是定义于平面区域 Ω 内的向量场,且在

Ω 内无奇点. 如果两回路 Γ_0 与 Γ_1 在 Ω 内是同伦的,则它们关于$\mathfrak{F}$有相同的指标.

设 Φ, u, l, J 的意义与(1)中的相同,而现在 $\Phi(l\times J)\subseteq\Omega$. 设线段 $0\leqslant u\leqslant 1$ 被分点$\frac{1}{n},\frac{2}{n},\cdots$分为 n 等分. 以 Γ^h 表示回路$\left(\Phi,\frac{h}{n}\times J\right)$. 如果 $M\in J$,则令$\mathfrak{F}'$是把$\mathfrak{F}$在$\frac{h+1}{n}\times M$ 的向量转移到$\frac{h}{n}\times M$ 而定义于 Γ^h 上的向量场. 显然,$\mathrm{Ind}(\Gamma^h,\mathfrak{F}')=\mathrm{Ind}(\Gamma^{h+1},\mathfrak{F})$. 可是,根据 Φ 的连续性以及向量场$\mathfrak{F}$在紧致集$\Phi(l\times J)$上的连续性,又由于$\mathfrak{F}$无奇点,故当 n 充分大时,可使 $\mathfrak{F}$ 在$\frac{h}{n}\times M$ 的向量与在$\frac{h+1}{n}\times M$ 的向量的最大交角对一切 $M\in J$ 及一切 h 来说为任意小. 因此,在任一 Γ^h 上,$\mathfrak{F}$与$\mathfrak{F}'$永不反向. 此时应用(3.1)便得 $\mathrm{Ind}(\Gamma^h,\mathfrak{F}')=\mathrm{Ind}(\Gamma^h,\mathfrak{F})$. 因此,对于任一 h:$\mathrm{Ind}(\Gamma^h,\mathfrak{F})=\mathrm{Ind}(\Gamma^{h+1},\mathfrak{F})$,从而

$$\mathrm{Ind}(\Gamma_0,\mathfrak{F})=\mathrm{Ind}(\Gamma^0,\mathfrak{F})=\mathrm{Ind}(\Gamma^n,\mathfrak{F})=\mathrm{Ind}(\Gamma_1,\mathfrak{F})$$

这就证明了(3.3).

应用 (3.4)如果向量场$\mathfrak{F}$定义在2维闭胞腔 Ω 上,且在 Ω 内无奇点,则 Ω 内的每一回路 Γ 的指标为零.

从 Γ 同伦于 Ω 内一点这一事实立即推得这一命题.

(3.5)**布劳维不动点定理** 每一个把2维闭胞腔映入自身的连续映射至少有一不动点.

取一闭圆域$\mathfrak{R}$作为这个2维闭胞腔. 设 C 是$\mathfrak{R}$的边

界圆周,而 O 是 C 的圆心. 如果 φ 是连续映射,M 是$\mathfrak{R}$的一点,而 $M' = \varphi M$,则有向线段 $\boldsymbol{V}(M) = MM'$定义一个在$\mathfrak{R}$上的向量场$\mathfrak{F}$,它的奇点都是 φ 的不动点. 假设 φ 在 C 上没有不动点. 那么在 C 上 $\boldsymbol{V}(M) \neq \boldsymbol{0}$. 设在 C 上把这个向量换成 $\boldsymbol{V}'(M) = MO$,这样就获得 C 上的一个新向量场$\mathfrak{F}'$. 因为 $\boldsymbol{V}(M)$及 $\boldsymbol{V}'(M)$在 C 上永不反向,所以 $\mathrm{Ind}(C,\mathfrak{F}) = \mathrm{Ind}(C,\mathfrak{F}') = 1$. 因此,根据(3.4),$\mathfrak{F}$必有奇点,即 φ 必定有不动点.

附录2

布劳维与直觉主义

1912"直觉主义和形式主义". 文中比较两种观点并进一步阐述了直觉主义的基本观点.

这些文章主要是论辩性质的. 后来布劳维在构造数学方面做了不少具体工作,这方面的论文共有五十余篇,大都发表于1918年,特别是20世纪20年代以后.

尽管早在学位论文中就提出了直觉主义思想,从1907年到1920年前后这十多年时间里,布劳维依然从事于古典数学的研究工作. 全集第二卷收录了他这方面的论文将近九十篇,其中包括几何、分析和拓扑学等. 他在1911至1912关于维度的拓扑不变性的论文和所应用的方法被公认为拓扑学中创造性的贡献. 海廷说,正是由于这些贡献,我们可以说,"现代拓扑学创始于布劳维"(《布劳维传》,全集卷二,P. xii). 布劳维1909年到德国会见了希尔伯特,并时常通信. 1909年12月,他在巴黎度假,在那里和彭加勒、鲍瑞尔和阿达玛交往. 他于1910

年元旦写信告知希尔伯特说,他发现了拓扑学的新方法. 他在这些交往中必然会得到不少切磋和启发,同时也会影响他对数学基础的观点.

布劳维一生在一些问题上的思想有显著的改变,对另一些问题的说明则很不明确,甚至于含混. 以下扼要介绍他的主要思想.

1. **直觉主义的数学观**

布劳维没有全面或系统的哲学著作. 海廷说,他始终对神秘主义有兴趣,并说他 20 世纪 40 年代以后倾向于唯我主义. 布劳维的数学观基本上承袭了康德的理论,主张数学来源于“直觉的先验形式”,即时间(“直觉主义和形式主义”1912 年,全集卷一,P. 27). 布劳维认为,数学是创造性的精神活动,是心灵的构造(mental construction). 数学独立于逻辑和语言. 数学的基础在于一种先验的初始直觉. 这种直觉使人认识到作为“知觉单位”的一,然后通过不断的“联结”(juxtaposition),创造了有穷数以及无终止的无穷序列,并从而构造出各种数学对象(“关于数学的基础”1907 年,全集卷一,P. 51-52). 根据以上观点,布劳维当然不能承认有客观存在的、封闭的和已完成的实无穷体系. 对他来说,无穷只是无限制增长的可能,是一个永无休止的创造过程.

构造主义者虽然不必是直觉主义者,但数学的直觉主义必然要导致构造主义的数学观. 布劳维既然认为数学是心灵的构造,既然不承认实无穷,那么,一切以实无穷为前提的,非构造的论证和定义必然都是不能成立的. 数学的各个分支也就必须经过重新审核. 初等数论中虽用到非构造方法,但所占分量不大,而且大多数都可经过改换而避免. 数学分析和康托尔集论的情况则完全不同. 非构造方法对于它们具有本质的意义,可构造的要求因之就是灾难性的. 戴德金分割假定了实无穷,实数可比较性的论证也是非构造的,此外如上确界定理和波尔察诺·魏尔斯特拉斯定理等都失去根据,总之古典数学的这些部分必须得到改造或被摈弃. 布劳维1918年以后就是做了这样的工作,其结果是,虽然不少部分的数学分析和集论可以用构造方法重新建立起来,但是,另外很多重要定理得不到证明,概念的形成也变得甚为复杂而含混. 直觉主义或构造主义的这种后果是不能令人满意的.

在此还应该提出如何理解所谓"可构造"的问题. 直至今日,这个概念还没有得到严格和完全的描述. 不同的构造倾向者的理解有较大的差异,有狭义的也有广义的理解. 王浩在《基础研究八十年》中曾有较详细的讨论. (《数理逻辑概论》1962年,P. 43-44) 弗兰克(A. A. Fraenkel)认为,可构造性所排除的虽比较清楚,其积极的含义则难于确定;既然布劳维主张数学为一种创造,他就不能把一切可能的创造方法全都列举出来,从而限制了创造的活动(Fraenkel and Bar-Hillel:《集合论基础》1973年,第二版,P. 224)构造方法虽然不能完全列举,从布劳维的著作中可以看出,他所谓的构造至少包括以下内容:(1)以对自然数的直觉和数学归纳法为基础,构造 ω 序型的可数序列;(2)为了生成实数和重新建立函数理论,可以相当自由地从已经构成的数学对象选择出一些元素用以构成"自由选择序列". 后面这种方法以往的构造主义者并未采用,也是许多古典数学家所不能接受的. (《直觉主义的历史背景、原则和方法》,全集卷一,P. 508-515)进一步的解释本文从略.

2. **排中律不普遍有效**

古典形式逻辑的排中律断定:每一命题 A 都或真或假. 这等于说:A 真或非 A 真. 布劳维认为,古典逻辑来源于对有穷事物的思维,可是对有穷事物有效的规律对于无穷事物却不见得适用. 例如,全体大于部分,一类自然数必有一最大者,等等. 同时对于布劳维来说,能够证明的为真,能够否证的或其否定可证的为假. 在可证和可否证之间还有第三可能,即“不可解”,因之排中律不普遍有效. 例如以下命题:

(A)π 的小数表达式中有七个接连的 7.

假如 π 为有穷小数,我们可以一位一位地算下去,其结果只有两种可能,或者有七个接连的 7,或者没有. 即使 π 的展开式极长,计算下去有实际困难,但只要是有穷,原则上总是有结果的,这就是说,A 或真或假,排中律有效. 现在由于 π 是一无穷小数,这就没有可能把整个表达式完全展开. 虽然或许在若干位以后遇到七个接连的 7,或者也许能够论证 π 不可能有此性质,但一般地不能说总可以得到这样的结果. 这也就是一般地不能说,或者 A 可证或者 A 可否证. 不能说 A 或真或假,还有第三种可能,不可解. 可见在此排中律不能适用.

古典数学里许多证明都引用排中律,分情况证明就是一种. 如排中律不普遍有效,这些证明就失去根据. 例如波尔察诺 · 魏尔斯特拉斯的定理,即凡有界无穷集 E,至少有一极限点. 证明方法是把包含 E 的闭区间$[a,b]$二分,即分为$[a,c]$和$[c,b]$. 由于两个有穷集之和仍为有穷集,再根据排中律可知$[a,c]$含有 E 中的无穷多点和$[c,b]$含有 E 中的无穷多点,二者必有一真. 然后把其中一个含有无穷多点的区间再进行二分,同理,其中又至少有一含有 E 中无穷多点的区间.这样继续进行下去,可以得到一区间套,因之定理得证.但按照布劳维的观点,可能上述两个命题都不得解,即两种情况都既不能证明又不能否证,排中律在此失效.二分的方法不能继续下去,定理因之得不到证明.再举一例,在论证两个实数常可比较时,也需要引用排中律.用戴德金分割来定义的实数是无穷多有理数的集合.要比较两个实数 x 和 y 的大小,我们引用排中律于这些集合,因而得到:

(B)或者 x 中的一切有理数都属于 y,或者 x 中有一有理数不属于 y.

然后将 x 和 y 互换,又得到类似的两种可能.从这两对可能组合,可以得出 x 和 y 的比较.可以看出,这里的论证是非构造的.(B)是引用排中律的结果,但其中的两种情况也许都是既不能证明也不能否证.将 x 和 y 互换后也是同样的.照构造主义看来,排中律在此不能适用,实数的可比较性不能成立.从以上两例可见否认排中律对于古典数学的重大影响.

3. 数学对象必须是可构造

构造主义认为,数学领域的一切对象,例如点、函数、集合,等等,必须可构造才能算是存在的,数学存在等于可构造.所谓可构造就是,或者能具体地给出或者能给出一个可以得到某一对象的计算方法.构造主义不承认间接的存在证明,因之也不承认不能具体给出的纯存在定理.上面讨论的关于极限存在的波尔察诺·魏尔斯特拉斯定理就是纯存在定理,其中所断定的极限一般是不能给出或构造的.

以上简略说明了直觉主义几点重要内容.布劳维的直觉主义开始时影响较小.他本人也和柯朗尼克及

彭加勒相同，数学的观点和自己的数学工作并不一致，他早年仍然从事于非构造性数学. 到了第一次世界大战以后，他才着手建立他的构造性数学，同时，他的影响也有所扩大. 希尔伯特的学生，18 岁就来哥廷根大学的外尔于 1920 年在苏黎世数学会上声称，他要加入布劳维的行列，这使希尔伯特甚为不安，从而积极考虑保卫古典数学的问题.

20 世纪 20 年代初，希尔伯特发表了如何论证数论或数学分析的一致性的方案，这是解决 1900 年他在巴黎会议讲话中第二个问题的具体设想. 这个问题在 1920 年前后获得新的现实的重要意义，那就是保卫古典数学并答复布劳维和外尔的攻击. 公理系统一致性问题来源已久. 平行公设能否从欧氏几何其他公理导出就可以归结为非欧几何有无逻辑矛盾. 笛卡儿实际上是为欧氏几何在实数系中找到了模型，不过这只证明了它的相对一致性. 希尔伯特 1900 年还认为实数算术的一致性可以用"适当改变了的在无理数理论中所用的思想方法"得到直接证明. 在 1904 年海德堡讲话中他有了改变，他认为逻辑不是数学的基础，应该同时建立逻辑和算术系统，并且有了证明论思想的萌芽. 此后在一个十余年的长时期内他保持沉默. 在此期间之内，策梅娄 1908 年完成了集合论公理化工作，罗素与怀德海合著的三大本《Principia Mathematica》先后于 1910 ~ 1913 年出版，这两项结果为希尔伯特以后的证明论准备了条件. 他在 1917 年《公理思维》一文里说，公理方法不仅要排除已发现的悖论，其主要问题之一是说明在某一科学领域里"根本不可能"出现逻辑矛盾（全集卷三，P. 152-153）. 此后又经过五年，他的方案终于初步形成，在他 1922 年的两篇讲话里已经有了

“证明论”“元数学”和“有穷逻辑”这些概念. 在第一篇讲话开始时,他表示要提出一个解决基础问题的方法,并且要改变外尔和布劳维所遵循的“错误途径”. 他说:

“外尔和布劳维的作法,基本上是走柯朗尼克的老路. 他们试图这样为数学奠定基础,那就是,一切对他们不方便的都要被抛弃,并且树立一个柯朗尼克式的禁令专政(Verbotsdiktatur á la Kronecker). 但这就要把我们的科学肢解,使它残缺不全;如果我们接受这种改革办法,我们就要冒失去我们最有价值的宝藏一大部分的危险. 外尔和布劳维驱逐了无理数、函数、数论函数的一般概念,康托尔的高次数类等. ‘在无穷多个整数中总有一最小者’这个命题,甚至在判断中,例如在‘或者只有有穷多个质数或者有无穷多’中的逻辑排中,这些命题和推论规则都在被禁止之列”(《数学的新奠基》1922 年,全集卷三,P. 159-160).

希尔伯特始终不同意柯朗尼克的构造主义思想. 柯朗尼克对戴德金和魏尔斯特拉斯的数概念的批评使他不满;在德国数学界还拒绝接受康托尔的结果时,闵可夫斯基和希尔伯特这两位哥尼诗堡的数学家都属于首先赞赏和应用集合论的学者之列. 很自然,他对于布劳维和外尔所遵循的道路会感到不安和表示反对. 照希尔伯特看来,古典数学是“我们最有价值的宝藏”,悖论的根源不在于实无穷,而是由于对实无穷的错误认识. 实际上,策梅娄的公理集合论已经既可以保留其中正确有用的部分又可以排除已发现的悖论. 有待解决的问题只是要论证公理化的古典数学根本不会产生逻辑矛盾. 希尔伯特的方案就是针对这个问题而提出的.

希尔伯特方案包括几个步骤:

1)把古典数学的某一基本理论,如初等数论、集论或者数学分析严格形式化,加上逻辑演算,并把这两部分综合起来,整理为一形式公理学.然后再进一步形式化,构成一相当于以上公理系统的形式语言系统.

2)从不假定实无穷的有穷观点出发,建立一逻辑系统作为研究上述形式语言系统的工具.由于研究形式语言的逻辑性质需要用数论,因之也要建立一个不假定实无穷的初等数论.这样建立起来的逻辑和数论可以称为"元数学"或者"有穷逻辑".

3)用元数学来研究形式语言系统的逻辑性质,特别是其中的证明,这就是所谓的"证明论".证明论的目的是论证某一形式语言系统不包含逻辑矛盾.如果这个目的达到,就可以保证语言系统所表达的数学理论不会产生矛盾.

以上是方案的主要步骤,现再做一些说明.

(1)形式化 形式公理学只是形式化的第一步,最彻底的形式化是形式语言系统.形式公理学的对象及其性质和关系并不先行给定,而完全通过一组公理或假设得到精确的刻画.这样一组公理限制了对象域及其中关系的解释,同时还必须包括在本系统里定理的推导过程中所需要的一切前提.这种公理系统可以有不同的解释,因之称为形式公理学.形式语言系统又称形式系统,是形式公理学更进一步的形式化.由于符号语言已经与其所表达的含义在某些方面有了精确的对应,原公理系统在这些方面的问题已经可以转换为关于符号语言的问题,因之相对于这些问题,我们可以只考虑符号的种类、符号的排列以及从符号序列到符号序列的变换,而暂时离开它们所表达的意义.例如我

们可以只讨论从 $\vdash H_1$ 和 $\vdash H_1 \to H_2$ 到 $\vdash H_2$ 的符号变换，而不考虑其所表达的承认前件假言推理. 在这种系统里，我们先要有一系列关于符号的规定，规定几种初始符号或称字母表，规定何种类型的符号序列是所谓合式的序列或称公式，规定一些作为出发点的公式或称公理，最后再给出一些如何变换公式的规则，以上这些都叫作语法规则. 此外，符号要有解释，解释的规则称为语义规则. 关于形式系统我们还有一个重要的要求，那就是下面这几个问题：

①一符号是否为本系统的初始符号；

②一符号序列是否合式；

③一公式是否为一公理；

④从一组公式是否可以变换为某一公式.

都要能在有穷步骤内根据已给定的机械方法得到判定.

由于形式系统具有上述这种特征，因而对于它可以应用构造的方法或有穷逻辑来进行研究. 我们知道，一般数学理论都假定有一实无穷的对象域，因之其中的性质或命题也有无穷多. 思想或命题是抽象的，语言为思想的外壳，语言必须用符号，而符号是具体的事物. 符号序列根据语法规则一步一步地形成，它是一可数无穷集，因而完全适合于用有穷观点来研究.

(2)有穷观点　古典数学的一致性问题由实无穷引起，古典的逻辑演算也假定了实无穷，因之在论证古典数学无矛盾时，不能应用以实无穷为前提的思想方法或工具，而只能依赖直观上明显可靠的，与古典逻辑和一般数论不同的方法，否则就有循环论证的错误. 这是所谓的有穷观点. 与此相应的方法称为有穷方法. 对于有穷方法，希尔伯特没有给出一个精确完全的说明.

在他和贝尔奈斯(P. Bernays)合著的《数学基础》(卷一,1934 年)里有较详细的讨论. 他说,有穷观点是柯朗尼克先提出的,布劳维的直觉主义方法则是有穷方法的扩充(前书卷一,P. 42-43). 他的有穷方法有以下特征:

①每一步骤只考虑确定的有穷数量的对象,承认潜无穷,而不处理任何包括无穷多对象地完成了的整体;

②"所涉及的讨论、判断或者定义都必须满足其对象可以彻底给出,并且其过程可以彻底进行的要求"(前书 P. 32);

③全称命题只能在假言的意义下理解,即它是对任一给定对象的断定. 全称命题表达一规律,此规律对每一具体对象都必然可以得到验证;

④存在判断必须能够直接给出某一特定对象,或者能够给出一个其步骤有特定界限的方法以得到那个对象;

⑤排中律. 根据有穷观点,排中律对于某些形式的命题不能适用. 由于有穷观点承认潜无穷,当我们否定一普遍命题时,我们就进入了超穷的领域. 例如命题:有一数 a,使得

$$a+1\neq 1+a$$

这实际是一无穷析取. 从有穷观点考虑,断定此命题真,至少要给出一具体数字;断定此命题假,要证明其不可能. 有时既不能给出满足要求的具体数字,又不能得到一不可能性证明,因之对于这种类型的命题,排中律无效;

⑥数学归纳法. 彭加勒曾批评在元数学里用数学归纳法为循环论证. 希尔伯特指出,彭加勒未能区别两

种数学归纳法. 一是元数学里关于数学的具体构造的"内容的归纳法",另一种是基于归纳公理的"形式归纳法""只有通过它,数学变元才开始在形式系统中发生作用".(《数学基础》1927 年,范海金诺,《从弗雷格到哥德尔》,P. 473)

综上所述,有穷方法是一种所谓的能行方法,它较一般递归为狭. 王浩教授说,"这个不明确的概念的最可能的解释是,它们大约相当于原始递归算术(自然没有量词)的一个弱扩张."(《数理逻辑通俗讲话》1981 年,北京科学出版社,P. 151,注 1)

(3)理想元素和理想命题　希尔伯特说,感觉经验和物理世界里没有无穷小、无穷大和无穷集合. 无穷"不是给予的",它实际上是"通过思维过程而被嵌入或者外推的"(《论无穷》1925 年,范海金诺,P. 271;《数学基础》1934 年,P. 16-17). 但是,数学理论的各个分支都包含无穷集合. 数论里的自然数,几何里一线段上所有的点. 数学分析在一定意义上是一个"无穷的交响乐". 可见,无穷在思维过程里是不可缺少的概念,应当有其正当的地位.

由于无穷不能在经验中直接验证,希尔伯特称之为理想元素. 他区别理想命题和现实(real)命题,理想命题以实无穷的存在为前提,而现实命题则是有直观意义的. 他说,理想元素方法是近代数学常用的有效方法,在数学理论中起着很重要的作用. 例如,在几何里引入无穷远点,我们就不但可以有两不同点决定一唯一直线,而且可以有两不同直线决定一唯一的点. 这样可以简化理论系统,并使结构更为完整. 又如在代数里引入理想元素虚数,也可以简化关于方程式的根的定理. 就证明论而言,将各种实无穷作为数学里的理想元

素,可以保持古典逻辑的排中律普遍有效. 例如我们前面讲到的那个命题. 有一个 a 使

$$a+1\neq 1+a$$

如对象域为实无穷,则排中律对此命题仍然有效.

希尔伯特说,使用理想元素有一必不可少的条件,这就是一致性证明,"因为,只有不因之而把矛盾带入于那原有的较狭的领域里,通过增加理想元素的扩张才是允许的"(《数学基础》1927 年,范海金诺,P. 471). 近代数学在其历史发展过程中引入了不少的理想元素,在集合论中既有理想元素,同时又出现了悖论,因之论证公理化的集合论和数学分析的一致性是完全必要的. 这也正是证明论希望达到的目的.

当然,仅仅不导致矛盾还不足以说明引入某一理想元素为合理. 我们上面曾经讲到,这种概念的引入总是由于数学理论的需要,它既可以简化理论系统又可以使结构更为完整. 集合论里实无穷的引入乃是为了给数学分析奠定理论的基础. 希尔伯特说,"……如果除了证明其一致性以外,还要更进一步说明某一措施为合理的话,那就只能是要明确有无相应的成果伴随而来. 显然,成果是必要的;它在这里也是最高的裁判所,任何人都得服从. "(《论无穷》1925 年,范海金诺,P. 370). 理想元素绝不是任意引入的,它必须满足对于它的要求.

关于理想元素和理想命题的真实性问题,希尔伯特认为,理想命题不必要有直接的验证. 他说,"每一个别公式本身都要得到解释. 把以上这句话作为一个一般要求是不合理的;相反,一理论的本质乃是,我们并不需要在一些论证的中间步骤就要回到直观或者意义. 物理学家对于一理论所要求的只是,具体命题可以

从自然律或假说单纯地通过推理而导出,即是根据纯粹的公式游戏,而不增添其他的考虑.只有物理定律的推断或后果可以由实验来检验——正如在我的证明论里只有现实命题是可以直接证实一样".(《数学基础》1927年,范海金诺,P.475)

关于数学的存在,希尔伯特认为,如果一理想元素不导致逻辑矛盾,它就是数学的存在.早在1900年他说,"……如果一概念具有矛盾的属性,那么我说这个概念在数学上是不存在的……但是如果可以证明,一概念的属性不会经过有穷步骤的逻辑推理而导致矛盾,那么我说这个概念(例如,满足一定条件的一个数或者一个函数)的数学存在性被证明了.对于我们现在所考虑的实数算术的公理来说,公理一致性的证明同时也是那实数系或者连续统的数学存在性的证明".(《数学的问题》1900年,全集卷三,P.300-301)

从以上说明可以看出,希尔伯特考虑了20世纪初以来各方面讨论的意见,如彭加勒关于数学归纳法和布劳维的构造方法等,并在此基础上制定出一致性证明的方案.在叙述方案提出后所得到的结果及其被证明为无效以前,先澄清一个时常引起混淆的用语是很适宜的.

希尔伯特关于数学基础的理论时常被称为形式主义.这大致是从布劳维的"直觉主义和形式主义"(1912年)和"从直觉主义看形式主义"(1927年)这两篇文章开始的.但是,许多专业文献只讲他的证明论而不用"形式主义"这个名词.与布劳维自称为直觉主义不同,希尔伯特并不自命为形式主义者.弗兰克曾说,这个名词主要是来源于论辩的目的,希尔伯特的理论不是形式主义(Fraenkel and Bar-Hillel:《集合论基础》

第一版 1958 年,P. 201,注 i). 严格地理解,形式主义是一种唯心主义的形而上学观点,它把形式和内容割裂,脱离内容而片面夸大事物的形式. 就这个意义来说,希尔伯特显然不是形式主义者. 他在多处强调符号与其内容的联系,例如他说,公式是"发展至今日的通常数学思想的复制品""思想恰好是和说与写并行的"(《数学基础》1927 年,范海金诺,P. 465,475). 他也认为,理想命题的作用在于可以从它推出现实命题. 他并没有把形式系统和相应的数学内容割裂.

遭到误解和评论较多的是希尔伯特的理想元素理论. 布劳维("从直觉主义看形式主义"1927 年)和罗素(《数学的原则》1937 年,第二版序言页 vi)都提出了批评,认为逻辑上无矛盾不必就是真的或者是存在的. 实际上希尔伯特只是认为,一理想元素如果确能满足理论的需要而又不导致矛盾,那它就是"数学的存在". 他并未说,因之此理想元素就有直观意义或是在感觉经验中可以得到. 布劳维和罗素的批评似乎是不中肯的. 可以看出,这里提出了以下几个理论问题:(1)这种数学的存在是什么样的存在,属于什么范畴?(2)希尔伯特认为,感觉经验和物理世界中没有实无穷,因之实无穷就是理想元素,不可能是客观的. 这是不是经验主义的观点?(3)如作为理想元素的实无穷是数学理论中不可少的,并且从而可以推出真的现实命题,那么是否可以说包含这种理想元素的数学理论是客观世界的正确反映,因之这种理想元素也是客观的,同时其中的理想命题也就是真的. 以上这些问题是我们应该考虑的.

布劳维不动点定理的初等证明

附录3

1978 年, Milnor 给出了布劳维不动点定理的一个初等证明;1980 年, Rogers 给出了一个较自然的证明. 以下介绍 Rogers 的初等证法.

布劳维不动点定理　n 维实心球 $B^n=\{\boldsymbol{x}\in\mathbf{R}^n \mid \|\boldsymbol{x}\|\leqslant 1\}$ 的任一自映射(连续) $\varphi: B^n\to B^n$ 至少有一不动点,即至少有一个点 $\boldsymbol{x}\in B^n$ 使得 $\varphi(\boldsymbol{x})=\boldsymbol{x}$.

收缩映射定理　$n-1$ 维球 $S^{n-1}=\{\boldsymbol{x}\in\mathbf{R}^n \mid \|\boldsymbol{x}\|=1\}$ 的恒同映射不能扩张为连续映射 $\varphi: B^n\to S^{n-1}$.

上面两个定理是等价的,证明见江泽涵所著的《拓扑学引论》,P. 168.

收缩映射定理可表述为:

不存在具有下述性质的映射 $f: B^n\to S^{n-1}$,满足:

(1) f 为连续、满映射;

(2) $f(\boldsymbol{x})=\boldsymbol{x}$, $\forall \boldsymbol{x}\in S^{n-1}$.

收缩映射定理是下列两个引理的明显结果.

引理 1　若存在 B^n 到 S^{n-1} 上的连续、满映射,使得 S^{n-1} 的每点都是不动点,则存在具有同样性质的连续可微、满映射.

引理 2　B^n 到 S^{n-1} 上的连续可微、满映射,不可能使 S^{n-1} 的每点均为不动点.

引理 1 的证明　设 $f: B^n \to S^{n-1}$ 是连续、满映射,且 $f(\boldsymbol{x}) = \boldsymbol{x}, \forall \boldsymbol{x} \in S^{n-1}$(故 $\| f(\boldsymbol{x}) \| = 1$),则 $f(\boldsymbol{x}) - \boldsymbol{x}$ 在 B^n 上连续,在 S^{n-1} 上恒为零,并且满足

$$\| f(\boldsymbol{x}) - \boldsymbol{x} \| < 2 \quad (\forall \boldsymbol{x} \in B^n)$$

因此,可取 $\theta \in (\frac{3}{4}, 1)$ 使得

$$\theta \leqslant \| \boldsymbol{x} \| \leqslant 1 \Rightarrow \| f(\boldsymbol{x}) - \boldsymbol{x} \| < \frac{1}{4}$$

设 $\boldsymbol{e}_1, \boldsymbol{e}_2, \cdots, \boldsymbol{e}_n$ 是 $\mathbf{R}^n$ 的 n 个单位坐标向量. 由魏尔斯特拉斯逼近定理,可选取 n 个多项式 $P_i(x_1, x_2, \cdots, x_n)$, $1 \leqslant i \leqslant n$,使得

$$\left\| \sum_{i=1}^{n} P_i(x_1, x_2, \cdots, x_n) \boldsymbol{e}_i - (f(\boldsymbol{x}) - \boldsymbol{x}) \right\| < \frac{1}{4} \quad (\forall \boldsymbol{x} \in B^n)$$

为了简化记号,令

$$P(\boldsymbol{x}) = \sum_{i=1}^{n} P_i(x_1, x_2, \cdots, x_n) \boldsymbol{e}_i$$

再利用魏尔斯特拉斯逼近定理,可选取多项式 Q,使满足下列条件:

(1) $\frac{3}{4} \leqslant Q(r^2) \leqslant 1, \forall r \in [0, \theta]$;

(2) $|Q(r^2)| \leqslant 1, \forall r \in [\theta, 1]$;

(3) $Q(1) = 0$.

考虑

$$g(\boldsymbol{x}) = \boldsymbol{x} + Q(\| \boldsymbol{x} \|^2) P(\boldsymbol{x})$$

当 $0 \leqslant \| \boldsymbol{x} \| \leqslant \theta$ 时,有

$$\begin{aligned} \| g(\boldsymbol{x}) \| &= \| \boldsymbol{x} + Q(\| \boldsymbol{x} \|^2) P(\boldsymbol{x}) \| \\ &= \| f(\boldsymbol{x}) + Q(\| \boldsymbol{x} \|^2) \{ P(\boldsymbol{x}) - f(\boldsymbol{x}) + \boldsymbol{x} \} + \end{aligned}$$

$$\begin{aligned}&\{Q(\|\boldsymbol{x}\|^2)-1\}\{f(\boldsymbol{x})-\boldsymbol{x}\}\|\\ \geqslant&\|f(\boldsymbol{x})\|-|Q(\|\boldsymbol{x}\|^2)|\times\\ &\|P(\boldsymbol{x})-f(\boldsymbol{x})+\boldsymbol{x}\|-|1-Q(\|\boldsymbol{x}\|^2)|\times\\ &\|f(\boldsymbol{x})-\boldsymbol{x}\|\\ \geqslant&1-1\times\frac{1}{4}-\frac{1}{4}\times2=\frac{1}{4}\end{aligned}$$

同样，对于 $\theta\leqslant\|\boldsymbol{x}\|\leqslant1$，有

$$\begin{aligned}\|g(\boldsymbol{x})\|=&\|\boldsymbol{x}+Q(\|\boldsymbol{x}\|^2)\{P(\boldsymbol{x})-f(\boldsymbol{x})+\boldsymbol{x}\}+\\ &Q(\|\boldsymbol{x}\|^2)\{f(\boldsymbol{x})-\boldsymbol{x}\}\|\\ \geqslant&\|\boldsymbol{x}\|-|Q(\|\boldsymbol{x}\|^2)|\times\\ &[\|P(\boldsymbol{x})-f(\boldsymbol{x})+\boldsymbol{x}\|+\|f(\boldsymbol{x})-\boldsymbol{x}\|]\\ \geqslant&\theta-1\times\left(\frac{1}{4}+\frac{1}{4}\right)\geqslant\frac{1}{4}\end{aligned}$$

所以

$$\|g(\boldsymbol{x})\|\geqslant\frac{1}{4}\quad(\forall\boldsymbol{x}\in B^n)$$

对于 $\|\boldsymbol{x}\|=1$，有 $g(\boldsymbol{x})=\boldsymbol{x}$. 定义映射 $h:B^n\to S^{n-1}$ 如下

$$h(\boldsymbol{x})=\frac{g(\boldsymbol{x})}{\|g(\boldsymbol{x})\|}\quad(\boldsymbol{x}\in B^n)$$

因 g 之各分量都是 $x_1,x_2,\cdots,x_n$ 的多项式，故连续可微，从而 h 亦连续可微. 显然，$h(\boldsymbol{x})=\boldsymbol{x}$，$\forall\boldsymbol{x}\in S^{n-1}$.

引理2的证明　设 $f:B^n\to S^{n-1}$ 是连续可微的满映射，且 $f(\boldsymbol{x})=\boldsymbol{x}$，$\forall\boldsymbol{x}\in S^{n-1}$. 令

$$g(\boldsymbol{x})=f(\boldsymbol{x})-\boldsymbol{x}$$

$$f_t(\boldsymbol{x})=\boldsymbol{x}+tg(\boldsymbol{x})=(1-t)\boldsymbol{x}+tf(\boldsymbol{x})$$

$$(\boldsymbol{x}\in B^n,t\in[0,1])$$

因 f 连续可微，故 g 亦连续可微，于是存在常数 C 使得

$$\|g(\boldsymbol{y})-g(\boldsymbol{x})\|\leqslant C\|\boldsymbol{y}-\boldsymbol{x}\|\quad(\forall\boldsymbol{y},\boldsymbol{x}\in B^n)$$

如果 $t\in\left[0,\frac{1}{C}\right)$，且 $f_t(\boldsymbol{x})=f_t(\boldsymbol{y})$，则 $\boldsymbol{x}=\boldsymbol{y}$. 事实上

$$\| \boldsymbol{x}-\boldsymbol{y} \| = \| tg(\boldsymbol{y})-tg(\boldsymbol{x}) \| \leqslant tC \| \boldsymbol{y}-\boldsymbol{x} \| \Rightarrow \boldsymbol{x}=\boldsymbol{y}$$

所以,当 $0\leqslant t<\frac{1}{C}$ 时,映射 $f_t:B^n\to B^n$ 是一对一的.

由于 g 对 $x_1,x_2,\cdots,x_n$ 的偏微商是一致有界的,故雅可比阵

$$\frac{\partial f_t}{\partial \boldsymbol{x}}=\boldsymbol{I}_n+\frac{t\partial g}{\partial \boldsymbol{x}} \tag{1}$$

当 $t\in[0,t_0]$,$t_0>0$ 充分小时,是非奇异的. 因此,当 $t\in[0,t_0]$ 时,由反函数定理知,f_t 把 B^n 的内部映为开集 $G_t\subseteq B^n$. 考虑 $\boldsymbol{e}\in B^n\backslash G_t$,$t\in[0,t_0]$. 联结 $\boldsymbol{e}$ 和 g($g\in G_t$ 任取),设此线段与 G_t 的边界的交点为 $\boldsymbol{b}$. 因 $f_t(B^n)$ 是紧致集,故存在 $\boldsymbol{x}\in B^n$ 使得 $\boldsymbol{b}=f_t(\boldsymbol{x})$. 又因 $\boldsymbol{b}\notin G_t$,故 $\boldsymbol{x}\notin \mathrm{Int}(B^n)$,从而 $\|\boldsymbol{x}\|=1$. 所以 $\boldsymbol{b}=\boldsymbol{x}$,而且 $\boldsymbol{e},\boldsymbol{b}$ 均在 S^{n-1} 上. 另外,注意到 f_t 把 S^{n-1} 映到自身,所以当 $t\in[0,t_0]$ 时,$f_t:B^n\to B^n$ 是一对一的满映射.

考虑积分

$$I(t)=\int\cdots\int_{B^n}\det\left(\frac{\partial f_t}{\partial \boldsymbol{x}}\right)\mathrm{d}x_1\mathrm{d}x_2\cdots\mathrm{d}x_n$$

当 $t\in[0,t_0]$ 时,这就是计算 B^n 的体积 V_n 的公式. 所以,$I(t)=V_n>0$,$t\in[0,t_0]$. 但由式(1)知,$I(t)$ 是 t 的多项式,从而 $I(t)=V_n$,$\forall t\in[0,1]$.

另一方面,有

$$\langle f_1,f_1\rangle=\|f\|^2=1$$

于是得

$$\left\langle \frac{\partial f_1}{\partial x_i},f_1\right\rangle=0 \quad (1\leqslant i\leqslant n)$$

$$\det\left(\frac{\partial f_1}{\partial \boldsymbol{x}}\right)=0 \quad (\forall \boldsymbol{x}\in B^n)$$

从而

$$I(1)=0$$

产生矛盾. 引理 2 得证.

布劳维不动点定理在天体力学中的应用简介

附录4

高维动力系统的周期轨道存在问题,在天体力学方面有其重要位置,长期以来受研究人员的注意.

对于特殊类型的高维动力系统,有下列研究结果:

Вайсборд[56], Виноградов[57], Mamrilla 及 Sedziwy[58],Георгиев[59].

现分别简介如下.

Вайсборд[56]应用环区原理讨论了下列系统的周期轨道存在性

$$\frac{d^3x}{dt^3}+\frac{d^2G_1(x)}{dt^2}+\frac{dG_2(x)}{dt}+G_3(x)=0$$

如果令

$$g_i(x)=\begin{cases}\dfrac{G_i(x)}{x},x\neq 0\\ G_i'(0),x=0,i=1,2,3\end{cases}$$

则上述三阶方程与

$$\dot{x}_1=x_2-g_1(x_1)x_1$$

$$\dot{x}_2=x_3-g_2(x_1)x_1$$

$$\dot{x}_3=-g_3(x_1)x_1$$

等价. 所得结果,条件较冗繁,详见[56].

Виноградов[57]用环区原理讨论了一个三维动力系统和一个六维动力系统的周期轨道存在性.

Назаров 及 Mamrilla 与 Sedziwy[58]都是研究方程的非线性项是周期函数的情形. Mamrilla 与 Sedziwy[58]推广了 Назаров 的工作.

Назаров 用环区原理证明了:

命题 1(Назаров)　设 $f \in C^1(\mathbf{R}^1)$, $f(x+2\pi)=f(x)$, $\forall x \in \mathbf{R}^1$, $f'(x)<ab$, $\forall x \in [0,2\pi]$. 则方程

$$\dddot{x}+a\ddot{x}+b\dot{x}+f(x)=0 \quad (a,b>0)$$

$$f(x)<0 \quad (\forall x \in \mathbf{R}^1)$$

存在非常数周期解.

[58]推广了上述结果,用布劳维不动点定理证明了:

命题 2(Mamrilla 与 Sedziwy)　设 $\varphi(\lambda)=\lambda^{n-1}+a_1\lambda^{n-2}+\cdots+a_{n-1}$ 的根 λ 满足 $\mathrm{Re}(\lambda)<0$, $f:\mathbf{R}^{n-1}\times\mathbf{R}^1\to\mathbf{R}^1$连续,而且

$$f(x,y+1)=f(x,y),\ -\infty<K\leqslant f(x,y)<0$$
$$(\forall (x,y)\in\mathbf{R}^{n-1}\times\mathbf{R}^1)$$

则方程

$$y^{(n)}+\alpha_1 y^{(n-2)}+\cdots+\alpha_{n-1}y^{(1)}+f(y^{(1)},\cdots,y^{(n-1)},y)=0$$

存在解 $y=y(t)$满足下列性质: $\exists\,\omega>0$,使得

$$y(t+\omega)=y(t)+1 \quad (\forall t \in \mathbf{R}^1)$$

而且若$f(x,y)=F(y)$,则 $\omega \in \left[-\dfrac{\alpha_{n-1}}{m},-\dfrac{\alpha_{n-1}}{M}\right]$,其中

$$m=\min_{y\in[0,1]}F(y),\ M=\max_{y\in[0,1]}F(y)$$

Георгиев[59]讨论了下列方程的周期解(非常数)的存在性

$$\dddot{x}+a\ddot{x}+b\dot{x}+abx-g(x)=0$$

其中 $g:\mathbf{R}^1\to\mathbf{R}^1$ 为 C^1 映射,并满足:

(1) $a>0, b>0$;

(2) $g(-x)=-g(x), \forall x\in\mathbf{R}^1$;

(3) $g'(x)<0, \forall x\in[0,a); g'(x)>0, \forall x\in(a,x_1]$;

(4) $\left|\frac{g(x)}{x}\right|\leqslant k<ab$,其中 $k<\frac{a\sqrt{b}(a^2+b)}{2(\sqrt{b}+\sqrt{a^2+b})}$;

(5) $\frac{g(x)}{x}>0, \forall x\in[x_1,+\infty)$;

(6) $\lim\limits_{x\to+\infty}\frac{g(x)}{x}=l>0$.

作变换 $y=ax+\dot{x}, z=bx+a\dot{x}+\ddot{x}$,可把上述方程化为下列等价系统

$$\begin{cases}\dot{x}=y-ax\\ \dot{y}=z-bx\\ \dot{z}=-abx+g(x)\end{cases}\tag{1}$$

Георгиев[59]用布劳维不动点定理证明了:

命题 3(Георгиев) 设 $g:\mathbf{R}^1\to\mathbf{R}^1, g\in C^1(\mathbf{R}^1)$,条件(1)~(6)成立,则系统(1)存在周期轨道.

映射度

附录5

1. 映射度的分析定义

当 $F:D\subseteq\mathbf{R}^n\to\mathbf{R}^n$ 是一个连续映射，而 $\boldsymbol{y}\in\mathbf{R}^n$ 是一个已知向量时，常常相当重要的是能事先知道方程 $F\boldsymbol{x}=\boldsymbol{y}$ 在某一特殊集合 $C\subseteq\mathbf{R}^n$ 内解的个数. 我们很可能想找出计算解的个数的方法，或者至少确定出这个个数的适当范围. 但是，由于 $F\boldsymbol{x}=\boldsymbol{y}$ 的解的个数通常既不随 F 也不随 $\boldsymbol{y}$ 连续变化，这种尝试会受到挫阻. 我们将看到：如果先计算那些在其邻域上 F 保持"定向"的解 $\boldsymbol{x}\in C$ 的个数，再从这个结果减去那些在其邻域上 F 改变定向的解 $\boldsymbol{x}\in C$ 的个数，那么，就可避开这种不称心的性质. 用这种方法得出的个数，即所谓 F 在 $\boldsymbol{y}$ 相对于 C 的度数.

显然，这并不能成为度数的精确定义，为了给出这样一个精确定义，必须搞清楚"定向"的"保持"或"改变"这些概念，并指明可以考虑的集合 C. 虽然度数不再是方程组 $F\boldsymbol{x}=\boldsymbol{y}$ 在 C 内所有解的确切个数，但是它却在这样的方程组的存在性理论中起着重要作用. 上述粗糙的定义已经指出,当 F 在 $\boldsymbol{y}$ 对某个集合 C 的度数不为零时,$F\boldsymbol{x}=\boldsymbol{y}$ 在 C 内至少有一个解,并且,度数随 F 和 $\boldsymbol{y}$ 的连续变化允许我们将有解存在这种了解转移到相近的方程组.

一个映射的度数,按其原来的形式,是组合拓扑学中的一个概念,但是,也有纯粹的分析定义. 我们在这里将介绍度数理论的这样一种分析方法. 为此,特别是在一个引理的证明中,需要用到一些分析工具,而在本书别处并不需要. 为了不致叙述中断,我们将这些分析工具的讨论以及这个特殊引理的证明放在最后处理.

首先将对在 D 上连续可微的映射 $F: D\subseteq\mathbf{R}^n\to\mathbf{R}^n$,引进度数的概念. 为方便起见,我们总假定 D 是一个开集,将对有界开集 $C(\overline{C}\subseteq D)$ 来定义度数. 假定 C 是开的,因为我们关心的是在 C 内的 $F\boldsymbol{x}=\boldsymbol{y}$ 的解的邻域内 F 的性态;C 的有界性将保证:度数保持是有限的.

在对 F 和 C 所做的这些假定下,我们现在对任一 $\boldsymbol{x}\in C$,引进张成 $\boldsymbol{x}$ 的一个邻域的局部坐标系 $\boldsymbol{x}+\varepsilon\boldsymbol{e}^j$,$j=1,\cdots,n$. 对充分小的 $\varepsilon>0$,由定义可知,象向量 $F(\boldsymbol{x}+\varepsilon\boldsymbol{e}^j)$,$j=1,\cdots,n$ 近似等于 $F\boldsymbol{x}+\varepsilon F'(\boldsymbol{x})\boldsymbol{e}^j$,$j=1,\cdots,n$. 因此,如果 $F'(\boldsymbol{x})$ 是非奇异的,$F\boldsymbol{x}+\varepsilon F'(\boldsymbol{x})\boldsymbol{e}^j$ 将张成 $F\boldsymbol{x}=\boldsymbol{y}$ 的一个邻域. 这说明如果 $\det F'(\boldsymbol{x})$ 具有正号,那么,在 $\boldsymbol{x}$ 和它的象的局部坐标系有相同的定向,而当 $\operatorname{sgn}\det F'(\boldsymbol{x})=-1$ 时,它们的定向彼此相反.

现在假定对一个给定的 $\boldsymbol{y}\in\mathbf{R}^n$,$F\boldsymbol{x}=\boldsymbol{y}$ 在 C 的边界 $\dot{C}$ 上没有解,并且对每一个 C 中的解 $\boldsymbol{x}$,$F'(\boldsymbol{x})$ 是非奇异的. 这时 F 将每一个解 $\boldsymbol{x}\in C$ 的某一个邻域 $U(\boldsymbol{x})$ 同胚地映上 $\boldsymbol{y}$ 的某一个邻域. 这就是说,$U(\boldsymbol{x})$ 不包含

别的解,或者换句话说,$Fx=y$ 的解在 C 内或 $\overline{C}$ 内没有聚点. 因为 $\overline{C}$ 是紧的,因此,只有有限多个这样的解,记作 $x^1,\cdots,x^m$. 根据上面的一般讨论,使我们想到,在这种情况下,应定义 F 在 y 对于 C 的度数为和

$$\sum_{j=1}^{m} \operatorname{sgn} \det F'(x^j) \tag{1}$$

现在的问题是如何将度数的这个尝试性的定义,推广到 $Fx=y$ 在 C 内有的解处 $F'(x)$ 是奇异的情形,从而更一般地推广到 F 只是连续的情形.

如果我们先保留 F 的可微性,但是允许其导数在某些解处是奇异的,那么,可以期望将和式(1)用一个积分来代替. 这样一个积分的适当形式是不明显的,看来这样是最简单的,即在这里介绍一种积分并且证明:如果 $F'(x)$ 在 C 内 $Fx=y$ 的所有解处都是非奇异的,则它实际就化为和式(1),并无别的目的.

对给定的 $\alpha>0$,设 W_α 是具有下述性质的所有实函数 φ 的集合:$\varphi:[0,+\infty)\subseteq \mathbf{R}^1\to\mathbf{R}^1$ 在$[0,+\infty)$上是连续的,且存在一个 $\delta\in(0,\alpha)$ 使得当 $t\notin[\delta,\alpha]$ 时,$\varphi(t)=0$,我们把每个 $\varphi\in W_\alpha$ 叫作指数为 α 的权函数. 显然,如果 $\varphi\in W_\alpha$,那么 $g:\mathbf{R}^n\to\mathbf{R}^1$,$g(x)=\varphi(\|x\|_2)$ 是一个在 $\mathbf{R}^n$ 上有紧支集的连续函数,这就是说,对某一个紧集合 S 之外的所有 x,$g(x)=0$,S 叫作 g 的支集. 因此,黎曼积分 $\int_{\mathbf{R}^n}\varphi(\|x\|_2)\mathrm{d}x$ 和集合

$$W_\alpha^1=\left\{\varphi\in W_\alpha \mid \int_{\mathbf{R}^n}\varphi(\|x\|_2)\mathrm{d}x=1\right\}$$

都是有意义的.

定义1 设 $F:D\subseteq\mathbf{R}^n\to\mathbf{R}^n$ 在开集 D 上是连续可微的,C 是一个有界开集,且 $\overline{C}\subseteq D$,又设 $y\notin F(\dot{C})$ 是一个给

定点,对任意一个指数为 $\alpha < \dot{\gamma} = \min\{\|F\boldsymbol{x}-\boldsymbol{y}\|_2 | \boldsymbol{x} \in \dot{C}\}$ 的权函数 φ,定义映射

$$\phi:\mathbf{R}^n \to \mathbf{R}^n, \phi(\boldsymbol{x}) = \begin{cases} \varphi(\|F\boldsymbol{x}-\boldsymbol{y}\|_2)\det F'(\boldsymbol{x}), \text{当 } \boldsymbol{x} \in C \\ 0, \text{当 } \boldsymbol{x} \text{ 在其他处} \end{cases} \tag{2}$$

那么,积分

$$d_{\varphi}(F, C, \boldsymbol{y}) = \int_{\mathbf{R}^n} \phi(\boldsymbol{x}) \mathrm{d}\boldsymbol{x} \tag{2'}$$

叫作 F 在 C 上对于 $\boldsymbol{y}$ 和权函数 φ 的度数积分.

注意,因为 F 在 D 上是连续的,而$\dot{C}$是紧的,$\dot{C}$有一个开邻域 D_0,使对所有 $\boldsymbol{x} \in D_0$, $\|F\boldsymbol{x}-\boldsymbol{y}\|_2 \geqslant \frac{1}{2}(\dot{\gamma}+\alpha) > \alpha$. 因此,由 φ 和 ϕ 的定义,当 $\boldsymbol{x} \in D_0$ 或 $\boldsymbol{x} \notin C$ 时,ϕ 是零,并且 ϕ 在 C 上显然是连续的. 因而,在整个 $\mathbf{R}^n$ 上是连续的,即 ϕ 是一个具有紧支集的连续函数,所以,(2′)中的积分是有意义的.

下面的结果指出,当导数在所有解处非奇异时,度数积分实际就化为和式(1).

定理 1 设 $F: D \subseteq \mathbf{R}^n \to \mathbf{R}^n$ 在开集 D 上是连续可微的,C 是一个 $\overline{C} \subseteq D$ 的有界开集. 另外假定对给定的 $\boldsymbol{y} \notin F(\dot{C})$,$F'(\boldsymbol{x})$ 对所有 $\boldsymbol{x} \in \Gamma = \{\boldsymbol{x} \in C | F\boldsymbol{x} = \boldsymbol{y}\}$ 是非奇异的. 那么,Γ 至多由有限多个点组成,并且存在一个 $\hat{\alpha}$, $0 < \hat{\alpha} \leqslant \dot{\gamma} = \min\{\|F\boldsymbol{x}-\boldsymbol{y}\|_2 | \boldsymbol{x} \in \dot{C}\}$,使对任何 $\varphi \in W_{\alpha}^1$, $\alpha \in (0, \hat{\alpha})$,有

$$d_{\varphi}(F, C, \boldsymbol{y}) = \begin{cases} \sum_{j=1}^{m} \operatorname{sgn} \det F'(\boldsymbol{x}^j), \text{如果 } \Gamma = \{\boldsymbol{x}^1, \cdots, \boldsymbol{x}^m\} \\ 0, \text{如果 } \Gamma \text{ 是空的} \end{cases} \tag{3}$$

证明 我们已经看到在这个定理的假定下，$Fx = y$ 在 C 内最多能有有限多个解 $x^1,\cdots,x^m$. 如果 Γ 是空的，即如果 $y \notin F(\overline{C})$，那么，由 $\overline{C}$ 的紧性，我们有

$$\dot{\gamma} = \min\{\|Fx - y\|_2 \mid x \in \overline{C}\} > 0$$

因此，对 $\hat{\alpha} = \dot{\gamma}$，$\alpha \in (0, \hat{\alpha})$，$x \in \overline{C}$ 及 $\varphi \in W_\alpha^1$，有 $\varphi(\|Fx - y\|_2) = 0$，于是，对 $x \in \mathbf{R}^n$，$\phi(x) = 0$，从而，(3)成立. 如果 $m > 0$，那么，由反函数定理，x^j 和 y 分别有开邻域 $U(x^j) \subseteq C$ 及 $V_j(y)$，$j = 1,\cdots,m$，使得 F 对 $U(x^j)$ 的限制 F_j 是一个将 $U(x^j)$ 映上 $V_j(y)$ 的同胚. 我们可以假定 $U(x^j)$ 足够小，使得 $\operatorname{sgn}\det F'(x)$ 对 $x \in U(x^j)$ 是不变的.

因为只有有限多个 $V_j(y)$，存在一个 $\hat{\alpha} \in (0, \dot{\gamma})$，使得 $K = \overline{S}(y, \hat{\alpha}) \subseteq V_j(y)$，$j = 1,\cdots,m$. 令 $U_j = F_j^{-1}(K)$ 和 $\alpha \in (0, \hat{\alpha})$. 这时，显然 $U_j \subseteq C$，并对任何 $\varphi \in W_\alpha^1$，当 $x \notin \bigcup_{j=1}^m U_j$ 时，我们有 $\varphi(\|Fx - y\|_2) = 0$. 因此，将变量置换定理应用到每一个 F_j 上，可得

$$\begin{aligned} d_\varphi(F, C, y) &= \sum_{j=1}^m \int_{U_j} \varphi(\|Fx - y\|_2) \det F'(x)\,dx \\ &= \sum_{j=1}^m \int_{F_j^{-1}(K)} \varphi(\|F_j x - y\|_2) \det F_j'(x)\,dx \\ &= \sum_{j=1}^m \operatorname{sgn}\det F'(x^j) \int_K \varphi(\|x - y\|_2)\,dx \\ &= \sum_{j=1}^m \operatorname{sgn}\det F'(x^j) \end{aligned}$$

这是因为

$$\int_K \varphi(\|x - y\|_2)\,dx = \int_{\mathbf{R}^n} \varphi(\|x\|_2)\,dx = 1$$

这个定理说明，我们可以形式地用度数积分 $d_\varphi(F,C,\boldsymbol{y})$ 定义 F 在 $\boldsymbol{y}$ 对于 C 的度数. 但是，为此，我们还必须特别说明权函数 φ 的选法.

定理 1 已知指出，在定理的条件下，只要 α 充分小，对所有 $\varphi \in W_\alpha^1$ 来讲，度数积分和 φ 无关. 进一步可得在一般情形下对所有 $\alpha \in (0,\dot{\gamma})$ 这实际也是正确的. 为了证明这个事实，我们需要下面的引理.

引理 1　设 $F: D \subseteq \mathbf{R}^n \to \mathbf{R}^n$ 在开集 D 上是连续可微的，又设 C 是一个 $\overline{C} \subseteq D$ 的有界开集，再设 $\boldsymbol{y} \in \mathbf{R}^n$ 满足

$$\dot{\gamma} = \min\{\ \|F\boldsymbol{x} - \boldsymbol{y}\|_2 \mid \boldsymbol{x} \in \dot{C}\} > 0$$

那么，对 $\alpha \in (0,\dot{\gamma})$ 及任一 $\varphi \in W_\alpha$，积分

$$\eta(\varphi) = \int_0^{+\infty} t^{n-1}\varphi(t)\,\mathrm{d}t \tag{4}$$

是有意义的，并由 $\eta(\varphi) = 0$ 可得 $d_\varphi(F,C,\boldsymbol{y}) = 0$.

这就是一开头提到的那个引理，证明它要用到有些在本书其他地方不用的分析工具（实际是熟知的）. 因此，我们将它的证明放在最后.

在引理 1 的基础上，我们现在可以证明度数积分与权函数的选择无关.

定理 2　设 $F: D \subseteq \mathbf{R}^n \to \mathbf{R}^n$ 在开集 D 上是连续可微的，C 是一个 $\overline{C} \subseteq D$ 的有界开集. 如果 $\boldsymbol{y} \notin F(\dot{C})$，那么，对任何 $\varphi_1, \varphi_2 \in W_\alpha^1$ 及 $0 < \alpha < \dot{\gamma} = \min\{\ \|F\boldsymbol{x} - \boldsymbol{y}\|_2 \mid \boldsymbol{x} \in \dot{C}\}$，有

$$d_{\varphi_1}(F,C,\boldsymbol{y}) = d_{\varphi_2}(F,C,\boldsymbol{y}) \tag{5}$$

证明　如果将引理 1 应用到恒等映射 $I: \mathbf{R}^n \to \mathbf{R}^n$ 及集合 $C^0 = S(\boldsymbol{y}, 2\alpha)$，那么，对某些 $\varphi \in W_\alpha$，$\eta(\varphi) = 0$，可

得

$$d_\varphi(I,C^0,\boldsymbol{y}) = \int_{\mathbf{R}^n}\varphi(\|\boldsymbol{x}\|_2)\mathrm{d}\boldsymbol{x} = 0$$

现在设 $\varphi_1,\varphi_2\in W_\alpha^1$，那么，显然 $\varphi=\eta(\varphi_1)\varphi_2-\eta(\varphi_2)\varphi_1\in W_\alpha$，且

$$\eta(\varphi)=\int_0^{+\infty}s^{n-1}\varphi_2(s)\int_0^{+\infty}t^{n-1}\varphi_1(t)\mathrm{d}t\mathrm{d}s - \int_0^{+\infty}s^{n-1}\varphi_1(s)\int_0^{+\infty}t^{n-1}\varphi_2(t)\mathrm{d}t\mathrm{d}s = 0$$

于是，由上面的讨论可得

$$\begin{aligned}0 &= \int_{\mathbf{R}^n}\varphi(\|\boldsymbol{x}\|_2)\mathrm{d}\boldsymbol{x}\\ &= \eta(\varphi_1)\int_{\mathbf{R}^n}\varphi_1(\|\boldsymbol{x}\|_2)\mathrm{d}\boldsymbol{x} - \eta(\varphi_2)\int_{\mathbf{R}^n}\varphi_2(\|\boldsymbol{x}\|_2)\mathrm{d}\boldsymbol{x}\\ &= \eta(\varphi_1)-\eta(\varphi_2) = \eta(\varphi_1-\varphi_2)\end{aligned}$$

因此，再由引理 1 可得

$$d_{\varphi_1}(F,C,\boldsymbol{y}) - d_{\varphi_2}(F,C,\boldsymbol{y}) = d_{\varphi_1-\varphi_2}(F,C,\boldsymbol{y}) = 0$$

证毕.

这个结果表明下面的定义是有意义的.

定义 2 设 $F:D\subseteq\mathbf{R}^n\to\mathbf{R}^n$ 在开集 D 上是连续可微的，C 是一个 $\overline{C}\subseteq D$ 的有界开集. F 在任一点 $\boldsymbol{y}\notin F(\dot{C})$ 对于 C 的度数由下式定义

$$\deg(F,C,\boldsymbol{y}) = d_\varphi(F,C,\boldsymbol{y}) \tag{6}$$

其中 $\varphi\in W_\alpha^1$ 是指数 α 满足

$$0<\alpha<\dot{\gamma}=\min\{\|F\boldsymbol{x}-\boldsymbol{y}\|_2 \mid \boldsymbol{x}\in\dot{C}\}$$

的任一权函数.

利用这个定义，我们现在可以将定理 1 重新叙述如下：在定理 1 的假定下，如果

$$\{\boldsymbol{x}\in C \mid F\boldsymbol{x}=\boldsymbol{y}\} = \{\boldsymbol{x}^1,\cdots,\boldsymbol{x}^m\}$$

那么

$$\deg(F,C,\boldsymbol{y}) = \sum_{j=1}^{m} \operatorname{sgn} \det F'(\boldsymbol{x}^j) \tag{7}$$

这说明至少在这种特殊情形下，在定义 2 中引进的度数是一个整数值. 对一般情形，我们将在后文中证明这一点.

在一开头，我们曾提到度数的一个基本性质是它的连续性依赖于 F，这是下面结果的内容.

定理 3 设 $F,G:D\subseteq\mathbf{R}^n\to\mathbf{R}^n$ 是开集 D 上的两个连续可微映射，C 是一个 $\overline{C}\subseteq D$ 的有界开集. 另外，假定 $\boldsymbol{y}\in\mathbf{R}^n$ 满足

$$\dot{\gamma} = \min\{\|F\boldsymbol{x}-\boldsymbol{y}\|_2 \mid \boldsymbol{x}\in\dot{C}\} > 0$$

如果$\alpha\in(0,\dot{\gamma})$且

$$\sup\{\|F\boldsymbol{x}-G\boldsymbol{x}\|_2 \mid \boldsymbol{x}\in\overline{C}\} < \frac{1}{7}\alpha \tag{8}$$

那么

$$\deg(F,C,\boldsymbol{y}) = \deg(G,C,\boldsymbol{y}) \tag{9}$$

证明 令 $\alpha_0 = \frac{1}{7}\alpha$，又设 $\mu:[0,+\infty)\to[0,1]$ 在 $[0,+\infty)$ 上连续可微，并且当 $t\in[0,2\alpha_0]$ 时，满足 $\mu(t)=1$，而当 $t\geqslant 3\alpha_0$ 时，$\mu(t)=0$. 那么，由于 $\|\cdot\|_2$ 除在 $\mathbf{0}$ 外是连续可微的，映射

$$H:D\subseteq\mathbf{R}^n\to\mathbf{R}^n$$

$$H\boldsymbol{x} = [1-\mu(\|F\boldsymbol{x}-\boldsymbol{y}\|_2)]F\boldsymbol{x} + \mu(\|F\boldsymbol{x}-\boldsymbol{y}\|_2)G\boldsymbol{x}$$

在 D 上是连续可微的. 此外，因为

$$\|H\boldsymbol{x}-F\boldsymbol{x}\|_2 \leqslant \mu(\|F\boldsymbol{x}-\boldsymbol{y}\|_2)\|G\boldsymbol{x}-F\boldsymbol{x}\|_2 < \alpha_0 \quad (\forall \boldsymbol{x}\in\overline{C}) \tag{10}$$

我们有

$$\|Hx-y\|_2 \geqslant \|Fx-y\|_2 - \|Hx-Fx\|_2 > 6\alpha_0 > 0 \quad (\forall x \in \dot{C})$$

因此,对任何 $\varphi \in W_{6\alpha_0}$,$\deg(H,C,y)$是有意义的.

现在选取 $\varphi_1 \in W^1_{5\alpha_0}$,使得当 $t \in [0,4\alpha_0]$时,有 $\varphi_1(t)=0$. 这时,由(10)可得

$$\begin{aligned}\|Hx-y\|_2 &\leqslant \|Fx-y\|_2 + \|Fx-Hx\|_2 \\ &< \|Fx-y\|_2 + \alpha_0 \quad (\forall x \in \overline{C})\end{aligned}$$

如果 $\|Fx-y\|_2 < 3\alpha_0$,我们有

$$\varphi_1(\|Fx-y\|_2) = \varphi_1(\|Hx-y\|_2) = 0$$

但是,如果 $\|Fx-y\|_2 \geqslant 3\alpha_0$,那么,由 H 和 μ 的定义可知,$Hx=Fx$,因此

$$\begin{aligned}&\varphi_1(\|Hx-y\|_2)\det H'(x) \\ &= \varphi_1(\|Fx-y\|_2)\det F'(x) \quad (\forall x \in \overline{C})\end{aligned}$$

所以,$\deg(H,C,y)=\deg(F,C,y)$.

类似地,设 $\varphi_2 \in W^1_{\alpha_0}$,那么

$$\begin{aligned}\|Gx-y\|_2 &\geqslant \|Fx-y\|_2 - \|Fx-Gx\|_2 \\ &> \|Fx-y\|_2 - \alpha_0 \end{aligned} \tag{11}$$

表明,如果 $x \in \dot{C}$,$\|Gx-y\|_2 > 6\alpha_0$,因此,对 φ_2,$d_\varphi(G,C,y)$是有意义的. 此外,如果 $\|Fx-y\|_2 > 2\alpha_0$,那么,由(11)可得 $\|Gx-y\|_2 > \alpha_0$,而由(10),$\|Hx-y\|_2 > \alpha_0$,因此 $\varphi_2(\|Gx-y\|_2) = \varphi_2(\|Hx-y\|_2) = 0$. 但是,如果 $\|Fx-y\|_2 \leqslant 2\alpha_0$,那么,$Gx=Hx$,所以

$$\begin{aligned}&\varphi_2(\|Gx-y\|_2)\det G'(x) \\ &= \varphi_2(\|Hx-y\|_2)\det H'(x) \quad (\forall x \in \overline{C})\end{aligned}$$

因此,$\deg(G,C,y)=\deg(H,C,y)=\deg(F,C,y)$. 证毕.

这个结果允许我们利用标准的魏尔斯特拉斯逼近定理,将度数的定义推广到连续映射上. 对任何连续映

射 $G:\bar{C}\subseteq\mathbf{R}^n\to\mathbf{R}^n$，定义

$$\| G \|_C = \sup_{x\in C} \| Gx \|_2 \tag{12}$$

其中 C 是一个开集，$\bar{C}$ 是紧的. 这时，对任一连续映射 $F:\bar{C}\subseteq\mathbf{R}^n\to\mathbf{R}^n$，存在一个连续可微映射 $F_k:\mathbf{R}^n\to\mathbf{R}^n$，$k=0,1,\cdots$ 的序列 $\{F_k\}$，使得 $\lim\limits_{k\to\infty}\| F_k - F\|_C=0$. 如果 $\boldsymbol{y}\notin F(\dot{C})$，特殊地，$0<\alpha<\min\{\| F\boldsymbol{x}-\boldsymbol{y}\|_2 \mid \boldsymbol{x}\in\dot{C}\}$，那么，对 $k\geqslant k_0$，$\min\{\| F_k\boldsymbol{x}-\boldsymbol{y}\|_2 \mid \boldsymbol{x}\in\dot{C}\}>\alpha>0$，因此，对所有大的 k，$\deg(F_k,C,\boldsymbol{y})$ 是有意义的. 现在对 $k,j\geqslant k_1\geqslant k_0$，一定有 $\| F_k - F_j\|_C\leqslant\frac{1}{7}\alpha$，因此，由定理 3，对 $k\geqslant k_1$，有 $\deg(F_k,C,\boldsymbol{y})=$ 常数. 由这一点可得 $\lim\limits_{k\to\infty}\deg(F_k,C,\boldsymbol{y})$ 显然存在，并且，这个极限和序列 $\{F_k\}$ 的选择无关. 事实上，设 $D\supseteq\bar{C}$ 是任一开集，又设 $G_k:D\subseteq\mathbf{R}^n\to\mathbf{R}^n$，$k=0,1,\cdots$ 是任一在 D 上连续可微的映射序列，而有 $\lim\limits_{k\to\infty}\| G_k - F\|_C=0$. 那么，显然有 $\| F_k - G_j\|_C<\frac{1}{7}\alpha$，从而，对所有充分大的 k 和 j，$\deg(F_k,C,\boldsymbol{y})=\deg(G_j,C,\boldsymbol{y})$.

这是下面定义的根据.

定义 3 设 $F:\bar{C}\subseteq\mathbf{R}^n\to\mathbf{R}^n$ 是连续的，而 C 是一个有界开集. 那么，对任一 $\boldsymbol{y}\notin F(\dot{C})$，$F$ 在 $\boldsymbol{y}$ 对于 C 的度数由下式定义

$$\deg(F,C,\boldsymbol{y}) = \lim_{k\to\infty}\deg(F_k,C,\boldsymbol{y}) \tag{13}$$

其中 $F_k:D\subseteq\mathbf{R}^n\to\mathbf{R}^n$ 是任一在开集 $D\supseteq\bar{C}$ 上连续可微的映射的序列，并且 $\lim\limits_{k\to\infty}\| F_k - F\|_C=0$.

如前所述,(13)中的极限通常经过有限步后便能达到,而与序列的选择无关.

注记 1. 局部度数的概念,即对于方程组 $F\boldsymbol{x}=\boldsymbol{y}$ 的一个孤立解的一个邻域的度数,应追溯到克罗内克(1869),他通过一个积分,现在叫作克罗内克积分,引进了他的这样一个解的"指数"或"特征数". 阿达玛(1910)给出了克罗内克指数的详细讨论和它的一些应用.

2. 布劳维(1912)将这个局部度数推广到了大范围的度数,并将它作为他的很多著名结论的基础. 这种"整体"度数本质上是组合拓扑学的一个概念. 对一个多面复形的每一个单形,可以完全确定一个定向. 相应地,当这样一个复形 K_1 映入另一个复形 K_2 的单形映射 F 给定后,F 对 K_2 中某一个单形 σ 的度数规定为等于 K_1 的单形保持定向映入 σ 的次数的总和减去改变定向映入 σ 的次数的总和. 当 F 在 $\mathbf{R}^n$ 内的一个紧集 $\overline{C}$ 上连续时,单形映射定理允许用单形映射来逼近 F,而 F 承受这些单形映射的度数.

沿着这个方向,或者更确切地说,利用奇异同调理论给出的度数的完善定义,例如,可参看 Alexandroff 和霍普夫(1935)或 Cronin(1964)的相关文献.

3. 自从布劳维的基本文献在 1912 年发表以来,为了用严格的分析方法,而不涉及组合拓扑学的概念,来定义一个映射的度数,曾做过许多努力. Nagumo(1951)主要以和式(1)和定理 5 的结果为基础进行他的研究. 后来,Heinz(1959)发展了一种和克罗内克积分有关的利用积分的方法,这里沿用了 Heinz 的这种方法. 我们还参考了许瓦兹(1964)对度数理论的讲法，他合并了 Nagumo 和 Heinz 的方法.

4. 本小节所有的结果，事实上，整个附录的结果，对 $\mathbf{R}^n$ 上的任一种内积都是有效的.

2. 度数的性质

下面我们将证明定义 3 中连续函数的度数的一些简单性质. 作为其中第一个结果，将定理 3 推广到连续函数.

定理 4 假定 C 是开的和有界的，$F:\overline{C}\subseteq\mathbf{R}^n\to\mathbf{R}^n$ 是连续映射. 如果 $\boldsymbol{y}\in\mathbf{R}^n$ 使得 $\min\{\|F\boldsymbol{x}-\boldsymbol{y}\|_2 \mid \boldsymbol{x}\in\dot{C}\}>\alpha>0$，则对任何具有性质：$\|G-F\|_C<\frac{1}{7}\alpha$ 的连续映射 $G:\overline{C}\subseteq\mathbf{R}^n\to\mathbf{R}^n$，$\deg(F,C,\boldsymbol{y})=\deg(G,C,\boldsymbol{y})$.

证明 在开集 $D\supseteq\overline{C}$ 上选择两个连续可微映射序列 $F_k,G_k:D\subseteq\mathbf{R}^n\to\mathbf{R}^n$，$k=0,1,\cdots$，使得

$$\lim_{k\to\infty}\|F_k-F\|_C=\lim_{k\to\infty}\|G_k-G\|_C=0$$

那么，有一个 k_0，使得当 $k,j\geqslant k_0$ 时，对所有 $\boldsymbol{x}\in\overline{C}$，有

$$\|G_j\boldsymbol{x}-F_k\boldsymbol{x}\|_2\leqslant\|G_j\boldsymbol{x}-G\boldsymbol{x}\|_2+\|G\boldsymbol{x}-F\boldsymbol{x}\|_2+\|F\boldsymbol{x}-F_k\boldsymbol{x}\|_2<\frac{1}{7}\alpha$$

另外，可把 k_0 选得充分大，使得当 $k\geqslant k_0$ 时，$\min\{\|F_k\boldsymbol{x}-\boldsymbol{y}\|_2 \mid \boldsymbol{x}\in\dot{C}\}>\alpha$，同时 $\min\{\|G_k\boldsymbol{x}-\boldsymbol{y}\|_2 \mid \boldsymbol{x}\in\dot{C}\}>\alpha$. 于是定理 3 表明

$$\deg(F_k,C,\boldsymbol{y})=\deg(G_j,C,\boldsymbol{y})\quad(j,k\geqslant k_0)$$

因而结论是定义 3 的一个直接推论.

由这个结果，几乎直接可以得出在度数理论中起着核心作用的下面的结果.

同伦不变量定理 设 C 是开的和有界的，又设 H：

$\overline{C}\times[0,1]\subseteq\mathbf{R}^{n+1}\to\mathbf{R}^n$ 是将 $\overline{C}\times[0,1]$ 映入 $\mathbf{R}^n$ 的连续映射. 再假定 $\boldsymbol{y}\in\mathbf{R}^n$ 对所有 $(\boldsymbol{x},t)\in\dot{C}\times[0,1]$ 满足 $H(\boldsymbol{x},t)\neq\boldsymbol{y}$. 那么 $\deg(H(\cdot,t),C,\boldsymbol{y})$ 对 $t\in[0,1]$ 是一个常数.

证明　因为 $\dot{C}\times[0,1]$ 是紧的,对某些 α 我们有

$$\min\{\|H(\boldsymbol{x},t)-\boldsymbol{y}\|_2\mid(\boldsymbol{x},t)\in\dot{C}\times[0,1]\}>\alpha>0$$

并从 H 在 $\overline{C}\times[0,1]$ 上的一致连续性可得,存在 $\delta>0$,使得对所有满足 $|s-t|<\delta$ 的 $s,t\in[0,1]$,$\sup\limits_{\boldsymbol{x}\in C}\|H(\boldsymbol{x},s)-H(\boldsymbol{x},t)\|_2<\frac{1}{7}\alpha$. 因此,由定理4,当 $|s-t|<\delta,s,t\in[0,1]$ 时

$$\deg(H(\cdot,s),C,\boldsymbol{y})=\deg(H(\cdot,t),C,\boldsymbol{y})$$

因为 $[0,1]$ 可以由有限多个长度为 δ 的区间所覆盖,由此即得结果. 证毕.

作为这个结果的一个有意义的应用,我们得出度数只和 F 在 C 的边界上的值有关.

边值定理　设 C 是开的和有界的,$F:\overline{C}\subseteq\mathbf{R}^n\to\mathbf{R}^n$ 是连续的,又设 $G:\overline{C}\subseteq\mathbf{R}^n\to\mathbf{R}^n$ 是任一连续映射,使得当 $\boldsymbol{x}\in\dot{C}$ 时,$F\boldsymbol{x}=G\boldsymbol{x}$. 那么,对任一 $\boldsymbol{y}\notin F(\dot{C})$,我们有 $\deg(F,C,\boldsymbol{y})=\deg(G,C,\boldsymbol{y})$.

证明　考察同伦

$$H:\overline{C}\times[0,1]\subseteq\mathbf{R}^{n+1}\to\mathbf{R}^n,H(\boldsymbol{x},t)=tF\boldsymbol{x}+(1-t)G\boldsymbol{x}\tag{14}$$

对 $(\boldsymbol{x},t)\in\dot{C}\times[0,1]$,有 $H(\boldsymbol{x},t)=F\boldsymbol{x}\neq\boldsymbol{y}$. 因此,由同伦不变量定理直接得出结论. 证毕.

边值定理实际上是下述更一般结果的特殊情形，下面的结果像在边值定理中一样，通过考察同伦(14)证明.

庞加莱-博尔定理 设 $F,G:\overline{C}\subseteq\mathbf{R}^n\to\mathbf{R}^n$ 是两个连续映射，而 C 是一个有界开集. 如果 $\boldsymbol{y}\in\mathbf{R}^n$ 是任一点，使得

$$\boldsymbol{y}\notin\{\boldsymbol{u}\in\mathbf{R}^n\mid\boldsymbol{u}=tF\boldsymbol{x}+(1-t)G\boldsymbol{x},\boldsymbol{x}\in\dot{C},t\in[0,1]\}\tag{15}$$

那么，$\deg(G,C,\boldsymbol{y})=\deg(F,C,\boldsymbol{y})$.

到目前为止，我们只研究了 F 的改变对度数的影响，现在我们转过来考察 $\boldsymbol{y}$ 的改变对度数的影响. 为此，我们需要下述引理，它表明经过平移度数不变. 今后，用 $F-\boldsymbol{z}$ 表示映射 $F\boldsymbol{x}-\boldsymbol{z},\boldsymbol{x}\in D$.

引理 2 设 $F:\overline{C}\subseteq\mathbf{R}^n\to\mathbf{R}^n$ 是连续的，而 C 是一个有界开集. 如果 $\boldsymbol{y}\notin F(\dot{C})$，而 $\boldsymbol{z}\in\mathbf{R}^n$ 是任一点，那么，$\deg(F-\boldsymbol{z},C,\boldsymbol{y}-\boldsymbol{z})=\deg(F,C,\boldsymbol{y})$.

证明 首先注意，当 F_k 在开集 $D\supseteq\overline{C}$ 上连续可微时，对 $G_k=F_k-\boldsymbol{z}$ 显然有

$$\varphi(\|F_k\boldsymbol{x}-\boldsymbol{y}\|_2)\det F_k'(\boldsymbol{x})=\varphi(\|G_k\boldsymbol{x}-(\boldsymbol{y}-\boldsymbol{z})\|_2)\det G_k'(\boldsymbol{x})$$

因此，$\deg(G_k,C,\boldsymbol{y}-\boldsymbol{z})=\deg(F_k,C,\boldsymbol{y})$. 如果我们考虑 D 上的一个在 $\overline{C}$ 上一致收敛于 F 的连续可微函数序列，这个性质显然可以移植到连续函数 F 上. 证毕.

运用这个引理，我们发现 $\boldsymbol{y}$ 改变相当大时度数不变.

引理 3 设 $F:\overline{C}\subseteq\mathbf{R}^n\to\mathbf{R}^n$ 是连续的，C 是一个有界开集. 假定 $\boldsymbol{y}^0,\boldsymbol{y}^1\in\mathbf{R}^n$ 是任意两点，可由避开 $F(\dot{C})$

的一条道路 $p:[0,1]\subseteq\mathbf{R}^1\to\mathbf{R}^n$ 连通，即 $p(0)=\boldsymbol{y}^0$，$p(1)=\boldsymbol{y}^1$，而对 $t\in[0,1]$，$p(t)\notin F(\dot{C})$，那么 $\deg(F,C,\boldsymbol{y}^0)=\deg(F,C,\boldsymbol{y}^1)$.

证明 考虑同伦

$$H:\overline{C}\times[0,1]\subseteq\mathbf{R}^{n+1}\to\mathbf{R}^n, H(\boldsymbol{x},t)=F\boldsymbol{x}-p(t)$$

根据假定，对 $(\boldsymbol{x},t)\in\dot{C}\times[0,1]$，$H(\boldsymbol{x},t)\neq\mathbf{0}$，因此，由同伦不变量定理及引理2

$$\begin{aligned}\deg(F,C,\boldsymbol{y}^0)&=\deg(H(\cdot,0),C,\mathbf{0})\\&=\deg(H(\cdot,1),C,\mathbf{0})\\&=\deg(F,C,\boldsymbol{y}^1)\end{aligned}$$

证毕.

我们现在考察集合 C 对度数的影响. 作为第一个结果，我们看到（这并不奇怪），度数与积分共同具有下列可加性.

引理 4 设 $F:\overline{C}\subseteq\mathbf{R}^n\to\mathbf{R}^n$ 是连续的，C 以及 $C_1,\cdots,C_m\subseteq C$都是有界开集，使得 $C_i\cap C_j=\varnothing$，$i\neq j$，且 $\bigcup_{j=1}^{m}\overline{C}_j=\overline{C}$. 那么，对任何 $\boldsymbol{y}\notin\bigcup_{j=1}^{m}F(\dot{C}_j)$，$\deg(F,C,\boldsymbol{y})=\sum_{j=1}^{m}\deg(F,C_j,\boldsymbol{y})$.

证明 由对于在某一开集 $D\supseteq\overline{C}$ 上的连续可微的 F_k 来讲，这个结果是积分(2′)的可加性的一个直接推论. 显然，当我们取连续映射 F 的度数来定义定义 3 中的极限时，结论仍然成立. 证毕.

下面的定理指出，C 可以通过去掉与 $\{\boldsymbol{x}\in C\mid F\boldsymbol{x}=\boldsymbol{y}\}$ 不相交的任何闭集加以简化，而不改变度数.

分割定理 设 $F:\overline{C}\subseteq\mathbf{R}^n\to\mathbf{R}^n$ 是连续的，而 C 是

一个有界开集,此外,又设 $\boldsymbol{y} \notin F(\dot{C})$. 那么,对任一 $\boldsymbol{y} \notin F(Q)$ 的闭集 $Q \subseteq \overline{C}$,我们有 $\deg(F,C,\boldsymbol{y}) = \deg(F,C \sim Q,\boldsymbol{y})$. 特别地,如果 $Q = \overline{C}$,那么,$\deg(F,C,\boldsymbol{y}) = 0$.

证明 设 F_k 在某一开集 $D \supseteq \overline{C}$ 上是连续可微的,使得

$$\dot{\nu} = \min\{\|F_k\boldsymbol{x} - \boldsymbol{y}\|_2 \mid \boldsymbol{x} \in \dot{C}\} > 0$$
$$\eta = \min\{\|F_k\boldsymbol{x} - \boldsymbol{y}\|_2 \mid \boldsymbol{x} \in Q\} > 0$$

由假定存在 α,使得 $\min\{\dot{\nu},\eta\} > \alpha > 0$. 如果 $\varphi \in W_\alpha^1$,那么,对 $\boldsymbol{x} \in Q$,$\varphi(\|F_k\boldsymbol{x} - \boldsymbol{y}\|_2) = 0$,于是,$d_\varphi(F_k,C,\boldsymbol{y}) = d_\varphi(F_k,C \sim Q,\boldsymbol{y})$. 因而,$\deg(F_k,C,\boldsymbol{y}) = \deg(F_k,C \sim Q,\boldsymbol{y})$. 特别地,如果 $Q = \overline{C}$,那么,$d_\varphi(F_k,C,\boldsymbol{y}) = 0$,所以,$\deg(F_k,C,\boldsymbol{y}) = 0$. 通过选取一串在 $\overline{C}$ 上一致收敛于 F 的连续可微映射的序列$\{F_k\}$,就得出关于连续映射 F 的结果.

剩下要证明度数是整数值. 回顾在定理 1 的假定下,我们已经证明了这一点. 现在让我们对连续可微的 $F: D \subseteq \mathbf{R}^n \to \mathbf{R}^n$ 及任一子集 $Q \subseteq D$,引入集合 $\mathscr{C}(Q) = \{\boldsymbol{x} \in Q \mid F'(\boldsymbol{x})\text{奇异}\}$,用较简明的方法重新叙述这个结果,这时,定理 1 和定义 2 叙述如下:

定理 5 设 $F: D \subseteq \mathbf{R}^n \to \mathbf{R}^n$ 在开集 D 上是连续可微的,而 C 是 $\overline{C} \subseteq D$ 的有界开集. 如果 $\boldsymbol{y} \notin F(\dot{C}) \cup F(\mathscr{C}(\overline{C}))$,那么,或者 $\Gamma = \{\boldsymbol{x} \in C \mid F\boldsymbol{x} = \boldsymbol{y}\}$ 是空的,且 $\deg(F,C,\boldsymbol{y}) = 0$,或者 Γ 含有有限多个点 $\boldsymbol{x}^1,\cdots,\boldsymbol{x}^m$,且

$$\deg(F,C,\boldsymbol{y}) = \sum_{j=1}^{m} \operatorname{sgn} \det F'(\boldsymbol{x}^j) \tag{16}$$

现在回想一下,由 Sard 定理,集合 $F(\mathscr{C}(\overline{C}))$ 在 $\mathbf{R}^n$ 内的测度总为零. 换句话说,如果 $\boldsymbol{y}\in F(\mathscr{C}(\overline{C}))$,那么,在 $\boldsymbol{y}$ 的任一邻域内,有无穷多个点不包含在 $F(\mathscr{C}(\overline{C}))$ 内. 这引导我们得出下面的定理.

定理 6 设 $F:D\subseteq\mathbf{R}^n\to\mathbf{R}^n$ 在开集 D 上是连续可微的,而 C 是一个 $\overline{C}\subseteq D$ 的有界开集. 如果 $\boldsymbol{y}\notin F(\dot{C})$,那么,存在序列 $\boldsymbol{y}^k\notin F(\dot{C})\cup F(\mathscr{C}(\overline{C}))$,$k=1,2,\cdots$,使得 $\lim\limits_{k\to\infty}\boldsymbol{y}^k=\boldsymbol{y}$,且对任一这样的序列 $\{\boldsymbol{y}^k\}$,存在 k_0,使得

$$\deg(F,C,\boldsymbol{y})=\deg(F,C,\boldsymbol{y}^k)\quad(\forall k\geqslant k_0)\tag{17}$$

证明 我们已经指出过,由 Sard 定理,$F(\mathscr{C}(\overline{C}))$ 的测度为零,这就保证了定理中所说的序列 $\{\boldsymbol{y}^k\}$ 存在. 设 $\{\boldsymbol{y}^k\}$ 是任一这样的序列. 由假定,存在一个球 $S(\boldsymbol{y},\varepsilon)$,使得 $S(\boldsymbol{y},\varepsilon)\cap F(\dot{C})$ 是空的. 这时对于 $k\geqslant k_0$,$\boldsymbol{y}^k\in S(\boldsymbol{y},\varepsilon)$,且道路 $p_k(t)=(1-t)\boldsymbol{y}^k+t\boldsymbol{y}$,$0\leqslant t\leqslant 1$ 含于 $S(\boldsymbol{y},\varepsilon)$ 内,因此,和 $F(\dot{C})$ 不相交. 于是引理 3 指出 (17) 成立. 证毕.

作为一个直接推论,我们现在得出熟知的结果:

定理 7 设 $F:\overline{C}\subseteq\mathbf{R}^n\to\mathbf{R}^n$ 是连续的,而 C 是一个有界开集. 那么,对任一 $\boldsymbol{y}\notin F(\dot{C})$,$\deg(F,C,\boldsymbol{y})$ 是整数值.

证明 如果 F_k 在一个开集 $D\supseteq\overline{C}$ 上是连续可微的,那么,由定理 5 与定理 6,度数是一个整数值. 而另一方面,由定义 3,同一结论对连续的 F 也成立. 证毕.

应该注意,同一个论述也表明,度数与范数无关,这是因为(16)的右边的和式具有这个性质.

注记 1. 我们在 2 中只给出了度数的最基本的性质. 特别地,我们没有包括属于 Leray(1950)的乘积定理,它给出了关于复合函数 $G \circ F$ 的度数用 G 和 F 表示的一个公式. 按我们思路的证明,例如,可见 Heinz(1959)或许瓦兹(1964)的相关文献. 许瓦兹指出,利用这个乘积定理可以给 $\mathbf{R}^n$ 中的广义若尔当定理一个分析证明,作为广义若尔当定理的一个推论,例如,可以证明著名的区域不变性定理:"把 $\mathbf{R}^n$ 内的一个开集映入 $\mathbf{R}^n$ 的连续的单一的映射,把开集映入开集".

2. 将度数概念推广到无穷维空间是一个要认真对待的问题,这是由于有界闭集不再是紧的了. 但是,如果对映射加上某些紧性的假定,就可以推广,Leray 和 Schauder(1934)首先对巴拿赫空间上的映射给出这样的推广. 这种 Leray – 肖德尔度数理论贯穿在分析中有很多应用,特别可用于微分方程(见 Cronin(1964))和积分方程(见 Krasnoselskii(1956)). 它也已被推广到更一般的拓扑线性空间.

3. 基本存在定理

我们现在用前面得出的一般结果来证明形如 $F\boldsymbol{x}=\boldsymbol{y}$或 $\boldsymbol{x}=G\boldsymbol{x}$ 的方程的存在定理. 其中第一个结果作为全部度数理论的一个引入在 1 中已经讨论过,它是分割定理的一个直接推论.

克罗内克定理 设 $F:\overline{C}\subseteq\mathbf{R}^n\rightarrow\mathbf{R}^n$ 是连续的,而 C 是一个有界开集. 如果 $\boldsymbol{y}\notin F(\dot{C})$,又若 $\deg(F,C,\boldsymbol{y})\neq 0$,那么,方程

$$F\boldsymbol{x}=\boldsymbol{y} \tag{18}$$

在 C 内有解.

证明 假定(18)在 C 内没有解,则由 $\boldsymbol{y}\notin F(\dot{C})$ 和分割定理得出一个矛盾 $\deg(F,C,\boldsymbol{y})=0$. 证毕.

直接应用克罗内克定理的可能性很小,这是因为计算度数是一个不简单的问题. 但是克罗内克定理是证明其他存在定理的有力工具,如下面结果所示,它是分析中的最著名的定理之一.

布劳维不动点定理 设 $G:\overline{C}\subseteq\mathbf{R}^n\to\mathbf{R}^n$ 在紧凸集 $\overline{C}$ 上是连续的,又设 $G\overline{C}\subseteq\overline{C}$. 那么,$G$ 在 C 内有一个不动点.

证明 我们首先在 $\overline{C}$ 是球 $\overline{S}(\boldsymbol{0},r)=\{\boldsymbol{x}\mid\|\boldsymbol{x}\|_2\leqslant r\}$ 的假定下证明这个结果. 定义同伦

$$H:\overline{C}\times[0,1]\subseteq\mathbf{R}^{n+1}\to\mathbf{R}^n$$

$$H(\boldsymbol{x},t)=\boldsymbol{x}-tG\boldsymbol{x}\quad(t\in[0,1],\boldsymbol{x}\in\overline{C})$$

并注意到,因为对所有 $\boldsymbol{x}\in\overline{C}$, $\|G\boldsymbol{x}\|_2\leqslant r$,有

$$\begin{aligned}\|H(\boldsymbol{x},t)\|_2&\geqslant\|\boldsymbol{x}\|_2-t\|G\boldsymbol{x}\|_2\\&\geqslant r(1-t)\quad(\forall t\in[0,1],\boldsymbol{x}\in\dot{C})\end{aligned}\tag{19}$$

现在直接从定义 2 得出

$$\deg(H(\cdot,0),C,\boldsymbol{0})=\deg(I,C,\boldsymbol{0})=1$$

所以,如果 G 在 $\overline{C}$ 内没有不动点,那么,$H(\boldsymbol{x},1)\neq\boldsymbol{0}$, 因此,由(19)对所有 $t\in[0,1]$ 及 $\boldsymbol{x}\in\dot{C}$,$H(\boldsymbol{x},t)\neq\boldsymbol{0}$. 于是由同伦不变量定理

$$\begin{aligned}\deg(I-G,C,\boldsymbol{0})&=\deg(H(\cdot,1),C,\boldsymbol{0})\\&=\deg(H(\cdot,0),C,\boldsymbol{0})=1\end{aligned}$$

因而,与克罗内克定理矛盾.

其次,我们考察任一紧凸集 $\overline{C}$. 因为 $\overline{C}$ 是有界的,

我们可以选取一个充分大的 r,使得 $\overline{C}\subseteq\overline{C}_0=\overline{S}(\mathbf{0},r)$. 对取定的 $\boldsymbol{y}\in\overline{C}_0$,由 $g_y(\boldsymbol{x})=\|\boldsymbol{x}-\boldsymbol{y}\|_2^2$ 定义泛函 g_y: $\overline{C}\to\mathbf{R}^1$. 因为 g_y 是连续的,而 $\overline{C}$ 是紧的,因此,g_y 显然有一个极小点 $\hat{G}\boldsymbol{y}$,即

$$\|\hat{G}\boldsymbol{y}-\boldsymbol{y}\|_2=\min\{\|\boldsymbol{x}-\boldsymbol{y}\|_2 \mid \boldsymbol{x}\in\overline{C}\}$$

此外,$\hat{G}\boldsymbol{y}$ 是唯一的,这是因为 $g''_y(\boldsymbol{x})=2I$,所以,g_y 是严格凸的. 因此,映射 $\hat{G}:\overline{C}_0\to\overline{C}$ 是有意义的,且对所有 $\boldsymbol{y}\in\overline{C}$,显然有 $\hat{G}\boldsymbol{y}=\boldsymbol{y}$. 下面我们证明 $\hat{G}$ 是连续的. 设 $\{\boldsymbol{x}^k\}$ 是 $\overline{C}_0$ 内以 $\boldsymbol{x}$ 为极限的任一收敛序列,这时,只需证明每一个收敛子序列$\{\hat{G}\boldsymbol{x}^k\}$有极限 $\hat{G}\boldsymbol{x}$. $\overline{C}$ 的紧性保证有一个以 $z\in\overline{C}$ 为极限的收敛子序列$\{G\boldsymbol{x}^{k_i}\}$,只需证明:$\|\boldsymbol{x}-\boldsymbol{z}\|_2=\|\boldsymbol{x}-\hat{G}\boldsymbol{x}\|_2$,这是因为 g_y 的极小点是唯一的,由此可得 $\hat{G}\boldsymbol{x}=z$. 假定不然,取 $\varepsilon>0$,使得 $3\varepsilon+\|\hat{G}\boldsymbol{x}-\boldsymbol{x}\|_2<\|\boldsymbol{z}-\boldsymbol{x}\|_2$. 这时,对充分大的 k_i,有

$$\begin{aligned}\|\boldsymbol{x}-\boldsymbol{z}\|_2&\leqslant\|\boldsymbol{x}-\boldsymbol{x}^{k_i}\|_2+\|\boldsymbol{x}^{k_i}-\hat{G}\boldsymbol{x}^{k_i}\|_2+\|\hat{G}\boldsymbol{x}^{k_i}-\boldsymbol{z}\|_2\\&\leqslant 2\varepsilon+\|\boldsymbol{x}^{k_i}-\hat{G}\boldsymbol{x}\|_2\\&\leqslant 2\varepsilon+\|\boldsymbol{x}^{k_i}-\boldsymbol{x}\|_2+\|\boldsymbol{x}-\hat{G}\boldsymbol{x}\|_2\\&<\|\boldsymbol{x}-\boldsymbol{z}\|_2\end{aligned}$$

其中我们利用了对所有 $\boldsymbol{y}\in\overline{C}$,特别对 $\boldsymbol{y}=\hat{G}\boldsymbol{x}$, $\|\boldsymbol{x}^{k_i}-\hat{G}\boldsymbol{x}^{k_i}\|_2\leqslant\|\boldsymbol{x}^{k_i}-\boldsymbol{y}\|_2$,这是一个矛盾. 因此,$\hat{G}$ 在 $\overline{C}_0$ 上是连续的. 因而,复合映射 $G\circ\hat{G}:\overline{C}_0\to\overline{C}\subseteq\overline{C}_0$ 是连续的,于是由证明的第一部分可知,有一个不动点 $\boldsymbol{x}^*\in\overline{C}_0$. 但是,因为 $\hat{G}\overline{C}_0\subseteq\overline{C}$,可得 $\boldsymbol{x}^*=G(\hat{G}\boldsymbol{x}^*)\in\overline{C}$,又因

为对所有 $\boldsymbol{x}\in\overline{C}$，$\hat{G}\boldsymbol{x}=\boldsymbol{x}$，结果有 $\boldsymbol{x}^{*}=G\boldsymbol{x}^{*}$. 证毕.

重要的是应注意，在布劳维不动点定理中没有关于唯一性的结论. 事实上，$\overline{C}$ 的每一个点是恒等变换的一个不动点.

下面我们证明克罗内克定理的另一个重要推论，它也是一个得出其他存在结果的重要工具.

Leray－肖德尔定理 设 C 是 $\mathbf{R}^n$ 内包含原点的有界开集，而 $G:C\subseteq\mathbf{R}^n\to\mathbf{R}^n$ 是一个连续映射. 如果当 $\lambda>1$ 及 $\boldsymbol{x}\in\dot{C}$时，$G\boldsymbol{x}\neq\lambda\boldsymbol{x}$，那么，$G$ 在 $\overline{C}$ 内有一个不动点.

证明 再一次考察由 $H(\boldsymbol{x},t)=\boldsymbol{x}-tG\boldsymbol{x}$，$\boldsymbol{x}\in\overline{C}$，$t\in[0,1]$定义的一个同伦 H. 这时，只要 $\boldsymbol{x}\neq G\boldsymbol{x}$，就有

$$H(\boldsymbol{x},t)=t(t^{-1}\boldsymbol{x}-G\boldsymbol{x})\neq\mathbf{0}\quad(\forall t\in(0,1],\boldsymbol{x}\in\dot{C})$$

而由 $\mathbf{0}\in C$ 可得对 $\boldsymbol{x}\in\dot{C}$，$H(\boldsymbol{x},0)\neq\mathbf{0}$. 因为 $\deg(I,C,\mathbf{0})=1$，由同伦不变量定理可得

$$\begin{aligned}I&=\deg(H(\cdot,0),C,\mathbf{0})=\deg(H(\cdot,1),C,\mathbf{0})\\&=\deg(I-G,C,\mathbf{0})\end{aligned}$$

于是，这个结果是克罗内克定理的一个推论. 证毕.

如果$f:[a,b]\subseteq\mathbf{R}^1\to\mathbf{R}^1$ 是连续的，且$f(a)\leqslant0$，而$f(b)\geqslant0$，那么，$f(x)=0$ 在$[a,b]$上有解. 作为 Leray－肖德尔定理的第一个应用，我们证明这个结果是 n 维空间的一个直接推广. 我们指出，条件 $f(a)\leqslant0$，$f(b)\geqslant0$可写成：当 $x=a$ 及 $x=b$ 时，$(x-x^0)f(x)\geqslant0$，其中 x^0 为(a,b)内的任意一个点.

定理 8 设 C 是 $\mathbf{R}^n$ 内的一个有界开集，又设 $F:\overline{C}\subseteq\mathbf{R}^n\to\mathbf{R}^n$是连续的，并且对某一个 $\boldsymbol{x}^0\in C$ 及所有 $\boldsymbol{x}\in\dot{C}$，满足$(\boldsymbol{x}-\boldsymbol{x}^0)^{\mathrm{T}}F\boldsymbol{x}\geqslant0$. 那么，$F\boldsymbol{x}=\mathbf{0}$ 在 $\overline{C}$ 内有解.

证明 令 $C_0=\{\boldsymbol{x}\mid \boldsymbol{x}+\boldsymbol{x}^0\in C\}$，并由 $G\boldsymbol{x}=\boldsymbol{x}-F(\boldsymbol{x}+\boldsymbol{x}^0)$定义 $G:\overline{C}_0\to\mathbf{R}^n$. 显然，$G$ 是连续的. 现在令 $\boldsymbol{x}\in\dot{C}_0$，那么，$\boldsymbol{x}+\boldsymbol{x}^0\in\dot{C}$，从而，由 $\boldsymbol{x}\neq\boldsymbol{0}$ 可知，对任一 $\lambda>1$，有

$$\begin{aligned}\boldsymbol{x}^{\mathrm{T}}(\lambda\boldsymbol{x}-G\boldsymbol{x})&=\boldsymbol{x}^{\mathrm{T}}[(\lambda-1)\boldsymbol{x}+F(\boldsymbol{x}+\boldsymbol{x}^0)]\\&\geqslant(\lambda-1)\boldsymbol{x}^{\mathrm{T}}\boldsymbol{x}>0\end{aligned}$$

由 Leray－肖德尔定理可得，G 有一个不动点 $\boldsymbol{x}^*\in\overline{C}_0$，因此，$F(\boldsymbol{x}^*+\boldsymbol{x}^0)=0$. 证毕.

注记 1. 克罗内克(1869)首先给出了克罗内克定理.

2. 布劳维(1912)利用他建立在拓扑学基础上的度数理论，证明了布劳维不动点定理. 这里对一个球给出的证明是属于 Heinz(1959)的. 在 Dunford 和许瓦兹(1959)中有一个直接证明，没有明显地应用度数理论，但是，用到了一些密切相关的思想. 只要 G 也是紧的(即 G 将有界闭集映入紧集合)，那么，这个定理可以推广到任意一个巴拿赫空间；这是著名的肖德尔不动点定理.

3. Leray－肖德尔定理属于 Leray 和肖德尔(1934)，对于映射 $F=I-G$(G 是一个连续的和紧的算子)，它也可以推广到巴拿赫空间.

4. 对于 C 是一个球的情形，S. Karlin 曾利用球上的对应的布劳维定理，给出了 Leray－肖德尔定理的一个简单证明(见 Lees 和 Schultz(1966))：假定 $C=S(\boldsymbol{0},r)$，又设当 $\lambda>1$ 及 $\boldsymbol{x}\in\dot{C}$时，$G\boldsymbol{x}\neq\lambda\boldsymbol{x}$. 如果 G 在 $\overline{C}$ 内没有不动点，那么，映射 $\hat{G}\boldsymbol{x}=\dfrac{r(G\boldsymbol{x}-\boldsymbol{x})}{\|G\boldsymbol{x}-\boldsymbol{x}\|}$在 $\overline{C}$ 上是有意义的并且是连续的. 显然，当 $\boldsymbol{x}\in\overline{C}$ 时，$\|\hat{G}\boldsymbol{x}\|=r$，

因此，$\hat{G}$ 有一个不动点 $\boldsymbol{x}^* \in \bar{C}$，且 $\|\boldsymbol{x}^*\| = \|\hat{G}\boldsymbol{x}^*\| = r$. 但是，$\boldsymbol{x}^*$ 适合

$$G\boldsymbol{x}^* = \left[1 + \left(\frac{1}{r}\right)\|G\boldsymbol{x}^* - \boldsymbol{x}^*\|\right]\boldsymbol{x}^*$$

这是一个矛盾.

5. Minty(1963)首先在希尔伯特空间 X 给出了定理8如下(证明见 Dolph 和 Minty(1964)的相关文献)：如果 $F: X \to X$ 是连续的和单调的，并且对某一 $r>0$ 及所有 $\boldsymbol{x} \notin \bar{S}(\boldsymbol{0}, r)$，满足 $(\boldsymbol{x}, F\boldsymbol{x}) \geqslant 0$，那么，$F\boldsymbol{x} = \boldsymbol{0}$ 在这个球内有解. 注意如定理8所示，在 $\mathbf{R}^n$ 内单调性是不必要的.

6. Krasnoselskii(1955)给出了收缩映射原理和肖德尔定理(或在 $\mathbf{R}^n$ 内的布劳维定理)的一个有意义的结合：设 C 是巴拿赫空间 X 内的一个有界闭凸集，而 $G_1, G_2: C \to X$，使得：(1)对所有 $\boldsymbol{x}, \boldsymbol{y} \in C$，$G_1\boldsymbol{x} + G_2\boldsymbol{y} \in C$；(2)$G_1$ 在 C 上是收缩的；(3)G_2 是连续的和紧的. 那么，$G_1 + G_2$ 在 C 内有一个不动点. J. H. Bramble给出了这个结果的一个推广如下：设 $H: C \times C \to C$ 满足两个条件：(1)存在 $\alpha < 1$，使得对每一个取定的 $\boldsymbol{y} \in C$，$H(\cdot, \boldsymbol{y})$ 是具有收缩系数 α 的一个收缩映射；(2)存在连续的紧映射 $H_1: C \to X_1$，其中 X_1 是另一个巴拿赫空间，使对所有 $\boldsymbol{x}, \boldsymbol{y}, \boldsymbol{z} \in C$，$\|H(\boldsymbol{x}, \boldsymbol{y}) - H(\boldsymbol{x}, \boldsymbol{z})\| \leqslant \|H_1\boldsymbol{x} - H_1\boldsymbol{z}\|$. 那么，存在 $\boldsymbol{x}^* \in C$，使得 $\boldsymbol{x}^* = H(\boldsymbol{x}^*, \boldsymbol{x}^*)$.

4. 单调映射和强制映射

如果 $F: \mathbf{R}^n \to \mathbf{R}^n$ 是范数强制的，又在 $\mathbf{R}^n$ 中的每一点是一个局部同胚，那么，F 是一个同胚. 根据度数理论，我们现在可以给出几个有关的结果，在这些结果中，将 F 是一个局部同胚的明确假定用比较强的强制条件以及单调性来代替.

定义 4 映射 $F:D\subseteq\mathbf{R}^n\to\mathbf{R}^n$ 在开集 $D_0\subseteq D$ 上是弱强制的，如果存在一点 $z\in D_0$，使得对于一 $\gamma>0$，有一个包含 z 的有界开集 $D_\gamma\subseteq D_0$，使得 $\overline{D}_\gamma\subseteq D_0$，且

$$(\boldsymbol{x}-z)^{\mathrm{T}}F\boldsymbol{x}>\gamma\|\boldsymbol{x}-z\|_2\quad(\forall\boldsymbol{x}\in D_0\sim\overline{D}_\gamma)\tag{20}$$

如果 $D=D_0=\mathbf{R}^n$，且 $z=\mathbf{0}$，则称 F 是强制的.

由柯西-许瓦兹不等式

$$(\boldsymbol{x}-z)^{\mathrm{T}}F\boldsymbol{x}\leqslant\|\boldsymbol{x}-z\|_2\|F\boldsymbol{x}\|_2$$

立刻可得，任一弱强制映射在一定意义下，也是范数强制的，并且，如果 $D=D_0=\mathbf{R}^n$，那么，显然，当且仅当对某一 $z\in\mathbf{R}^n$，有

$$\lim_{\|\boldsymbol{x}\|_2\to\infty}\frac{(\boldsymbol{x}-z)^{\mathrm{T}}F\boldsymbol{x}}{\|\boldsymbol{x}-z\|_2}=+\infty\tag{21}$$

时，F 是弱强制的；当且仅当

$$\lim_{\|\boldsymbol{x}\|_2\to\infty}\frac{\boldsymbol{x}^{\mathrm{T}}F\boldsymbol{x}}{\|\boldsymbol{x}\|_2}=+\infty\tag{22}$$

时，F 是强制的. 当然，由定义可知，$\mathbf{R}^n$ 上的一个强制映射是弱强制的(取 $z=\mathbf{0}$)，但是，逆命题不成立.

如果 $f:(a,b)\subseteq\mathbf{R}^1\to\mathbf{R}^1$ 是弱强制的，那么，容易看出

$$\lim_{x\to a^+}f(x)=-\infty,\ \lim_{x\to b^-}f(x)=+\infty$$

因此，如果 f 是连续的，那么，它将 (a,b) 映上 $\mathbf{R}^1$. 这可以用如下方法推广到 n 维.

强制性定理 设 $F:D\subseteq\mathbf{R}^n\to\mathbf{R}^n$ 是连续的，并且在开集 D 上是弱强制的. 那么，$FD=\mathbf{R}^n$，并对任一 $\boldsymbol{y}\in\mathbf{R}^n$，解的集合 $\Gamma=\{\boldsymbol{x}\in D\mid F\boldsymbol{x}=\boldsymbol{y}\}$ 是有界的.

证明 对任一 $\boldsymbol{y}\in\mathbf{R}^n$，设 $\gamma=\|\boldsymbol{y}\|_2$，又根据定义 4 选取 $\overline{D}_\gamma\subseteq D$. 这时，由柯西-许瓦兹不等式，有

$$(x-z)^{\mathrm{T}}(Fx-y)$$

$$>\gamma\|x-z\|_2-\|y\|_2\|x-z\|_2=0 \quad (\forall x\in D\sim\overline{D}_\gamma)$$

因此,由 F 的连续性

$$(x-z)^{\mathrm{T}}(Fx-y)\geqslant 0 \quad (\forall x\in \dot{D}_\gamma)$$

现在由定理8得出 $Fx-y=\mathbf{0}$ 在 $\overline{D}_\gamma$ 内有解.

为了证明最后一个结论,令

$$\gamma>\eta=\max_{\|u\|_2=1} u^{\mathrm{T}}y$$

这时,对任一 $x^*\in\Gamma$,必然有 $x^*\in\overline{D}_\gamma$,否则有(20)

$$n\geqslant\frac{(x^*-z)^{\mathrm{T}}y}{\|x^*-z\|_2}\geqslant\gamma>\eta$$

这是一个矛盾. 现在可以从 $\overline{D}_\gamma$ 的有界性得出结果. 证毕.

强制性定理仅保证解的存在性,它并不保证解的唯一性. 如果 $D=\mathbf{R}^n$,F 又是单一的,一个充分条件是 F 在 $\mathbf{R}^n$ 中的每一点是一个局部同胚;因为由弱强制性可得范数强制性. 另一个充分条件由强制性定理的下述直接推论给出.

定理9 如果 $F:\mathbf{R}^n\to\mathbf{R}^n$ 是连续的和弱强制的,那么,$F\mathbf{R}^n=\mathbf{R}^n$. 如果,此外,$F$ 又是严格单调的,那么,F 也是单一的.

一致单调性定理 如果 $F:\mathbf{R}^n\to\mathbf{R}^n$ 是连续的和一致单调的,那么,F 是一个将 $\mathbf{R}^n$ 映上它自身的同胚.

证明 由一致单调性,存在 $c>0$,使得

$$x^{\mathrm{T}}(Fx-y)\geqslant c\|x\|_2^2 \quad (\forall x\in\mathbf{R}^n)$$

其中 $y=F(\mathbf{0})$. 因此

$$\frac{x^{\mathrm{T}}Fx}{\|x\|_2}=\frac{x^{\mathrm{T}}(Fx-y)}{\|x\|_2}+\frac{x^{\mathrm{T}}y}{\|x\|_2}\geqslant c\|x\|_2-\|y\|_2$$

表明 F 是强制的. 于是,由定理 9,F 是单一的,且是映上的. 最后,由一致单调性可得

$$\| Fx - Fy \|_2 \geqslant c \| x - y \|_2 \quad (\forall x, y \in \mathbf{R}^n)$$

因此,F^{-1} 是(李普希兹)连续的. 证毕.

注记 1. Kačurovskii(1960)首先明确地引进了单调映射的概念,同一年,Vainberg(1960)给出了在希尔伯特空间内适合一致李普希兹条件的单调映射的第一个不动点定理. 这是很多苏联学者关于巴拿赫空间上的梯度算子的不动点结果的研究的一个继续(例如,见 Vainberg(1956)). Zarantonello(1960)独立地证明了一个实际上和 Vainberg 的结果等价的定理. Minty(1962)接着进了一大步,他在 Vainberg-Zarantonello 定理中去掉了一致李普希兹条件,并证明了当 G 是希尔伯特空间上连续的单调映射时,$I-G$ 是一个将这个空间映上自身的同胚(注意,与此相关,立刻可以推广到 $\mathbf{R}^n$ 上的任意一种内积上,更一般地,它可以推广到实的希尔伯特空间上). Browder(1963a)后来指出,Minty 的结果可以通过一致单调映射重新叙述;在 $\mathbf{R}^n$ 上这个结果归结为一致单调性定理. 但是,Minty 原来的证明是沿着和本书所用的完全不同的线索. 紧接着 Minty 和 Browder 的两篇文章,现在已经有大量的文献,在其中已将这些结果推广到更一般的空间和映射上,并减弱了连续性的要求. 关于这方面的工作的摘要可以参看 Browder(1965a),de Figueiredo(1967)及 Opial(1967a)的述评.

2. 强制映射的定义可以直接推广到希尔伯特空间上,并已为很多著者所应用. 但是,仅在 $\mathbf{R}^n$ 的一个子集上定义一个弱强制映射的思想看来是新的. 推广了

强制性定理,Browder(1963a)首先证明了一个定理:$\mathbf{R}^n$ 上的连续的强制映射是映上的. 利用在 4 中的注记 3 ~6中讲到过的结果,可以将定理 9 推广到希尔伯特空间上,只要假定 F 是单调的. 对 $\boldsymbol{z}=\mathbf{0}$,这是 Browder(1963a)和 Minty(1963)的更一般的结果的一种特殊情形.

5. 补充的分析结果

在这里我们收集了关于本附录用到的补充的分析工具的论述,给出引理 1 的证明,以及在证明中用到的一些结果的摘要.

除了黎曼积分常见的其他性质外,在定理 1 的证明中还要用到下面熟知的变量置换定理.

定理 10　假定 $F:D\subseteq\mathbf{R}^n\to\mathbf{R}^n$ 在一个有界开集 $C\subseteq D$上是连续可微的,而且是单一的,又对所有 $\boldsymbol{x}\in C$,$F'(\boldsymbol{x})$是非奇异的. 设$f:F(C)\subseteq\mathbf{R}^n\to\mathbf{R}^1$ 是连续的,而 K 是 C 的一个若尔当可测的紧子集. 那么

$$\int_K f(\boldsymbol{x})\mathrm{d}\boldsymbol{x} = \int_{F_C^{-1}(K)} f(F\boldsymbol{x})\mid \det F'(\boldsymbol{x})\mid \mathrm{d}\boldsymbol{x}$$

其中 F_C 是 F 对 C 的限制.

实际上,我们只在 $\mathbf{R}^n$ 上欧几里得范数下,K 是一个球的情形用这个定理. 这样的球一定是若尔当可测的.

为了准备证明引理 1,我们需要熟知的散度定理的下述特殊情形.

定理 11　设 $F:\mathbf{R}^n\to\mathbf{R}^n$ 是一个有紧支集的连续可微函数. 那么

$$\int_{\mathbf{R}^n}\operatorname{div} F\boldsymbol{x}\mathrm{d}\boldsymbol{x} = \int_{\mathbf{R}^n}\sum_{i=1}^n \partial_i f_i(\boldsymbol{x})\mathrm{d}\boldsymbol{x} = 0$$

在这种情形下，证明是利用熟知的关于累次积分定理的一个简单计算. 事实上，如果 $Q=\{\boldsymbol{x}\in\mathbf{R}^n \mid -\alpha\leqslant x_i\leqslant\alpha\}$ 包含 F 的支集，那么

$$\begin{aligned}\int_{\mathbf{R}^n}\operatorname{div} F\boldsymbol{x}\mathrm{d}\boldsymbol{x} &= \sum_{i=1}^n\int_Q \partial_i f_i(\boldsymbol{x})\mathrm{d}\boldsymbol{x}\\ &= \sum_{i=1}^n\int_{-\alpha}^{+\alpha}\cdots\int_{-\alpha}^{+\alpha}\partial_i f_i(\boldsymbol{x})\mathrm{d}x_1\cdots\mathrm{d}x_n\end{aligned}$$

而

$$\int_{-\alpha}^{+\alpha}\partial_i f_i(\boldsymbol{x})\mathrm{d}x_i = f_i(\alpha)-f_i(-\alpha)=0$$

在证明引理 1 时要用到的另一个结果是下面关于雅克比行列式的引理.

引理 5 设 $F:D\subseteq\mathbf{R}^n\to\mathbf{R}^n$ 在开集 D 内是二次连续可微的，又设 $a_{ij}(\boldsymbol{x})$ 表示 $F'(\boldsymbol{x})(\boldsymbol{x}\in D)$ 中第 (i,j) 个元素的余子式. 那么

$$\sum_{j=1}^n\partial_j a_{ij}(\boldsymbol{x})=0\quad(i=1,\cdots,n,\forall\boldsymbol{x}\in D)\tag{23}$$

它用到行列式论中下述标准结果：如果 $(a_{ij})\in L(\mathbf{R}^n)$，$(\beta_{ij})=(\alpha_{ij})^{-1}$，$(\alpha_{ij})$ 的第 (i,j) 个元素的余子式记作 a_{ij}，那么，$\mu=\det(\alpha_{ij})$ 满足

$$\begin{cases}\delta_{ij}\mu=\displaystyle\sum_{k=1}^n\alpha_{ik}a_{ik} & (24)\\ \dfrac{\partial\mu}{\partial\alpha_{ij}}=a_{ij}\qquad(i,j=1,\cdots,n) & (25)\\ \mu\beta_{ij}=a_{ji} & (26)\end{cases}$$

方程(24)是 $\det\boldsymbol{A}$ 按第 i 列元素展开的展开式，(25)由(24)通过微分得到，而(26)正好是通常由 μ 和余子式给出的 $(\alpha_{ij})^{-1}$ 的表达式.

为了证明引理 5，先假定对给定的 $\boldsymbol{x}^0\in D$，$F'(\boldsymbol{x}^0)$

是非奇异的. 这时,由反函数定理,F 对 $\boldsymbol{x}^0$ 的某一个开邻域 U 的限制 F_U,将 U 映上 $\boldsymbol{y}^0=F\boldsymbol{x}^0$ 的一个邻域,且 $G=F_U^{-1}$ 满足 $F'(\boldsymbol{x})G'(\boldsymbol{y})=I$,其中 $\boldsymbol{y}=F\boldsymbol{x},\boldsymbol{x}\in U$. G 甚至是二次连续可微的,这是因为 F 是这样假定的. 为简单起见,令 $F'(\boldsymbol{x})=(\alpha_{ij}),G'(\boldsymbol{y})=(\beta_{ij}),\mu=\det F'(\boldsymbol{x})$, $\eta=\det G'(\boldsymbol{y})$,并将 $G'(\boldsymbol{y})$ 的第 (i,j) 个元素的余子式记作 b_{ij}. 这时,利用(25)和(26),我们可得

$$\frac{\partial\eta}{\partial y_k}=\sum_{i,j=1}^{n}\frac{\partial\eta}{\partial\beta_{ij}}\frac{\partial\beta_{ij}}{\partial y_k}=\sum_{i,j=1}^{n}b_{ij}\frac{\partial\beta_{ij}}{\partial y_k}=\eta\sum_{i,j=1}^{n}\alpha_{ji}\frac{\partial\beta_{ij}}{\partial y_k}$$

但是

$$\frac{\partial\beta_{ik}}{\partial x_i}=\frac{\partial^2 g_i}{\partial x_i\partial y_k}=\sum_{j=1}^{n}\frac{\partial}{\partial y_k}\frac{\partial g_i}{\partial y_j}\frac{\partial y_j}{\partial x_i}=\sum_{j=1}^{n}\alpha_{ji}\frac{\partial\beta_{ij}}{\partial y_k}$$

并因此有

$$\frac{\partial\eta}{\partial y_k}=\eta\sum_{i=1}^{n}\frac{\partial\beta_{ik}}{\partial x_i}$$

因为 $\mu\eta=1$,故有 $\mu\dfrac{\partial\eta}{\partial y_k}+\eta\dfrac{\partial\mu}{\partial y_k}=0$,因此

$$\begin{aligned}0&=\frac{\partial\mu}{\partial y_k}+\mu\sum_{i=1}^{n}\frac{\partial\beta_{ik}}{\partial x_i}=\sum_{i=1}^{n}\left[\frac{\partial\mu}{\partial x_i}\beta_{ik}+\mu\frac{\partial\beta_{ik}}{\partial x_i}\right]\\&=\sum_{i=1}^{n}\frac{\partial}{\partial x_i}(\mu\beta_{ik})=\sum_{i=1}^{n}\frac{\partial}{\partial x_i}a_{ki}\quad(k=1,\cdots,n)\end{aligned}$$

这就是要证明的.

现在假定 $F'(\boldsymbol{x}^0)$ 是奇异的,这时,我们不考虑 F,而考虑映射 $F_\varepsilon\boldsymbol{x}=F\boldsymbol{x}+\varepsilon\boldsymbol{x}$. 显然,对小的 ε, $F_\varepsilon'(\boldsymbol{x})=F'(\boldsymbol{x})+\varepsilon\boldsymbol{I}$ 是非奇异的,并由证明的第一部分,我们有 $\displaystyle\sum_{i=1}^{n}\left(\frac{\partial}{\partial x_i}\right)a_{ji}^{\varepsilon}=0$,其中 a_{ji}^{ε} 是 $F_\varepsilon'(\boldsymbol{x})$ 中第 (j,i) 个元素的余子式. 于是,由连续性,又有

$$\sum_{i=1}^{n} \frac{\partial}{\partial x_i} a_{ji} = \lim_{\varepsilon \to 0} \sum_{i=1}^{n} \frac{\partial}{\partial x_i} a_{ji}^{\varepsilon} = 0$$

而这就是(23).

在前文中我们用到了熟知的魏尔斯特拉斯逼近定理:

定理 12　设 $F: D \subseteq \mathbf{R}^n \to \mathbf{R}^n$ 在紧集 $\overline{C} \subseteq D$ 上是连续的. 那么对任一 $\varepsilon > 0$,存在一个连续可微函数 G: $\mathbf{R}^n \to \mathbf{R}^n$,使得 $\| F - G \|_C < \varepsilon$.

实际上,G 的分量可选作 $\mathbf{R}^n$ 上的多项式. 证明可在许多教材中找到,例如见 Dieudonné(1960)的著作.

较少知道的是这一事实,当 F 连续可微时,可以选择 G,使得在 $\overline{C}$ 上 G 的导数也逼近 F 的导数. 为了证明引理 1,我们需要这个结果的下述形式.

引理 6　设 $F: D \subseteq \mathbf{R}^n \to \mathbf{R}^m$ 在开集 D 上是连续可微的,而 $\overline{C}$ 是 D 的一个紧子集. 那么,对任一 $\varepsilon > 0$,存在一个二次连续可微映射 $G: \mathbf{R}^n \to \mathbf{R}^m$,使得

$$\max\{ \| G\boldsymbol{x} - F\boldsymbol{x} \|, \| G'(\boldsymbol{x}) - F'(\boldsymbol{x}) \| \} < \varepsilon \quad (\forall \boldsymbol{x} \in \overline{C}) \tag{27}$$

我们在这里将利用 Bernstein 多项式给出这个结果的一个证明. 在一维情形下,这个证明是熟知的(见 Lorentz(1953)),利用已知的一维估计式,比较容易将它推广到 n 维情形.

如果 $f: Q_n \subseteq \mathbf{R}^n \to \mathbf{R}^1$ 在单位超立方体

$$Q_n = \{ \boldsymbol{x} \in \mathbf{R}^n \mid 0 \leqslant x_i \leqslant 1, i = 1, \cdots, n \}$$

上是连续的,那么,在 Q_n 上的 m 次 Bernstein 多项式定义为

$$B_m(f, \boldsymbol{x}) = \sum_{j, \cdots, j_n = 0}^{m} f\left(\frac{j_1}{m}, \cdots, \frac{j_n}{m} \right) p_{mj_1}(x_1) \cdots p_{mj_n}(x_n)$$

其中

$$p_{mj}(t)=\binom{m}{j}t^j(1-t)^{m-j}\quad(t\in[0,1])\qquad(28)$$

我们先证明引理6的下述特殊情形.

引理7 设 $f:Q_n\to\mathbf{R}^1$ 在 Q_n 上是连续的,并在某一闭球 $\overline{S}(\boldsymbol{u},r_0)\subseteq Q_n$ 上是连续可微的. 那么

$$\lim_{m\to\infty}B_m(f,\boldsymbol{x})=f(\boldsymbol{x}),\lim_{m\to\infty}B_m'(f,\boldsymbol{x})=f'(\boldsymbol{x})\qquad(29)$$

对 $r<r_0$ 在任意一个球 $\overline{S}(\boldsymbol{u},r)$ 上是一致的.

证明 用 $P_{mj}(\boldsymbol{x})$ 表示乘积 $p_{mj_1}(x_1)\cdots p_{mj_n}(x_n)$,用"$\sum\limits_{j=0}^{m}$"表示和"$\sum\limits_{j_1,\cdots,j_n=0}^{m}$". 依据二项式定理,显然 $\sum\limits_{j=0}^{m}p_{mj}(t)=1$,因此

$$\sum_{j=0}^{m}P_{mj}(\boldsymbol{x})=\prod_{k=1}^{n}\left\{\sum_{j=0}^{m}p_{mj}(x_k)\right\}=1$$

对已给的 $\delta\in(0,1)$ 及 $k\leqslant n$,令

$$J_k(\boldsymbol{x})=\{(j_1,\cdots,j_k)\mid 0\leqslant j_i\leqslant m,\ |j_i-mx_i|<m\delta,i=1,\cdots,k\}$$

及

$$K_k(\boldsymbol{x})=\{(j_1,\cdots,j_k)\mid 0\leqslant j_i\leqslant m,(j_i,\cdots,j_k)\notin J_k(\boldsymbol{x})\}$$

已知当 $n=1$ 时,存在常数 c,使得

$$\sum_{j\in K_1(t)}p_{mj}(t)\leqslant\frac{c}{m^2\delta^4}\quad(\forall t\in[0,1])\qquad(30)$$

对 n 用数学归纳法,我们将这个不等式推广到 n 维,其右端为$\dfrac{cn}{m^2\delta^4}$. 事实上,利用(30)和数学归纳法假定,可得

$$\begin{aligned}
&\sum_{j\in K_n(\boldsymbol{x})} P_{mj}(\boldsymbol{x}) \\
&\leqslant \sum_{j_1,\cdots,j_{n-1}=0} p_{mj_1}(x_1)\cdots p_{mj_{n-1}}(x_{n-1}) \sum_{j_n\in K_1(x_n)} p_{mj_n}(x_n) + \\
&\quad \sum_{(j_1,\cdots,j_{n-1})\in K_{n-1}(\boldsymbol{x})} p_{mj_1}(x_1)\cdots p_{mj_{n-1}}(x_{n-1}) \sum_{j_n=0}^{m} p_{mj_n}(x_n) \\
&\leqslant \frac{c}{m^2\delta^4} + \frac{c(n-1)}{m^2\delta^4} = \frac{cn}{m^2\delta^4} \quad (\forall \boldsymbol{x}\in Q_n) \qquad (31)
\end{aligned}$$

现在对给定的 $\varepsilon>0$,选取 $\delta\in(0,1)$,使当 $\|\boldsymbol{x}-\boldsymbol{y}\|\leqslant\delta$ 时,$|f(\boldsymbol{x})-f(\boldsymbol{y})|\leqslant\varepsilon$. 这时

$$\begin{aligned}
|B_m(f,\boldsymbol{x})-f(\boldsymbol{x})| &\leqslant \sum_{j=0}^{m} \left|f\left(\frac{j}{m}\right)-f(\boldsymbol{x})\right| P_{mj}(\boldsymbol{x}) \\
&\leqslant \varepsilon \sum_{j\in J_n(\boldsymbol{x})} P_{mj}(\boldsymbol{x}) + 2M \sum_{j\in K_n(\boldsymbol{x})} P_{mj}(\boldsymbol{x}) \\
&\leqslant \varepsilon + \frac{2Mcn}{m^2\delta^4} \quad (\forall \boldsymbol{x}\in Q_n)
\end{aligned}$$

其中 $M=\max\{|f(\boldsymbol{x})|\,|\,\boldsymbol{x}\in Q_n\}$. 因此,$B_m(f,\boldsymbol{x})$ 对所有 $\boldsymbol{x}\in Q_n$ 一致收敛于 $f(\boldsymbol{x})$.

现在要点是导数的一致收敛性. 我们首先注意 B_m 对 f 是线性的,即对任何 $f,g:Q_n\to\mathbf{R}^1$,我们有 $B_n(f+g,\boldsymbol{x})=B_m(f,\boldsymbol{x})+B_m(g,\boldsymbol{x})$. 特别地,对仿射泛函数 $\alpha+\boldsymbol{a}^{\mathrm{T}}\boldsymbol{x}$,我们可得

$$B_m(\alpha+\boldsymbol{a}^{\mathrm{T}}\boldsymbol{x},\boldsymbol{x}) = \alpha + \sum_{k=1}^{n} a_k \sum_{j=0}^{m} \left(\frac{j}{m}\right) p_{mj}(x_k)$$

因此,由易于证明的关系式

$$\sum_{j=0}^{m} j p_{mj}(t) = mt \quad (\forall t\in[0,1])$$

可得

$$B_m'(\alpha+\boldsymbol{a}^{\mathrm{T}}\boldsymbol{x},\boldsymbol{x}) = \boldsymbol{a}^{\mathrm{T}} \qquad (32)$$

现在对给定的 $\boldsymbol{x}\in\overline{S}(\boldsymbol{u},r)$,定义

$$g(\boldsymbol{y})=f(\boldsymbol{y})-f(\boldsymbol{x})-f'(\boldsymbol{x})(\boldsymbol{y}-\boldsymbol{x})\quad(\forall \boldsymbol{y}\in Q_n)$$

于是,由(32)可得

$$B_m'(f,\boldsymbol{x})-f'(\boldsymbol{x})=B_m'(g,\boldsymbol{x})$$

只需证明:$\lim\limits_{m\to\infty}\|B_m'(g,\boldsymbol{x})\|=0$ 对 $\boldsymbol{x}\in\bar{S}(\boldsymbol{u},r)$ 是一致的.

对给定的 $\varepsilon>0$,由 f' 在 $\bar{S}(\boldsymbol{u},r)$ 上的一致连续性,根据中值定理我们可以选取 $\delta\in(0,r-r_0)$,使得

$$\begin{aligned}|g(\boldsymbol{y})|&=|f(\boldsymbol{y})-f(\boldsymbol{x})-f'(\boldsymbol{x})(\boldsymbol{y}-\boldsymbol{x})|\\&\leqslant\varepsilon\|\boldsymbol{y}-\boldsymbol{x}\|\quad(\forall \boldsymbol{y}\in S(\boldsymbol{x},\delta))\end{aligned}$$

对 $\boldsymbol{x}\in\bar{S}(\boldsymbol{u},r)$ 一致成立,并且,因为 $\bar{S}(\boldsymbol{u},r)\subseteq\mathrm{int}(Q_n)$,我们可以选取 γ,使得 $0<\gamma\leqslant x_i(1-x_i)$,$i=1,\cdots,n$,对所有 $\boldsymbol{x}\in\bar{S}(\boldsymbol{u},r)$ 成立. 现在我们指出

$$p_{mj}'(t)=\frac{1}{t(1-t)}(j-mt)p_{mj}(t)\quad(0<t<1)$$

因此

$$\begin{aligned}&|\partial_iB_m(g,\boldsymbol{x})|\\=&\left|\sum_{j=0}^{m}g\left(\frac{j}{m}\right)\frac{(j_i-mx_i)}{x_i(1-x_i)}P_{mj}(\boldsymbol{x})\right|\\\leqslant&\left(\frac{\varepsilon}{m\gamma}\right)\sum_{j\in J_n(\boldsymbol{x})}\left(\sum_{k=1}^{n}|j_k-mx_k|\right)|j_i-mx_i|P_{mj}(\boldsymbol{x})+\\&\left(\frac{M}{\gamma}\right)\sum_{j\in K_n(\boldsymbol{x})}|j_i-mx_i|P_{mj}(\boldsymbol{x})\quad(\forall \boldsymbol{x}\in\bar{S}(\boldsymbol{u},r))\end{aligned}\tag{33}$$

其中 $M=\max\{g(\boldsymbol{y})|\boldsymbol{y}\in Q_n,\boldsymbol{x}\in\bar{S}(\boldsymbol{u},r)\}$. 因为 $|j_i-mx_i|\leqslant 2m$,(31)指出第二个和式以 $\frac{2cn}{m\delta^4}$ 为界. 为了估计出第一个和式,我们将柯西-许瓦兹不等式应用于一维估计式

$$\sum_{j=0}^{m}(j-mt)^2 p_{mj}(t) \leqslant \frac{1}{4}m \quad (\forall t \in [0,1])$$

得出

$$\sum_{j=0}^{m}|j-mt|\, p_{mj}(t) \leqslant \frac{1}{2}m^{\frac{1}{2}}$$

所以,(33)中第一个和式以

$$\begin{aligned}&\sum_{k=1}^{n}\sum_{j=0}^{m}|j_k-mx_k||j_i-mx_i|\,P_{mj}(\boldsymbol{x})\\&=\sum_{k=1}^{n}\left\{\sum_{j=0}^{m}|j-mx_k|\,p_{mj}(x_k)\right\}\left\{\sum_{j=0}^{m}|j-mx_i|\,p_{mj}(x_i)\right\}\\&\leqslant\frac{1}{4}nm\end{aligned}$$

为界. 综上所述,我们得出

$$|\partial_i B_m(g,\boldsymbol{x})| \leqslant \frac{n}{4\gamma}\varepsilon + \frac{2cnM}{\gamma\delta^4}\cdot\frac{1}{m}$$

于是完成了引理 7 的证明. 证毕.

利用下述熟知的 Tietze-Urysohn 延拓定理,容易推广这个结果以证明引理 6.

定理 13 设 $f:\overline{C}\subseteq\mathbf{R}^n\to\mathbf{R}^1$ 在紧集 $\overline{C}$ 上是连续的. 那么,存在定义在整个 $\mathbf{R}^n$ 上的连续映射 g,使当 $\boldsymbol{x}\in\overline{C}$ 时,$f(\boldsymbol{x})=g(\boldsymbol{x})$.

引理 6 的证明此时很显然了. 存在一个有界开集 C_1,使得 $\overline{C}\subseteq C_1\subseteq\overline{C}_1\subseteq D$. 因为 $\overline{C}_1$ 是紧的,它包含在某一个超立方体内. 不妨假定 $\overline{C}_1\subseteq\mathrm{int}(Q_n)$,因为经过简单的仿射变换总可以做到这一点. 显然,存在 $r_0>0$,使对所有 $\boldsymbol{x}\in\overline{C}$,$\overline{S}(\boldsymbol{x},r_0)\subseteq\overline{C}_1$,并由紧性,我们可以找到点 $\boldsymbol{x}^1,\cdots,\boldsymbol{x}^k\in\overline{C}$,使得 $\overline{C}\subseteq\bigcup_{i=1}^{k}\overline{S}\left(\boldsymbol{x}^i,\frac{r_0}{2}\right)\subseteq\overline{C}_1\subseteq D$.

现在由定理13,可以将 F 的每个分量 f_j 延拓到连续映射 $g_j:\mathbf{R}^n\to\mathbf{R}^1$,使对所有 $\boldsymbol{x}\in\overline{C}_1$,$g_j(\boldsymbol{x})=f_j(\boldsymbol{x})$. 因此,对每个 f_j 应用引理7,我们有对所有 $m\geqslant m_i(\varepsilon)$

$$\| B_m'(f_j,\boldsymbol{x})-f_j'(\boldsymbol{x})\| <\varepsilon \quad \left(\forall \boldsymbol{x}\in\overline{S}\left(\boldsymbol{x}^i,\frac{1}{2}r_0\right),j=1,\cdots,n\right)$$

因为只有有限多个球 $\overline{S}\left(\boldsymbol{x}^i,\frac{1}{2}r_0\right)$,结果得证.

我们现在转过来证明引理1,即下面的结果.

引理1的证明 由引理6对任一 $\varepsilon>0$,存在一个二次连续可微映射 $G:\mathbf{R}^n\to\mathbf{R}^n$,使得(27)对 $\boldsymbol{x}\in\overline{C}$ 一致成立. 对充分小的 ε,我们显然又有 $\min\{\|G\boldsymbol{x}-\boldsymbol{y}\|_2 \mid \boldsymbol{x}\in\dot{C}\}>\alpha$,它表明 $d_\varphi(G,C,\boldsymbol{y})$ 是有意义的. 此外,给定 $\varepsilon_1>0$,由 φ 的连续性以及行列式对其元素的连续依赖性可得,当 ε 充分小时,$|d_\varphi(F,C,\boldsymbol{y})-d_\varphi(G,C,\boldsymbol{y})|<\varepsilon_1$. 因此,如果我们能够证明:由 $\eta(\varphi)=0$ 对二次连续可微的 G,确实可得 $d_\varphi(G,C,\boldsymbol{y})=0$,那么 $|d_\varphi(F,C,\boldsymbol{y})|<\varepsilon_1$,从而,由 ε_1 的任意性,$d_\varphi(F,C,\boldsymbol{y})=0$. 因此,为不失一般性,可以假定 F 本身在 D 上已经是二次连续可微的.

给定 $\varphi\in W_\alpha$,使得 $\eta(\varphi)=0$,令 $\psi(t)=t^{-n}\int_0^t s^{n-1}\cdot\varphi(s)\mathrm{d}s$,$0<t<+\infty$,而 $\psi(0)=0$. 显然 ψ 在 $[0,+\infty)$ 上是连续可微的,且

$$t\psi'(t)+n\psi(x)=\varphi(t)\quad (t\in[0,+\infty)) \tag{34}$$

考察映射

$$H:\mathbf{R}^n\to\mathbf{R}^n,H\boldsymbol{x}=(h_1(\boldsymbol{x}),\cdots,h_n(\boldsymbol{x}))^{\mathrm{T}}=\psi(\|\boldsymbol{x}\|_2)\boldsymbol{x}$$

$$G:D\subseteq\mathbf{R}^n\to\mathbf{R}^n,G\boldsymbol{x}=(g_1(\boldsymbol{x}),\cdots,g_n(\boldsymbol{x}))^{\mathrm{T}}=H(F\boldsymbol{x})$$

因为在 $t=0$ 附近 ψ 是零,又因为欧几里得范数在 $\boldsymbol{x}\neq\mathbf{0}$ 处是连续可微的,可得 H,从而 G 在 D 上都是连续可

微的. 此外,由(34)可得

$$\operatorname{div} H(\boldsymbol{x}) = \|\boldsymbol{x}\|_2\psi'(\|\boldsymbol{x}\|_2) + n\psi(\|\boldsymbol{x}\|_2) = \varphi(\|\boldsymbol{x}\|_2) \tag{35}$$

再令 $a_{ij}(\boldsymbol{x}),\boldsymbol{x}\in D$ 表示 $F'(\boldsymbol{x})$ 的第 (i,j) 个元素的余子式. 那么,(34)变成

$$\delta_{kj}\det F'(\boldsymbol{x}) = \sum_{i=1}^{n} a_{ji}(\boldsymbol{x})\partial_i f_k(\boldsymbol{x}) \quad (j=1,\cdots,n,\boldsymbol{x}\in D) \tag{36}$$

并且引理 5 成立. 因此,对 $\boldsymbol{x}\in D$,我们利用(35)(36)及引理 5,可得

$$\begin{aligned}
&\sum_{i=1}^{n}\partial_i\sum_{j=1}^{n} a_{ji}(\boldsymbol{x})g_j(\boldsymbol{x})\\
&= \sum_{j=1}^{n}\Big\{\sum_{i=1}^{n}\partial_i a_{ji}(\boldsymbol{x})\Big\}g_j(\boldsymbol{x})\sum_{i,j=1}^{n} a_{ji}(\boldsymbol{x})\partial_i g_j(\boldsymbol{x})\\
&= \sum_{i,j=1}^{n} a_{ji}(\boldsymbol{x})\sum_{k=1}^{n}\partial_k h_j(F\boldsymbol{x})\partial_i f_k(\boldsymbol{x})\\
&= \sum_{j=1}^{n}\sum_{k=1}^{n}\Big\{\sum_{i=1}^{n} a_{ji}\partial_i f_k(\boldsymbol{x})\Big\}\partial_k h_j(F\boldsymbol{x})\\
&= \sum_{j=1}^{n}\partial_j h_j(F\boldsymbol{x})\det F'(\boldsymbol{x})\\
&= (\operatorname{div} H)(F\boldsymbol{x})\det F'(\boldsymbol{x})\\
&= \varphi(\|F\boldsymbol{x}\|_2)\det F'(\boldsymbol{x})
\end{aligned}$$

这表明对

$$P:\mathbf{R}^n\to\mathbf{R}^n, P\boldsymbol{x} = (p_1(\boldsymbol{x}),\cdots,p_n(\boldsymbol{x}))^{\mathrm{T}}$$

$$p_i(\boldsymbol{x}) = \begin{cases}\sum_{j=1}^{n} a_{ji}(\boldsymbol{x})g_j(\boldsymbol{x}), \boldsymbol{x}\in C\\ 0,\text{其他情形}\end{cases}$$

我们有

$$\operatorname{div} P(\boldsymbol{x}) = \phi(\boldsymbol{x}) \quad (\forall \boldsymbol{x}\in\mathbf{R}^n)$$

其中 ϕ 是由(2)给出的. 因此,由定理 11 可得 $d_\varphi(F, C,\boldsymbol{y}) = 0$.

参考文献

[1] VAN DALEN D. Mystic, geometer, and intuitionist: the life of L. E. J. Brouwer: the dawning revolution [M]. New York: Oxford University Press, 1999.

[2] VAN DALEN D. Mystic, geometer, and intuitionist: the life of L. E. J. Brouwer: hope and disillusion [M]. New York: Oxford University Press, 2005.

[3] VAN DALEN D. The selected correspondence of L. E. J. Brouwer[M]. London: Springer, 2011.

[4] VAN STIGT W. The rejected parts of Brouwer's dissertation on the foundations of mathematics[J]. Historia Mathematica, 1979, 6: 385-404.

[5] WEYL H. Gesammelte Abhandlungen[M]. Berlin: Springer, 1968.

[6] TROELSTRA A S, VAN DALEN D. Constructivism in mathematics: an introduction[M]. Amsterdam: Elsevier, 1988.

[7] VAN DALEND. Logic and structure[M]. 5th ed. Berlin: Springer, 2013.

[8] REID C, HILBERT. George Allen & Unwin[M]. Berlin: Springer, 1970.

[9] FRANZ W. Abbildungsklassen und Fixpunktklassen dreidimensionaler Linsenräume[J]. Crelle J.,

1943,185:65-77.

[10] HOPF H. Über Mindestzahlen von Fixpunkten [J]. Math. Z. ,1927,26:762-774.

[11] HILTON P J, WYLIE S. Homology theory[M]. New York:Cambridge University Press,1960.

[12] NIELSEN J. Untersuchungen zur Topologie der geschlossenen zweiseitigen Flächen I[J]. Acta Math. ,1927,50:189-358.

[13] WECKEN F. Fixpunktklassen I[J]. Math. Ann. , 1940,117:659-671.

[14] WECKEN F. Fixpunktklassen Ⅲ[J]. Math. Ann. , 1942,188:544-577.

[15] OLUM P. Mappings of manifolds and the notion of degree[J]. Annals of Math. , 1953, 58: 458-480.

[16] SERRE J P. Homologie singulière des espaces fibrés[J]. Annals of Math. ,1951,54:425-505.

[17] STEENROD N E. Topology of fibre bundles [M]. Princeton: Princeton University Press, 1951.

[18] EILENBERG S, STEENROD N E. Foundations of algebraic topology[M]. Princeton:Princeton University Press,1952.

[19] SARD A. The measure of the critical values differentiable maps[J]. Bull. Amer. Math. Soc. , 1942,48:883-897.

[20] EISENACK G,FENSKE C. Fixpunkttheorie[M]. Mannheim:Bibliogr aphishes Institut, 1978.

[21] MILNOR J W. Topology from the differential viewpoint[M]. Princeton: Princeton University Press, 1997.

[22] NAGUMO M. A Theory of Degree of Mapping Based on Infinitesimal Analqsis[J]. Amer. J. Math., 1951, 73: 485-496.

[23] SCHWARTZ J. Nonlinear functional analysis [M]. New York: Gordon and Breach, 1969.

[24] OSTROWSKI A. Über Nullstellen stetiger Funktionen zweier Variabeln[J]. J. Reine Angew. Math., 1934, 170: 83-94.

[25] KRASNOSELSEKII M A, PEROW A L, ROWOLOZKI A L. Vektorfelder in der Ebene [M]. Berlin: Akademie Verlag, 1966.

[26] FRAENKEL A. Der Zusammenhang zwischen dem ersten und dem dritten Gauβschen Beweis des Fundamentalsatzes der Algebra[J]. Jahresber. der DMN, 1922, 31: 234-238.

[27] OSGOPD W F. Lehrbuch der Funktionentheorie [M]. Berlin: Nabu Press, 2010.

[28] DELVES L M, LYNESS J N. A numerical method for locating the zeros of an analytic function[J]. Math. Comp., 1967, 21: 543-560.

[29] SYLVESTER J J. On a theory of the syzygetic relations of two rational integral functions, comprising an application to the theory of Sturm's functions and that of the greatest algebraical common measure[J]. phil. Trans. Roy. Soc. London,

1853,143:407-548.

[30] GUILLEMIN V,POLLACK A. Differential topology[M]. New Jersey:Prentice Hall, 1974.

[31] AMANN H,WEISS S. On the uniqueness of the topological degree[J]. Math. Zeit.,1973,130:39-54.

[32] O'NEIL T,THOMAS J W. The calculation of the topological degree by quadrature[J]. SIAM J. Num. Anal.,1975,12(5):673-680.

[33] STENGER F. Computing the topological degree of a mapping in $\mathbf{R}^n$[J]. Num. Math.,1975,25:23-28.

[34] FREUDENTHAL H. The cradle of modern topology, according to Brouwer's inedita[J]. Hist. Math.,1975,2:495-502.

[35] BOHL P. Über die Bewegung eines mechanischen Systems in der Nähe einer Gleichgewichtslage [J]. J. Reine Angew. Math., 1904, 127: 179-276.

[36] HOPF H. Ein Abschnitt aus der Entwicklung der Topologie[J]. Jahresber. der DMV, 1966, 68: 182-192.

[37] FREUDENTHAL H. L. E. J. Brouwer-Collected Works Ⅱ [M]. Amsterdam: North-Holland, 1976.

[38] ALEXANDROOFF P, HOPF H. Topologie Ⅰ [M]. Berlin:Springer, 1974.

[39] BROUWER L E J. Beweis der Invarianz der Di-

mensionenzahl[J]. Math. Ann., 1911, 70: 161-165.
[40] LEBESGUE H. Sur la non-applicabilité de deux domaines appartenant respectivement à des espaces à n et $n+p$ dimensions[J]. Math. Ann., 1911, 70(2): 166-168.
[41] BROUWER L E J. Über den natürlichen Dimensionsbegriff[J]. J. Reine Angew. Math., 1913, 1913(142): 146-152.
[42] LEBESGUE H. Sur les correspondances entre les points de deux espaces[J]. Fund. Math., 1921, 2: 256-285.
[43] SPERNER E. Neuer Beweis für die Invarianz der Dimensionszahl und des Gebietes[J]. Abh. Math., Sem. Univ. Hamburg, 1928, 6(6): 265-272.
[44] KNASTER B, KURATOWSKSI C, MAZURKIEWICZ S. Ein Beweis des Fixpunktsatzes für n-dimensionale Simplexe[J]. Fund. Math., 1929, 14: 132-137.
[45] ALEXANDER J W. Combinatorial analysis situs [J]. Trans. Amer. Math. Soc., 1926, 28: 301-329.
[46] KRASNOSELSKII M A. Topological methods in the theory of nonlinear integral equations[M]. London: Pergamon Press, 1964.
[47] 姜伯驹. Nielsen 数的估计[J]. 数学学报, 1964, 14: 304-312.
[48] YOU C Y. Fixed point classes of a fiber map[J].

Pacific J. Math. ,1982,100:217-241.

[49] 江泽涵. 不动点类理论[M]. 北京:科学出版社,1979.

[50] JIANG B. Lectures on Nielsen fixed point theory [M]. Providence, R. I. : American Mathematical Society, 1983.

[51] JIANG B. Fixed points of surface homeomorphisms[J]. Bull. Amer. Math. Soc. , 1981, 5: 176-178.

[52] JIANG B. Fixed points and braids II[J]. Math. Ann. ,1985,272:249-256.

[53] ZHANG X G. The least number of fixed points can be arbitrarily larger than the Nielsen number [J]. 北京大学学报,1986(3):15-25.

[54] KELLY M R. Minimizing the number of fixed points for self-maps of compact surfaces[J]. Pacific J. Math. ,1987,126:,81-123.

[55] JIANG B. Fixed points and braids[J]. Invent. Math. ,1984,75:69-74.

[56] ВАЙСБОРД Э М. О существовании периодического решений у нелинейного лифференциального уравнения третьего порядка[J]. Мат. Сбор. , 1962, 56: 43-58.

[57] ВИНОГРАДОВ Н Н. Некоторие теоремы о существовании периодического решения автономой системы шести дифференциальных уравний[J]. Дифф. Уравн. , 1965, 1(3): 330-334.

[58] MAMRILLA J, SEDZIWY S. The existence of periodic solutions of a certain dynamical system in a cylindrical space[J]. Boll. Un. Mat. Ita., 1971,4(4):119-122.

[59] ГЕОРГИЕВ Н Н. Investigation of a nonlinear differential equation of third order [J]. Comptes rendus de l' Academie Bulgare des Sciences, 1976,28(1):17-19.

编辑手记

本书从内容上讲,是一本读着费劲的书.作家王蒙曾告诫读者:我主张读一点费点劲的书,读一点你还有点不太习惯的书,读一点需要你查查资料、请教请教他人、与师长朋友讨论切磋的书.除了有趣的书,还要读一点严肃的书.除了爆料的书、奇迹的书、发泄的书,还更需要读科学的书、逻辑的书、分析的书与有创新有艺术勇气的书.除了顺流而下的书,还要读攀缓而上、需要掂量掂量的书.除了你熟悉的大白话的书、朗诵体讲座体的书,也还要读一点书院气息的书、古汉语的书、外文的书、大部头的书.除了驾轻就熟的书以外,还要读一些过去读得少,因而不是读上十分钟就博得哈哈大笑或击节赞赏,而是一时半会儿找不准感觉的书.

本书从品味数学独特方法上讲,又是

一本值得再三研读的书.就布劳维不动点定理而言,证法是很多的,有些只用到了最简单的概念,比如我们先引入一个概念叫变换的标.

假设 X 是一个平面,并且我们考虑变换 $f:X\to X$(或者可能是 $f:X_1\to X$,其中 $X_1\subseteq X$).若某一点在变换下为其自身的象(即某一点 $x\in X$,对于 $x,f(x)=x$).则称之为 f 的不动点,X 的每一点都是恒等变换的不动点,而一个平移(不是恒等变换)没有不动点.

令 $f:X\to X$ 为一连续变换,并且令 C 为 X 里的一定向封闭曲线.它不包含任何一 f 的不动点(图 1),也就是说,C 为一曲线,它从一点 p_0 开始,依给定的走向运行而终止于同一点 p_0.对每一点 $p\in C$,设 $f(p)=p'$,则 $\overrightarrow{pp'}$ 为一非零向量.选取任一合适的点 $o\in X$,并且画出与 $\overrightarrow{pp'}$ 平行且等长的向量 $\overrightarrow{op''}$(图 1(b)表明对于两点 p_1 与 p_2 的这种构造).现在设想点 p 循给定的走向沿着这一曲线运行,最后又回到它原来的位置.当 p 运行

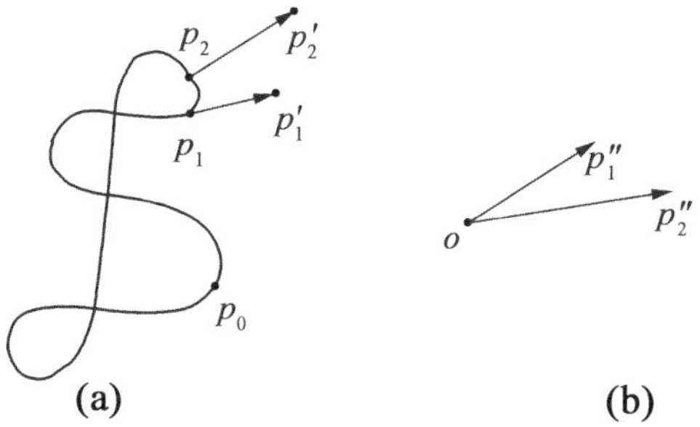

图 1

时,向量 $\overrightarrow{op''}$ 可能绕点 o 向任何方向旋转;但当 p 沿 C 运行完一圈而回到其原来位置时,向量 $\overrightarrow{op''}$ 也应回到它原来的位置,并且应绕点 o 完成整数个旋转.让我们将逆时针方向的旋转记为正,而将顺时针的旋转记为负,

则存在一个唯一的整数 n(正、负或零)给出当点 p 沿曲线运行一周时,$\overrightarrow{op''}$绕点 o 旋转的次数,称此整数 n 为 f 沿 C(在给定的走向上)的标.

(可见 Arnold 著的《初等拓扑的直观概念》,王阿雄译,人民教育出版社,1980 年.)

利用它我们可以给出布劳维不动点定理的另一个证明.

布劳维不动点定理 若 X 为一封闭圆盘,则每一连续变换 $f:X\to X$ 具有不动点

证明 用反证法证明. 令 C_0 为 X 的圆周,并令 C_1 为 C_0 的半径. 若 f 无不动点,则 C_0 能畸变成为 C_1 而不历经任一 f 的不动点,并由前面的定理可知 f 沿 C_0 和沿 C_1 的两个标必相同. 如果 r 为充分小,则 f 沿 C_1 的标为 0. 若能证明 f 沿 C_0 的标不是 0,则此证明完成. 事实上,在每一点 $p\in C_0$,从 p 到 $p'=f(p)$ 的向量必须指向圆盘内(图 2);这就是说,向量$\overrightarrow{pp'}$永远位于点 p 上切于 C 的切线的同一侧,显然当 p 绕 C 一圈时,切于 C 的切线也正好绕了一圈. 因为向量$\overrightarrow{pp'}$永远位于切线的同侧,它必定也绕了一圈. 则 f 沿 C_0 的标为 $+1$ 或 -1.

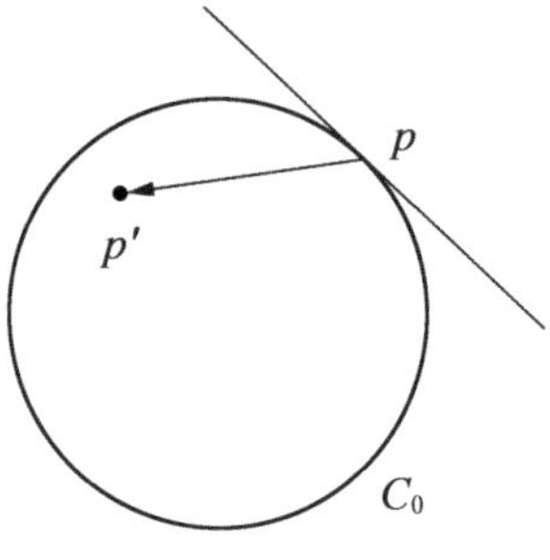

图 2

我们称 3 维空间的某一子集具有不动点性质,当且仅当每一从 X 到其自身内的连续变换都具有不动点,那么布劳维的不动点定理表述了一个封闭圆盘具有不动点性质.容易看出,一个移去圆心的封闭圆盘不具有这一性质,而且球面也不具有这一不动点性质.

从篇幅上讲这又是一本小书.

2013 年诺贝尔文学奖颁发给了加拿大女作家爱丽丝·门罗.

颁奖词说她是"当代短篇故事大师",其实门罗的某些故事,印在书上四十来页,在国内要算中篇小说.所以在门罗初出道时,评论家对她有过算小说(novel)还是算故事(story)的争论.

本书的引子是一道苏联数学奥林匹克试题.苏联的数学竞赛命题者多为数学大家.研究搞得好,站在前沿,问题又想得透,当然能深入浅出命出好的题目.而且像魔术师手中的一个红线头一样,一拽便能牵出一个大东西,令观众目瞪口呆,好的竞赛题就应该是这样.反观我们的一些竞赛题,可谓充满了"奇技淫巧".貌似精巧但考完便被大家抛之脑后.

这是一本尽管与理论经济学相关但还是相当纯粹的数学书.现在学习和研究纯数学的人数都不比从前了.

据法国《世界报》报道:1995 年至 2011 年,法国高校数学系的学生数量从 63 720 人下降到 33 154 人.而经济学则逐渐成了显学.且不说有多届诺贝尔经济学奖干脆就授给职业数学家,如纳什、康托洛维奇等,就是国内我们大家所熟知的经济学大家原来也是学数学出身,如中山大学的王则柯教授曾是位优秀的拓扑学专家(本书引用了他相当多的叙述). 还有以博览群书著称的汪丁丁先生,大家不要被他浅显的文字所迷惑,如那本《通往回家的路》,以为他是个文艺青年,他可是地道的数学男,一直到硕士阶段都是,而且是中科院的,专业为控制论,曾用控制理论搞过中国人口模型. 最近微信朋友圈盛传的一篇文章中更明确提出要拿经济奖,先学好数学:

要取得诺贝尔经济学奖这样的成就,需要先过了数学这一关.

从不完全统计来看,这 76 位诺贝尔经济学奖获奖人中,至少有 41 人有经济学学位,至少有 23 人有数学学位,而有经济学、数学双料学位的至少有 9 人.

2015 年的获奖者迪顿,在剑桥大学时期就曾就读过数学专业. 而 2012 年获奖者沙普利更是直言说,我其实是个数学家,从没上过经济学课程.

梳理他们的履历后可以看出,这些获奖者的读书模式大致有两种:

第一种是长期以来就是经济学和数学混着读,比如 1976 年获奖者弗里德曼,他本科在罗格斯大学读的就是数学和经济学,再比如 2003 年获奖者格兰杰,他当初进入诺丁汉大学时读的是经济学和数学联合学位,不过他第二年就毅然决然地转到纯数学专业了.

第二种,也是诺贝尔经济学奖获奖人中更常见的一种模式,即本科阶段先学数学,把基础打打扎实,博士再跟个大师转读经济. 2013 年获奖者汉森、2011 年获奖者西姆斯,以及 2004 获奖者普雷斯科特等人,都是这么读的.

2012 年一项针对 64 位诺贝尔经济学奖获得者的研究就发现,这些获奖者中本科专业是经济学和数学的比例相当,分别为 39% 和 33%,等到了博士阶段,经济学专业比例就提高到了 78%,数学专业只有 12%.

如图 3 所示的这份研究报告给出的解释也挺有道理:作为一门被应用到经济学领域的自然语言,数学可以让经济学家的想法更清晰地阐述和传播,获得诺贝尔奖的概率也就高了.

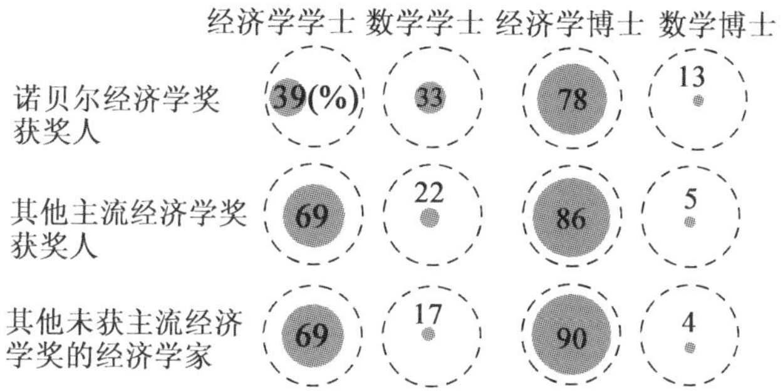

图 3

不过与此同时,诺贝尔奖的"数学化"也面临一些争议,社会上也有声音认为,这种倾向促使经济学研究越来越像数学和统计学,却缺乏思想创造和社会贡献.

许多人不理解,为什么学经济学的要懂如此之多的数学. 堂而皇之的理由是研究需要. 而更接近实际的是提高淘汰率.

高成才率一定伴随高淘汰率,当年钱伟长入清华时要求转到物理系学习,遭到劝说让他另选别系,劝说的理由之一是,当时清华物理系学生的淘汰率是很高的. 1929 年入学学生 11 人，到 1933 年毕业时，仅剩 5 人，淘汰率 54.6%；1930 年入学 13 人，到 1934 年毕业时仅剩 4 人，淘汰率为 69.4%；1931 年入学 14 人，到 1935 年毕业仅剩 7 人，淘汰率为 50%. 1932 年入学 28 人，1936 年毕业时仅剩 5 人，淘汰率为 82.8%.

经济学家容易进入主流社会，或充当高层智囊，或充当领导幕僚，进入体制内则占据利益部门的核心位置，走入民间则或成为公知或进入上市公司成为独立董事. 如此美差谁不向往. 所以修筑门槛是必须的. 而数学则是充当门槛的最佳材质. 其实真正的经济学应该回归传统，它是人文的. 像哈耶克那样不被认为是经济学家的人才能看出问题. 米兰·昆德拉在其小说《玩笑》一书的英文版序言中指出，个人无法避开历史，陷入个人圈套的人也会陷入历史的圈套："受到乌托邦声音的诱惑，他们拼命挤进天堂的大门，但当大门在身后砰然关上之时，却发现自己是在地狱里."

中国经济学家众多，但还没有一个人的著作像哈耶克那本《通往奴役之路》那样成为启迪民智的畅销书. 全书没有一个公式，但却揭示了我们熟视无睹的隐蔽的社会运行规律.

必须指出布劳维的名气很大. 但不是因为他提出了不动点定理，而是因为他还是数学哲学中的一个重要人物. 20 世纪 90 年代计算机理论专家胡世华教授提出的课题之一就是，"布劳维直觉主义思想和数学研究中构造性倾向. 需要把布氏直觉主义的数学思想和他的一般哲学思想区分开."

数学基础中的直觉主义学派的创始人就是本书主

人公,国际著名的数学家、数理逻辑学家布劳维,他有比较系统的直觉主义哲学理论,明确承认其哲学观点来源于康德的先验主义.直觉主义学派的主要成员海丁(A. Heyting)和外尔等也接受布劳维的观点.

自然辩证法专家张家龙指出:以布劳维为首的直觉主义学派是数学基础中的一个学派,而不是专门从事思辨的一个唯心主义哲学流派,在整个直觉主义理论中,有一部分是康德式的先验唯心主义的数学哲学;另一部分是直觉主义的数学和逻辑,这是具体的科学理论.对布劳维的直觉主义理论必须进行这种"一分为二"的分析,决不能一听到"直觉主义"这个词就把它等同于唯心主义.

直觉主义数学是布劳维等人在批评古典数学时所建立的,是一种构造性数学.在这里,"直觉主义"一词并不是指哲学理论.实际上,在布劳维之前,已有一些数学家提出了一些不系统的直觉主义数学观点.布劳维、海丁等人创造了一种完全新的数学,包括连续统理论和集合论.现在我们剥去蒙在直觉主义数学上面的唯心主义面纱,具体分析一下直觉主义数学的基本原则.

1.潜无穷论是直觉主义数学的出发点.

直觉主义数学家认为,实无穷论是逻辑和数学悖论的根源,必须抛弃它;数学应当以潜无穷论为基础.外尔说:"我想毫无疑问的,布劳维弄清楚了下面这一点,没有任何明证再支持下列的信仰:把所有自然数的全体当作是具有存在的特性的,…….自然数列既已超出由一数而跳到下一数这个步骤所达到的任何阶段,它便有进到无穷的许多可能;但它永远留在创造的形态中,绝不是一个自身、存在的封闭领域.我们盲目地把前者变成后者,这是我们的困难的根源,悖论的根源也在这里——这个根源比之罗素的恶性循环原则所指出的具有更根本的性质.布劳维打开了我们的眼睛并使我们看见了,由于相信了超出一切人类的真实可行的'绝对'之故,以致古典数学已经远远地不再是有真实意义的陈述句以及不再是建基于明证之上的真理了."

直觉主义学派把从潜无穷论中引申出来的自然数论作为其他数学理论的基础.海丁认为,这有三点理由:(1)它为任何具有极低教育水平的人很容易理解;(2)它在计算过程中是普遍可应用的;(3)它是构造分析学的基础.

我们认为,直觉主义数学家把潜无穷论及建基于其上的自然数论作为整个数学的基础,从而建立了一种不同于古典数学的新数学理论,这是一种科学研究,与直觉主义哲学是根本不同的.布劳维、海丁等人硬给他们所创建的数学以唯心主义的哲学解释,这是完全错误的.

2. 在数学中不能普遍使用排中律.

古典数学大量使用排中律,这是古典数学的一个特点.早在1908年,布劳维发表了一篇论文,题为"论逻辑原理的不可靠性".他批评了传统的信仰,即认为古典逻辑的原理绝对有效,与它们所施用的对象无关;他对排中律的有效性提出了质疑,但尚无定论.在1912年的"直觉主义和形式主义"一文中,他举集合论中的伯恩斯坦定理为例,说明排中律不能用于它. 该定理是说:“如果集合 A 与 B 的一个子集有同样基数,并且 B 与 A 的一个子集有同样基数,则 A 与 B 有同样基数.”或者等价地说:“如果集合 $A(=A_1\cup B_1\cup C_1)$ 与集合 A_1 有同样基数,那么它也与集合 $A_1\cup B_1$ 有同样基数.”这一定理对可数集是自明的. 在布劳维看来,如果这一定理对更大基数的集合有意义,必须按直觉主义的方式解释为:“如果我们有可能在第一步构造一个规则来确定在类型 A 和 A_1 的数学实体之间的一一对应关系,第二步构造一个规则来确定在类型 A 和类型 A_1,B_1 和 C_1 的数学实体之间的一一对应关系,那么我们就可能从这两个规则通过有穷次运算来得出第三个规则,它确定在类型 A 和类型 A_1 和 B_1 的数学实体之间的一一对应关系.”布劳维认为,这种解释是无效的,因为在证明它的过程中要使用排中律,但是没有根据相信排中律所提出的两种可能之一可以得到解决. 这就是说,布劳维不承认基于排中律的非构造性证明,因此,对伯恩斯坦定理不允许做出直觉主义的解释. 这是布劳维否定排中律普遍有效的一个著名例证. 他在 1923 年专门发表了“论排中律在数学,尤其是在函数论中的意义”一文,进一步阐明了排中律不普遍有效的理由,并给出使用排中律的两个古典分析例子,说明它们是不正确的. 他认为,古典逻辑的规律包括排中律是从有穷数学中抽象出来,后来人们忘记了这个有限的来源,毫无根据地把它们应用到无穷集的数学上去. 布劳维说:“对于使用排中律在一个特定的有穷的主要系统中所导出的性质而言,以下所说总是确实的：如果我们有足够的时间供我们支配，那么我们就能达到在经验上证实它们.”“一个先验的特征是如此一致地被归诸理论逻辑的规律，以致直到现在，这些规律（排中律在内）甚至被毫无保留地应用于无穷系统的数学，并且我们不允许受下述考虑的困扰：以这种方式所得到的结果，一般在实践上或理论上不易得到任何经验的证实. 在此基础上，许多不正确的理论建立起来了，特别是在上半世纪.”他举的把排中律应用于无穷集合的两个古典数学例子是：(1)连续统的点形成一个有序点集；(2)每一数学集合或是有穷的，或是无穷的. 第一个例子是说，如果一方面 $a<b$ 或者成立或者不可能，或另一方面，$a>b$ 或者成立或者不可能，那么条件 $a<b$ 或 $a>b$ 或 $a=b$ 之一成立. 第二个例子也是从排中律导出的，根据排中律，一个集合 S 或者是有穷的或者不可能是有穷的. 在后一情况下，S 就有一个元素 S；因为否则，根据排中律，S 不能有一元素，因而 S 会是有穷的，这一情况被排除掉了. 其次，S 有一个不同于 S_1 的元素 S_2；因为否则，S 就不可能有一个不同于 S_1 的元素，因而 S 会是有穷的，这一情况也被排除掉了. 如此继续下去，我们就说明了：S 是由不同元素 $S_1,S_2,\cdots$ 组成的序数为 ω 的序集. 由上所说，我们可得第二个例子的陈述：“每一数学集合或者是有穷的，或者是无穷的.”布劳维认为，对无穷集合的所有元素无法用排中律断定它是否具有某一性质，因此，上述两例都是不正确的.

否定排中律的普遍有效性，不但是潜无穷论的表现，而且也是数学构造观点的表现. 海丁比较了以下两个关于自然数定义的例子:(1)K是使得$K-1$也是素数的最大素数,或者如果这样的数不存在,$K=1$;(2)L是使得$L-2$也是素数的最大素数,或者如果这样的数不存在,$L=1$.这两个定义有明显的不同,但古典数学完全置它们的差别于不顾.K实际上可以计算($K=3$),而L无法计算,因为我们不知道成对素数p和$p+2$的偶组成的序列是有穷的或者不是有穷的.所以,直觉主义学派不承认定义(2)作为一个整数的定义;他们认为,仅当给出计算一个整数的方法时,这个整数才被合适地定义.海丁指出:"这条思路导致对排中律的拒斥,因为如果成对素数的序列或者是有穷的或者不是有穷的,(2)就要定义一个整数了."

直觉主义者不承认排中律的普遍有效性,还有一个理由,这就是他们把"真"理解为"证明为真",把"假"理解为"导致荒谬".这样,排中律就变为:

每一数学命题或者是可证的,或者是导致荒谬的.

可是,在数学中有很多命题,既未被证明为真,也未被证明导致荒谬,也就是说,存在第三种情况,这种情况是暂时的,也许将来可以证明这些数学命题,也许在未来很长时期内还不能证明这些命题.所以,排中律在数学中不是普遍适用的.

3.数学对象具有可构造性.

直觉主义数学由于以潜无穷论为基础,因而强调数学对象的可构造性.直觉主义学派认为,数学对象必须可构造才能算是存在的.海丁说:"在心灵的数学构造的研究中,'存在'一定是与'被构造'同义的."所谓可构造是指能具体给出数学对象,或者能给出找数学对象的算法.

我们首先要批判他们对“构造”所做的唯心主义解释. 他们把“构造”归结为“心灵的构造”,由此,数学对象的存在也就成了“心灵构造”出来的东西了. 我们要剥去他们关于“构造”这个概念的唯心主义外壳,留下数学构造的合理内核——对机械程序和能行性的强调.

按照直觉主义者的构造性数学观点,不但古典分析不能成立,而且还有很大一部分古典数学也不能成立,如古典集合论等. 他们只承认可构造的数学存在命题,只承认构造性方法;不承认非构造性的纯存在命题,如波尔察诺·魏尔斯特拉斯定理(每一有界的无穷点集有一极限点)和前述的伯恩斯坦定理,不承认非构造性方法,如基于排中律的反证法,如此等等.

在布劳维的实数论中,表现了直觉主义学派数学构造主义的典型特征. 在这一理论中,我们不能断言任意两个实数 a 与 b 或者相等或者不等. 我们关于 a 与 b 之间的相等性或不等性的知识可以或详或略. $a\neq b$ 表示由 $a=b$ 而引出矛盾,而 $a\#b$ 则是更强的不等性. 它表示可以指出一个分离 a 与 b 的有理数实例,由 $a\#b$ 可以推出 $a\neq b$. 但是可以找出一对实数 a 与 b,使得我们不知道是否或者 $a=b$ 或者 $a\neq b$(或 $a\#b$).

以上三条原则是具体的数学原则,其核心是数学对象的可构造性原则. 基于三条原则的直觉主义数学是一种与古典数学不同的、崭新的构造性数学,与直觉主义哲学是风马牛不相及的. 我们认为,客观的数学对象具有非构造性的一面,也具有构造性的一面,它们是辩证统一的.直觉主义数学从构造性方面来研究数学对象,这是完全合理的科学抽象;而直觉主义哲学却是一种唯心主义的世界观.这正是我们要对它们加以区别的根据.直觉主义数学开创了构造性数学研究的新方向,它强调“能行性”,因此也开辟了能行性研究的新方向.胡世华教授指出:“现代计算机的发展显示出构造性数学的突出的重要性;但是非构造性数学的重要地位并不因之削弱.”他又说:“构造性数学的倾向是用数学取得结果把结果构造出来,侧重于思维的构造性实践(有限制地使用排中律).非构造性数学的倾向是数学地理解问题和规律、建立数学模型形成数学理论体系、追求科学理想(可以自由使用排中律).这两种数学是不能截然分得开的.……在信息时代里,构造性数学与非构造性数学一起都需要以空前的规模来发展.”胡世华教授的这些论述对直觉主义学派所开创的构造性数学的伟大历史功绩及其与非构造性数学的辩证关系做出了科学的评价.

从藏书的角度上讲,本书是值得珍藏的.

说到爱书之人,笔者不禁想到一个人,是专做藏书票的.在藏书票这个领域世界第一人无疑是芬格斯坦.

1972年,芬格斯坦生前的主要资助者吉亚尼·曼特罗(Gianni Mantero,1897—1985)向波兰马尔堡城堡博物馆捐助了100多枚个人收藏的芬格斯坦藏书票,博物馆在这座中世纪古堡里专为这批藏品举办了“芬格斯坦作品回顾展”.时任馆长的雅库布斯卡女士(Bogna Jakubowska)在波兰的《艺术评论》杂志撰文重点介绍了芬格斯坦的生平.雅库布斯卡将画家誉为

“20 世纪的尤利西斯”. 从 16 岁离家到只身一人周游四海,从定居柏林到被迫逃亡米兰,藏书票始终贯穿了芬格斯坦的一生. 他的艺术生涯亦可分为两个阶段:柏林时期和米兰时期. 1925 年至 1935 年间芬格斯坦在柏林制作的约 1 000 枚藏书票与 1935 年至 1943 年间他逃亡到意大利所制作的 500 多枚作品,在风格、技法、主题等方面发生着迥然不同的变化.

芬格斯坦对生活要求不高. 他曾打趣地对曼特罗说:“卖画和书票订单赚来的钱足够家里糊口,若能再买杯小酒已是幸福之事了!”按此标准看来我们已经是很幸福了!

刘培杰

2016 年 5 月 1 日

于哈工大